东北植物分布区类型

张 悦 曹 伟 编著

北方联合出版传媒（集团）股份有限公司
辽宁科学技术出版社

本书对我国东北地区野生维管束植物（计153科786属2704种）的种的分布区类型、属的分布区类型和科的分布区类型进行了划分。种的分布区类型归类划分为26个分布区类型和31个亚型，属的分布区类型归类划分为15个分布区类型和20个亚型，科的分布区类型归类划分为9个分布区类型和9个亚型。本书完整覆盖了东北地区整个维管束植物类群的科、属、种三个层级的分布区类型，方便广大读者使用。

本书分别在种的分布区类型、属的分布区类型和科的分布区类型层面上论述了每个类型和亚型的含义、分布范围及所包含的植物类群。东北植物科属种分布区类型总名录可以方便地查出科的分布区类型、属的分布区类型和种的分布区类型。

本书可供植物学、植物地理学、生态学、生物资源学工作者以及高等院校有关植物、农业、林业、草业、药学等专业师生参考，也可以应用于我国东北以及北方地区的保护区、国家公园、林场牧场等单位的建设与保护工作。

图书在版编目（CIP）数据

东北植物分布区类型 / 张悦, 曹伟编著. -- 沈阳：

辽宁科学技术出版社, 2024.9. -- ISBN 978-7-5591

-3839-2

Ⅰ. Q948.523

中国国家版本馆CIP数据核字第2024QV8922号

出版发行：辽宁科学技术出版社
　　　　　（地址：沈阳市和平区十一纬路25号　邮编：110003）
印　刷　者：辽宁鼎籍数码科技有限公司
经　销　者：各地新华书店
幅面尺寸：185mm×260mm
印　　张：16.75
字　　数：280千字
出版时间：2024年9月第1版
印刷时间：2024年9月第1次印刷
责任编辑：陈广鹏
封面设计：周　洁
责任校对：栗　勇

书　　号：ISBN 978-7-5591-3839-2
定　　价：128.00元

联系电话：024-23280036
邮购热线：024-23284502
http://www.lnkj.com.cn

前　言

东北地区位于我国东北部，地处欧亚大陆东缘，地域辽阔，包括黑龙江、吉林、辽宁三省和内蒙古东部呼伦贝尔市、兴安盟、通辽市和赤峰市。地理位置在北纬38°40′～53°30′，东经115°05′～135°02′，总面积126万平方千米，占我国陆地面积的1/8。从北到南地跨寒温带、温带和暖温带，从东到西广泛分布森林、草甸草原和典型草原。区域内分布着国内罕见国际驰名的大森林、大草原和大沼泽。这片神奇的土地是全球同纬度地区植物极其丰富的区域，也是东北植物区（长白植物区）、大兴安岭植物区、华北植物区和蒙古草原植物区等4个植物区相汇集的区域，野生植物总数占全国总数的1/10，是我国植物区系起源、演变和发展的重要地区。

植物分布区类型是指反映大致相同分布范围与形成历史的植物分布基本式样。分布区类型的划分是研究植物区系地理的重要手段，一般在不同的植物类群层级分别划分。

1991年，吴征镒先生发表了《中国种子植物属的分布区类型》，建立了中国种子植物属级分布区类型体系，划分了15个类型和31个变型，并确定了中国3116属种子植物属的分布区类型。这一体系及其分析方法一经问世，即被广泛应用于一些省份、地区及某些山体的区系成分分析。该体系揭示了各分布区类型的特征及其相互关系，成为中国植物区系研究的里程碑。

2003年，吴征镒先生等又发表了《世界种子植物科的分布区类型系统》，建立了世界种子植物科级分布区类型体系，划分了18个类型和74个变型，并提供了世界种子植物各科的分布区类型表。这一体系为理解世界被子植物区系的形成发展提供了重要线索，同时为陆地植物分区的深入研究奠定了基础。

2003年，傅沛云先生等出版了国内第一部种级水平植物区系体系的专著《中国东北部种子植物种的分布区类型》，建立了东北种子植物种级分布区类型体系，划分27个分布区类型和33个亚型，确定了东北2621种种子植物种的分布区类型，完成了全国1/10种子植物分布区类型逐种划分，实现了真正意义上种级水平区系的精确分析。该专著的出版受到了应用单位的欢迎，得到了积极评价，不仅在东北地区得到应用，在我国北方的其他地区也得到了应用。初步统计有40多个单位采用该体系进行植物区系分析和植物多样性评估。

这些研究成果的发表，不仅为植物种质资源保存、繁育与合理利用，以及相关的研究工作和生产等提供了重要的应用基础，而且使东北地区乃至北方地区可以在科级、属级和种级三个层级水平上进行区系分析。然而，《中国东北部种子植物种的分布区类型》出版已逾20年，随着研究的深入和资料的积累，植物类群的产地分布信息已经发生了一些变化，由之形成的分布区类型也发生了变化，亟待进行补充与修订，为此我们编著了这部《东北植物分布区类型》。

近20年来国家在东北实施的多个有关植物调查及清查的项目获得丰硕成果，《中国植物志》和《中国植物志（英文版）》也全部完成，我们在编撰《东北植物分布图集》过程中对产地与分布的研究也有一些新的成果，这些成果使得东北植物的产地分布数据得到很大补充，我们据此对东北的种子植物种的分布区类型进行了全面修订。

相对其他的植物分布区类型著作，本书将东北植物区系的研究对象由种子植物区系拓展至维管束植物区系。此前无论在种的分布区类型、属的分布区类型，还是科的分布区类型，大多是以种子植物为研究对象。本书除了对原有的种子植物分布区类型进行修订外，特别增加了东北地区蕨类植物分布区类型的内容，补充划分了东北蕨类植物种的分布区类型、属的分布区类型和科的分布区类型，以满足应用单位对特定区域的维管束植物区系研究的需求。

本书在完成种的分布区类型补充划分与修订的基础上，还编写了东北植物科的分布区类型和属的分布区类型。其中，蕨类植物各类群科的分布区类型和属的分布区类型是作者根据各类群的地理分布范围和自然分布规律，并借鉴吴征镒先生种子植物科和属的分布区类型划分标准而划分的，种子植物各类群科的分布区类型和属的分布区类型则分别选自吴征镒先生的《世界种子植物科的分布区类型系统》（2003）和《中国种子植物属的分布区类型》（1991）。这样本书完整覆盖了东北地区整个维管束植物类群的科、属、种三个层级的分布区类型，也是国内第一部在科、属、种三个层级上全面反映一个大区维管束植物分布区类型的著作，方便广大读者使用。

本书对东北地区的153科786属2704种野生维管束植物分布区类型进行了汇总，东北地区植物科的分布区类型有9个分布区类型和9个亚型，属的分布区类型有15个分布区类型和20个亚型，种的分布区类型有26个分布区类型和31个亚型。分布区类型总名录蕨类植物按秦仁昌1978年系统排列，裸子植物按郑万钧1978年系统排列，被子植物按恩格勒1964年系统排列。在本书的编写过程中，研究生马巍格同学、刘谷娥同学做了许多数据整理和校对工作，在此作者表示诚挚的谢意。

本书可供植物学、植物地理学、生态学、生物资源学工作者以及高等院校有关植物、农业、林业、草业、药学等专业师生参考，也可以应用于我国东北以及北方地区的保护区、国家公园、林场牧场等单位的建设与保护工作。全书虽经认真查证与研究整理，但仍难免有疏漏与不当之处，请广大读者批评指正，使其日臻完善。

在此书付梓之际，恰逢中国科学院沈阳应用生态研究所70周年华诞向我们走来，谨将此著作当作一份献给研究所的生日礼物，生日快乐！

作者

2024年4月22日

目 录

第一章 种的分布区类型 ································· **001**

1. 世界分布 ··· 007

2. 北温带—北极分布 ······································ 009

2-1. 旧世界温带—北极分布 ····························· 012

2-2. 亚洲—北美—北极分布 ····························· 013

2-3. 亚洲温带—北极分布 ······························· 013

2-4. 北极—高山分布 ····································· 014

3. 西伯利亚分布 ·· 015

3-1. 东部西伯利亚分布 ··································· 017

4. 北温带分布 ·· 020

4-1. 北温带—南温带分布 ······························· 024

5. 旧世界温带分布 ·· 025

6. 亚洲—北美分布 ·· 031

6-1. 东亚—北美分布 ····································· 032

7. 温带亚洲分布 ·· 032

8. 东亚分布 ·· 036

8-1. 东亚—大洋洲分布 ··································· 039

8-2. 东亚—大洋洲—南美洲分布 ························· 040

9. 俄罗斯远东区—日本分布 ······························· 040

9-1. 俄罗斯远东区—日本—达乌里分布 ··················· 040

10. 中国—日本分布 ······································· 040

10-1. 中国东北—日本中北部分布 ························· 051

10-2. 中国—日本—蒙古草原分布 ························· 053

11. 中国东部分布 ··· 054

11-1. 中国东部—西部分布 ·· 057

11-2. 中国东部—蒙古草原分布 ···································· 058

12. 东北—华北分布 ··· 058

12-1. 东北—华北—蒙古草原分布 ································ 061

13. 华北—朝鲜分布 ··· 062

13-1. 华北—朝鲜—日本分布 ····································· 062

14. 东北分布 ·· 062

14-1. 中国东北—俄罗斯远东区分布 ···························· 070

14-2. 中国东北—达乌里分布 ···································· 071

14-3. 东北—大兴安岭分布 ······································· 072

14-4. 东北—蒙古草原分布 ······································· 073

15. 华北分布 ·· 073

15-1. 华北—大兴安岭分布 ······································· 076

15-2. 华北—蒙古草原分布 ······································· 076

15-3. 华北—东北平原分布 ······································· 077

16. 大兴安岭分布 ··· 077

16-1. 大兴安岭—俄罗斯远东区分布 ···························· 078

16-2. 大兴安岭—蒙古草原分布 ································· 078

17. 中亚分布 ·· 079

17-1. 中亚东部分布 ··· 079

18. 阿尔泰—蒙古—达乌里分布 ···································· 079

19. 达乌里—蒙古分布 ·· 080

20. 蒙古草原分布 ··· 083

20-1. 俄罗斯远东区—蒙古草原分布 ···························· 084

21. 东北平原分布 ··· 084

21-1. 俄罗斯远东区—东北平原分布 ···························· 084

22. 北温带—热带分布 ·· 084

22-1. 旧世界温带—热带分布 ····································· 085

22-2. 亚洲—北美—温带至热带分布 ···························· 086

22-3. 亚洲温带—热带分布 ······································· 086

23. 泛热带分布 ·· 089

24. 旧世界热带分布 ·· 089

25. 热带亚洲—热带大洋洲分布 ··· 090

26. 热带亚洲—热带非洲分布 ·· 090

第二章　属的分布区类型 ·· **091**

1. 世界分布 ·· 096

2. 泛热带分布 ·· 098

2-1. 热带亚洲、大洋洲（至新西兰）和中、南美（或墨西哥）间断分布 ········ 101

2-2. 热带亚洲、非洲和中、南美洲间断分布 ································· 101

3. 热带亚洲和热带美洲间断分布 ·· 101

4. 旧世界热带分布 ·· 101

4-1. 热带亚洲、非洲（或东非、马达加斯加）和大洋洲间断分布 ············ 102

5. 热带亚洲至热带大洋洲分布 ··· 102

6. 热带亚洲至热带非洲分布 ·· 102

7. 热带亚洲（印度—马来西亚）分布 ··· 102

8. 北温带分布 ·· 103

8-1. 环北极分布 ··· 108

8-2. 北极—高山分布 ·· 109

8-3. 北温带和南温带间断分布 ··· 109

8-4. 欧亚和南美温带间断分布 ·· 111

8-5. 地中海、东亚、新西兰和墨西哥—智利间断分布 ···························· 111

9. 东亚和北美洲间断分布 ··· 111

9-1. 东亚和墨西哥间断分布 ·· 113

10. 旧世界温带分布 ··· 113

10-1. 地中海区、西亚（或中亚）和东亚间断分布 ································· 115

10-2. 地中海区和喜马拉雅间断分布 ·· 115

10-3. 欧亚和南部非洲（有时也在大洋洲）间断分布 ······························ 115

11. 温带亚洲分布 ·· 116

12. 地中海区、西亚至中亚分布 ·· 117

12-1. 地中海区至中亚和南非洲、大洋洲间断分布 ································· 117

12-2. 地中海区至中亚和墨西哥至美国南部间断分布 ······························ 118

12-3. 地中海区至温带—热带亚洲、大洋洲和南美洲间断分布 ··················· 118

13. 中亚分布 ··· 118

13-1. 中亚东部（亚洲中部）分布 ··· 118

13-2. 中亚至喜马拉雅和中国西南分布 ·· 118

13-3. 中亚至喜马拉雅—阿尔泰和太平洋北美洲间断分布 ·················· 118

14. 东亚分布 ·· 118

14-1. 中国—喜马拉雅分布 ··· 119

14-2. 中国—日本分布 ·· 120

15. 中国特有分布 ·· 120

第三章　科的分布区类型 ··· **122**

1. 世界分布 ·· 124

2. 泛热带分布 ··· 125

2s. 以南半球为主的泛热带分布 ··· 127

2-1. 热带亚洲—大洋洲和热带美洲（南美洲及墨西哥）分布 ············ 127

2-2. 热带亚洲—热带非洲—热带美洲（南美洲）分布 ····················· 127

3. 东亚（热带、亚热带）及热带南美间断分布 ····························· 127

4. 旧世界热带分布 ··· 127

5. 热带亚洲（热带东南亚至印度—马来，太平洋诸岛）分布 ··········· 127

6. 北温带分布 ··· 127

6-1. 环极（环北极，环两极）分布 ··· 128

6-2. 北温带和南温带间断分布 ·· 128

6-3. 欧亚和南美洲温带间断分布 ··· 128

7. 东亚及北美间断分布 ··· 129

8. 旧世界温带分布 ··· 129

8-1. 欧亚和南非（有时也在澳大利亚）分布 ································· 129

9. 地中海区、西亚至中亚分布 ·· 129

9-1. 地中海区至西亚或中亚和墨西哥或古巴间断分布 ····················· 129

10. 东亚分布 ··· 129

10-1. 中国—日本分布 ·· 129

第四章　东北植物科属种分布区类型总名录 ·················· **130**

一、石杉科　　　Huperziaceae ·· 130

二、石松科　　　Lycopodiaceae ··· 130

三、　　卷柏科　　　　Selaginellaceae ································· 131

四、　　木贼科　　　　Equisetaceae ·································· 131

五、　　阴地蕨科　　　Botrychiaceae ································· 131

六、　　瓶尔小草科　　Ophioglossaceae ······························ 132

七、　　紫萁蕨科　　　Osmundaceae ································· 132

八、　　膜蕨科　　　　Hymenophyllaceae ····························· 132

九、　　碗蕨科　　　　Dennstaedtiaceae ······························ 132

十、　　蕨科　　　　　Pteridiaceae ·································· 132

十一、　中国蕨科　　　Sinopteridaceae ······························ 132

十二、　铁线蕨科　　　Sinopteridaceae ······························ 133

十三、　裸子蕨科　　　Hemionitidaceae ······························ 133

十四、　蹄盖蕨科　　　Athyriaceae ·································· 133

十五、　金星蕨科　　　Thelypteridaceae ······························ 134

十六、　铁角蕨科　　　Aspleniaceae ································· 134

十七、　睫毛蕨科　　　Pleurosoriopsidaceae ··························· 134

十八、　球子蕨科　　　Onocleaceae ································· 135

十九、　岩蕨科　　　　Woodsiaceae ································· 135

二十、　鳞毛蕨科　　　Dryopteridaceae ······························ 135

二十一、骨碎补科　　　Davalliaceae ································· 136

二十二、水龙骨科　　　Polypodiaceae ································ 136

二十三、苹科　　　　　Marsileaceae ································· 136

二十四、槐叶苹科　　　Sallviniaceae ································· 136

二十五、满江红科　　　Azollaceae ·································· 136

二十六、松科　　　　　Pinaceae ···································· 137

二十七、柏科　　　　　Cupressaceae ································ 137

二十八、红豆杉科　　　Taxaceae ···································· 137

二十九、麻黄科　　　　Ephedraceae ································· 138

三十、　胡桃科　　　　Juglandaceae ································· 138

三十一、杨柳科　　　　Salicaceae ··································· 138

三十二、桦木科　　　　Betulaceae ··································· 139

三十三、壳斗科　　　　Fagaceae ···································· 140

三十四、榆科　　　　　Ulmaceae ···································· 141

三十五、桑科	Moraceae	141
三十六、荨麻科	Urticaceae	141
三十七、檀香科	Santalaceae	142
三十八、桑寄生科	Loranthaceae	142
三十九、蓼科	Polygonaceae	142
四十、 马齿苋科	Portulacaceae	145
四十一、石竹科	Caryophyllaceae	145
四十二、藜科	Chenopodiaceae	147
四十三、苋科	Amaranthaceae	149
四十四、木兰科	Magnoliaceae	149
四十五、五味子科	Schisandraceae	150
四十六、樟科	Lauraceae	150
四十七、毛茛科	Ranunculaceae	150
四十八、小檗科	Berberidaceae	154
四十九、防己科	Menispermaceae	155
五十、 睡莲科	Nymphaeaceae	155
五十一、金鱼藻科	Ceratophyllaceae	155
五十二、金粟兰科	Chloranthaceae	156
五十三、马兜铃科	Aristolochiaceae	156
五十四、芍药科	Paeoniaceae	156
五十五、猕猴桃科	Actinidiaceae	156
五十六、金丝桃科	Hypericaceae	156
五十七、茅膏菜科	Droseraceae	157
五十八、罂粟科	Papaveraceae	157
五十九、十字花科	Brassicaceae	157
六十、 景天科	Crassulaceae	160
六十一、虎耳草科	Saxifragaceae	161
六十二、蔷薇科	Rosaceae	163
六十三、豆科	Leguminosae	168
六十四、酢浆草科	Oxalidaceae	173
六十五、牻牛儿苗科	Geraniaceae	173
六十六、蒺藜科	Zygophyllaceae	173

六十七、亚麻科　　　　Linaceae ··· 174

六十八、大戟科　　　　Euphorbiaceae ··· 174

六十九、芸香科　　　　Rutaceae ·· 175

七十、　苦木科　　　　Simaroubaceae ··· 175

七十一、远志科　　　　Polygalaceae ··· 175

七十二、漆树科　　　　Anacardiaceae ··· 175

七十三、槭树科　　　　Aceraceae ·· 175

七十四、无患子科　　　Sapindaceae ·· 176

七十五、凤仙花科　　　Balsaminaceae ··· 176

七十六、卫矛科　　　　Celastraceae ·· 176

七十七、省沽油科　　　Staphyleaceae ·· 177

七十八、鼠李科　　　　Rhamnaceae ·· 177

七十九、葡萄科　　　　Vitaceae ·· 177

八十、　椴树科　　　　Tiliaceae ·· 177

八十一、锦葵科　　　　Malvaceae ·· 178

八十二、瑞香科　　　　Thymelaeaceae ··· 178

八十三、胡颓子科　　　Elaeagnaceae ··· 178

八十四、堇菜科　　　　Violaceae ·· 179

八十五、柽柳科　　　　Tamaricaceae ··· 180

八十六、沟繁缕科　　　Elatinaceae ·· 180

八十七、秋海棠科　　　Begoniaceae ·· 180

八十八、葫芦科　　　　Cucurbitaceae ··· 180

八十九、千屈菜科　　　Lythraceae ·· 181

九十、　菱科　　　　　Trapaceae ·· 181

九十一、柳叶菜科　　　Onagraceae ··· 181

九十二、小二仙草科　　Haloragidaceae ·· 182

九十三、杉叶藻科　　　Hippuridaceae ··· 182

九十四、八角枫科　　　Alangiaceae ··· 182

九十五、山茱萸科　　　Cornaceae ··· 182

九十六、五加科　　　　Araliaceae ··· 183

九十七、伞形科　　　　Apiaceae ··· 183

九十八、鹿蹄草科　　　Pyrolaceae ·· 187

九十九、杜鹃花科　　　Ericaceae ·· 187

一〇〇、岩高兰科　　　Empetraceae ··· 188

一〇一、报春花科　　　Primulaceae ··· 188

一〇二、白花丹科　　　Plumbaginaceae ······································ 189

一〇三、安息香科　　　Styracaceae ··· 189

一〇四、山矾科　　　　Symplocaceae ··· 190

一〇五、木犀科　　　　Oleaceae ·· 190

一〇六、龙胆科　　　　Gentianaceae ·· 190

一〇七、睡菜科　　　　Menyanthaceae ·· 192

一〇八、夹竹桃科　　　Apocynaceae ·· 192

一〇九、萝藦科　　　　Asclepiadaceae ·· 192

一一〇、茜草科　　　　Rubiaceae ··· 193

一一一、花荵科　　　　Polemoniaceae ·· 193

一一二、旋花科　　　　Convolvulaceae ······································· 194

一一三、紫草科　　　　Boraginaceae ·· 194

一一四、马鞭草科　　　Verbenaceae ·· 196

一一五、水马齿科　　　Callitrichaceae ·· 196

一一六、唇形科　　　　Lamiacea ·· 196

一一七、茄科　　　　　Solanaceae ·· 199

一一八、玄参科　　　　Scrophulariaceae ······································ 200

一一九、紫葳科　　　　Bignoniaceae ·· 202

一二〇、胡麻科　　　　Pedaliaceae ··· 203

一二一、苦苣苔科　　　Gesneriaceae ·· 203

一二二、列当科　　　　Orobanchaceae ·· 203

一二三、狸藻科　　　　Lentibulariaceae ······································ 203

一二四、透骨草科　　　Phrymaceae ··· 203

一二五、车前科　　　　Plantaginaceae ·· 204

一二六、忍冬科　　　　Caprifoliaceae ·· 204

一二七、五福花科　　　Adoxaceae ·· 205

一二八、败酱科　　　　Valerianaceae ··· 205

一二九、川续断科　　　Dipsacaceae ··· 205

一三〇、桔梗科　　　　Campanulaceae ·· 206

一三一、菊科 　　　　Compositae ································· 207

一三二、泽泻科 　　　Alismataceae ······························· 217

一三三、花蔺科 　　　Butomaceae ······························· 217

一三四、水鳖科 　　　Hydrocharitaceae ························· 218

一三五、芝菜科 　　　Scheuchzeriaceae ························· 218

一三六、水麦冬科 　　Juncaginaceae ···························· 218

一三七、眼子菜科 　　Potamogetonaceae ····················· 218

一三八、大叶藻科 　　Zosteraceae ······························ 219

一三九、茨藻科 　　　Najadaceae ······························· 219

一四〇、百合科 　　　Liliaceae ································· 219

一四一、薯蓣科 　　　Dioscoreaceae ···························· 223

一四二、雨久花科 　　Pontederiaceae ··························· 223

一四三、鸢尾科 　　　Iridaceae ································· 223

一四四、灯心草科 　　Juncaceae ································· 224

一四五、鸭跖草科 　　Commelinaceae ··························· 225

一四六、谷精草科 　　Eriocaulaceae ···························· 225

一四七、禾本科 　　　Gramineae ································· 225

一四八、天南星科 　　Araceae ··································· 233

一四九、浮萍科 　　　Lemnaceae ································· 234

一五〇、黑三棱科 　　Sparganiaceae ··························· 234

一五一、香蒲科 　　　Typhaceae ································· 234

一五二、莎草科 　　　Cyperaceae ······························ 235

一五三、兰科 　　　　Orchidaceae ······························ 241

拉丁文属名索引 ·· 244

参考文献 ·· 253

第一章　种的分布区类型

对中国东北2704种野生维管束植物的自然分布规律、每个种的地理分布范围等进行了种间对比研究，划分为26个分布区类型和31个亚型，并按其适应分布地域气候的性质特点将它们分别归入世界性、亚寒带—寒带性、温带性、热带性等4类性质的分布区类型之中。按此4类性质将各个分布区类型进行了系统排列，归为表1。

由于分布区类型是根据物种的地理分布范围和自然分布规律进行划分的，因此本书只收录东北地区的野生种，而不包括栽培种、逸生种以及近些年来侵入本地区的外来入侵种。

对区域内没有"正种"（原变种）只有一个或多个变种的物种，选择其中有代表性的一个变种作为种来分析。

各分布区类型和亚型的性质、地理分布范围分述如下。

1. 世界分布 Widespread（Cosnxrpolitan）

此分布区类型是指世界广布种，分布范围通常跨寒、温、热三带或至少跨其中的二带，几乎遍布世界各大洲，而没有特殊的分布中心。在本地区主要是一些湿、水生植物，还有些随人杂草、荒地路边植物等。

2. 北温带—北极分布 N. Temp.-Arctic

此分布区类型的分布范围可从北极带分布到欧、亚、北美三洲温带地区北部，在本地区多分布于较高海拔区域，且不乏群落中优势成分。

2–1. 旧世界温带—北极分布 Old World Temp.-Arctic
分布范围是从北极带分布到欧亚两洲温带地区北部。

2–2. 亚洲—北美—北极分布 Asia-N. Amer.
分布范围是从北极带分布到亚洲和北美洲温带地区北部。

2–3. 亚洲温带—北极分布 Asia Temp.-Arctic
分布范围是从北极带分布到亚洲温带地区北部。

2–4. 北极—高山分布 Arctic-Alpine
分布于温带地区的高山带与亚高山带并间断分布于北极带。

3. 西伯利亚分布 Siberia

分布于俄罗斯西伯利亚植物区（包括东部西伯利亚及西部西伯利亚）的大部地区，向南可延伸至蒙古、中国东北甚至华北地区。在本地区大多为湿、中生植物，旱生的较少。

3–1. 东部西伯利亚分布 E. Siberia

分布于东部西伯利亚的大部分地区并向南作一定延伸，在本地区有不少是群落中优势种和常见种。

4. 北温带分布 North Temp.

分布于欧亚北美大陆温带地区，其范围向北可达西伯利亚一带，向南可至亚热带附近，在本地区多为中生至湿、水生草本，旱生较少，有不少是常见种或群落优势种。

4–1. 北温带—南温带分布 N. Temp.-S. Temp.

分布范围是从北半球温带区域间断分布于南半球温带地区。

5. 旧世界温带分布 Old World Temp.

分布于欧亚大陆温带地区，多数种能分布至西伯利亚一带。

6. 亚洲—北美分布 Asia-N. Amer.

间断分布于亚洲与北美洲温带地区，在亚洲的分布范围超出东亚，向北常达西伯利亚一带，西至中亚等地。

6–1. 东亚—北美分布 E. Asia-N. Amer.

分布于东亚区域并间断分布于北美。

7. 温带亚洲分布 Temp. Asia

分布于亚洲温带地区，范围从东亚区域向西分布到中亚等地，向北可达西伯利亚一带，南至我国西南甚至喜马拉雅。在本地区各样生境与群落中均有分布，且不乏优势种与常见种。

8. 东亚分布 E. Asia

分布于东亚地区，范围从喜马拉雅一直到朝鲜、日本和俄罗斯远东区偏南部，向西以森林为边界。在本地区大多是林区的中、湿生植物，旱生的较少。

8–1. 东亚—大洋洲分布 E. Asia-Australasia

分布范围是从东亚间断分布于大洋洲。

8–2. 东亚—大洋洲—南美洲分布 E. Asia-Australasia-S. Amer.

分布范围是从东亚间断分布于大洋洲与南美洲。

9. 俄罗斯远东区—日本分布 Far East Russia-Japan

分布范围是以俄罗斯远东区—日本为分布中心，常达到中国东北和朝鲜。

9–1. 俄罗斯远东区—日本—达乌里分布 Far East Russia-Japan-Dahuria

分布范围是从俄罗斯远东区—日本分布的分布区域经由本地区北部分布到俄罗斯达乌里植物区。

10. 中国—日本分布 Sino-Japan

主要分布在中国东部森林植物区并间断分布于日本。大多为林区的中、湿生植物，旱生的较少，并有不少是群落优势种与常见种。

10–1. 中国东北—日本中北部分布 N. E. China-C. &N. Japan

分布范围是以东北植物区为分布中心并间断分布于日本且多在日本中北部。

10–2. 中国—日本—蒙古草原分布 China-Japan-Mongolia Steppe

分布范围是从中国—日本分布的分布区域向西至蒙古草原植物区，通常可达蒙古国境内。

11. 中国东部分布 E. China

主要分布在中国东部森林植物区，并可延伸至喜马拉雅，北达朝鲜和俄罗斯远东区南部，但日本无分布。

11–1. 中国东部—西部分布 E. to W. China

分布范围是从中国东部向西到达甘肃、青海甚或新疆。

11–2. 中国东部—蒙古草原分布 E. China-Mongolia Steppe

分布范围是从中国东部向西连续分布于蒙古草原区域。

12. 东北—华北分布 N. E. China-N. China

这是以东北植物区—华北植物区相连的区域为分布中心的分布区类型。在本地区大多是林区的中、湿生植物，旱生的较少，并有不少是群落中的优势成分。

12–1. 东北—华北—蒙古草原分布 N. E. China-N. China-Mongolia Steppr

分布范围是从东北—华北分布的分布区向西连续分布于蒙古草原区域。

13. 华北—朝鲜分布 N. China-Korea

分布于华北植物区并连续或间断分布于朝鲜。

13–1. 华北—朝鲜—日本分布 N. China-Korea-Far East Russia

分布范围是从华北—朝鲜分布的分布区间断分布于日本。

14. 东北分布 N. E. China

以东北植物区为分布中心，常延伸至朝鲜北部和俄罗斯乌苏里地区。

14–1. 中国东北—俄罗斯远东区分布 N. E. China-Far East Russia

分布范围是从东北植物区连续分布于俄罗斯远东区。

14–2. 中国东北—达乌里分布 N. E. China-Dahuria

分布范围是从东北植物区联系分布于俄罗斯的达乌里植物区。

14–3. 东北—大兴安岭分布 N. E. China-Da Xing'anling

分布范围是从东北植物区连续分布于大兴安岭植物区。

14–4. 东北—蒙古草原分布 N. E. China-Mongolia Steppe

分布范围是从东北植物区联系分布于蒙古草原植物区。

15. 华北分布 N. China

这是以华北植物区为分布中心的分布区类型。

15–1. 华北—大兴安岭分布 N. China-Da Xing'anling

分布范围是从华北植物区向北连续分布于大兴安岭植物区。

15–2. 华北—蒙古草原分布 N. China-Mongolia Steppe

分布范围是从华北植物区连续分布于蒙古草原植物区。

15–3. 华北—东北平原分布 N. China-N. E. China Plain

分布范围是从华北植物区连续分布于东北平原。

16. 大兴安岭分布 Da Xing'anling

这是以大兴安岭植物区为分布中心的分布区类型。在本地区大多是一些中生、湿生植物。

16–1. 大兴安岭—俄罗斯远东区分布 Da Xing'anling-Far East Russia

分布范围是从大兴安岭植物区连续分布于俄罗斯远东区。

16–2. 大兴安岭—蒙古草原分布 Da Xing'anling-Mongolia Steppe

分布范围是从大兴安岭植物区连续分布于相邻的蒙古草原植物区。

17. 中亚分布 C. Asia

分布于苏联中亚植物区、我国新疆、青藏高原至内蒙古西部和蒙古国偏南部，属于这一分布区类型的植物种即是亚洲内陆干旱中心区域的分布种。在本地区多是一些旱生的沙地或沙碱地种类。

17–1. 中亚东部分布 East C. Asia

这是以中亚东部地区（包括新疆、青海、甘肃、内蒙古西部至蒙古）为分布中心的分布区类型。

18. 阿尔泰—蒙古—达乌里分布 Altai-Mongolia-Dahuria

分布范围是以阿尔泰—蒙古人民共和国—达乌里相连的区域为分布中心，向周围常可分布到相邻的新疆、内蒙古草原、安格—萨彦及大兴安岭山地。在本地区多是一些中生、旱生植物。

19. 达乌里—蒙古分布 Dahuria-Mongolia

分布范围是以达乌里—蒙古草原相连区域为分布中心，常分布到大兴安岭山地、东北东部、松辽平原和华北地区，并可延伸至俄罗斯远东区南部。在本地区大多是草原—草甸草原的基本成分和一些生于干山坡、向阳地的种类，并有一些成为群落中的优势植物。

20. 蒙古草原分布 Mongolia Steppe

这是以蒙古草原植物区为分布中心的分布区类型，其分布的中心地带包括我国境内的东蒙古草原和东北平原。在本地区内多是一些中生至旱生种。

20–1. 俄罗斯远东区—蒙古草原分布 Far East Russia-Mongolia Steppe

分布范围是从蒙古草原区联系分布于俄罗斯远东区。

21. 东北平原分布 N. E. China Plain

这是以东北平原为分布中心的分布区类型，此中的多数种类是东北平原植物亚区的特有种。

21–1. 俄罗斯远东区—东北平原分布 Far East Russia-N. E. China Plain

分布范围是从东北平原联系分布于俄罗斯远东区。

表1　东北维管束植物种的分布区类型系统排列

分布区类型及亚型	区内种数
Ⅰ 世界性分布区类型	
1. 世界分布	53
Ⅱ 亚寒带—寒带性质分布区类型	
2. 北温带—北极分布	92
2-1. 旧世界温带—北极分布	32
2-2. 亚洲—北美—北极分布	15
2-3. 亚洲温带—北极分布	37
2-4. 北极—高山分布	16
3. 西伯利亚分布	66
3-1. 东部西伯利亚分布	116
Ⅲ 温带性质分布区类型	
4. 北温带分布	134
4-1. 北温带—南温带分布	5
5. 旧世界温带分布	216
6. 亚洲—北美分布	17
6-1. 东亚—北美分布	15
7. 温带亚洲分布	138
8. 东亚分布	109
8-1. 东亚—大洋洲分布	2
8-2. 东亚—大洋洲—南美洲分布	1
9. 俄罗斯远东区—日本分布	3
9-1. 俄罗斯远东区—日本—达乌里分布	1
10. 中国—日本分布	361
10-1. 中国东北—日本中北部分布	96
10-2. 中国—日本—蒙古草原分布	6
11. 中国东部分布	103
11-1. 中国东部—西部分布	39
11-2. 中国东部—蒙古草原分布	3
12. 东北—华北分布	96
12-1. 东北—华北—蒙古草原分布	16
13. 华北—朝鲜分布	19

分布区类型及亚型	区内种数
13-1. 华北—朝鲜—日本分布	3
14. 东北分布	245
14-1. 中国东北—俄罗斯远东区分布	50
14-2. 中国东北—达乌里分布	36
14-3. 东北—大兴安岭分布	19
14-4. 东北—蒙古草原分布	9
15. 华北分布	85
15-1. 华北—大兴安岭分布	3
15-2. 华北—蒙古草原分布	41
15-3. 华北—东北平原分布	4
16. 大兴安岭分布	16
16-1. 大兴安岭—俄罗斯远东区分布	14
16-2. 大兴安岭—蒙古草原分布	4
17. 中亚分布	11
17-1. 中亚东部分布	7
18. 阿尔泰—蒙古—达乌里分布	21
19. 达乌里—蒙古分布	89
20. 蒙古草原分布	36
20-1. 俄罗斯远东区—蒙古草原分布	3
21. 东北平原分布	10
21-1. 俄罗斯远东区—东北平原分布	6
Ⅳ 热带性质分布区类型	
22. 北温带—热带分布	21
22-1. 旧世界温带—热带分布	26
22-2. 亚洲—北美—温带至热带分布	11
22-3. 亚洲温带—热带分布	95
23. 泛热带分布	6
24. 旧世界热带分布	11
25. 热带亚洲—热带大洋洲分布	12
26. 热带亚洲—热带非洲分布	3
合　计	2704

22. 北温带—热带分布 N. Temp.-Trop

分布于欧洲、亚洲、北美温带地区并向南延伸到热带一定区域。

22-1. 旧世界温带—热带分布 Old World Temp.-Trop.

分布于欧亚大陆温带地区并向南延伸到热带一定区域。

22-2. 亚洲—北美—温带至热带分布 Asia & N. Amer. & Temp.-Trop.

间断分布于亚洲与北美洲温带地区并向南延伸到热带一定区域。

22-3. 亚洲温带—热带分布 Asia Temp.-Trop.

分布在亚洲温带地区并向南延伸到热带一定区域。

23. 泛热带分布 Pantropic

广布于东西两半球热带地区并常延伸至亚热带与温带地区。

24. 旧世界热带分布 Old World Trop.

分布于亚洲、非洲、大洋洲热带地区并常延伸至亚热带与温带地区。

25. 热带亚洲—热带大洋洲分布 Trop. Asia-Trop. Australasia

间断分布于亚洲热带与大洋洲热带并常延伸至亚热带与温带地区。

26. 热带亚洲—热带非洲分布 Trop. Asia-Trop. Afica

分布于亚洲热带与非洲热带并常延伸至亚热带与温带地区。

从表1中可以看出，温带性质分布区类型的种数最多、占大多数，是东北地区维管束植物区系组成的主体，体现了本地区区系主要是温带性质，它们主要是东亚地区的分布区类型种（在温带性质种类中占半数以上）和一些北半球温带较广布的分布种以及少数联系于草原等较干旱地区的分布种类；其次亚寒带—寒带性质分布区类型的种数较少，它们明显地主要是第四纪几次冰期以来适应寒冷气候从北方逐步迁移分化至本地区所形成的；最后是热带性质分布区类型的种数最少，它们无疑多是一些较古老的第三纪残遗成分，其种数虽少，但可为本地区维管束植物区系与热带的早期历史联系、形成和发展提供历史证据和遗迹。

东北维管束植物种的分布区类型分述如下。

1. 世界分布（53种）

1. 凹头苋	**Amaranthus lividus** L.
2. 苘麻	**Abutilon theophrasti** Medic.
3. 耳基水苋菜	**Ammannia arenaria** H. B. K.
4. 赛南芥	**Arabis glabra** (L.) Bernh.
5. 茵草	**Beckmannia syzigachne** (Steud.) Fernald
6. 狼巴草	**Bidens tripartita** L.
7. 扇羽小阴地蕨	**Botrychium lunaria** (L.) Swartz

8. 荠菜	**Capsella bursa-pastoris** (L.) Medic.
9. 金鱼藻	**Ceratophyllum demersum** L.
10. 藜	**Chenopodium album** L.
11. 虎尾草	**Chloris virgata** Swartz
12. 菊苣	**Cichorium intybus** L.
13. 球穗莎草	**Cyperus difformis** L.
14. 碎米莎草	**Cyperus iria** L.
15. 莎草	**Cyperus rotundus** L.
16. 冷蕨	**Cystopteris fragilis** (L.) Bernh.
17. 曼陀罗	**Datula stramonium** L.
18. 毛马唐	**Digitaria ciliaris** (Retz.) KoeL.
19. 马唐	**Digitaria sanguinalis** (L.) Scop.
20. 紫马唐	**Digitaria violascens** Link
21. 野稗	**Echinochloa crusgalli** (L.) Beauv.
22. 牛筋草	**Eleusine indica** (L.) Gaertn.
23. 野西瓜苗	**Hibiscus trionum** L.
24. 灯心草	**Juncus effusus** L.
25. 浮萍	**Lemna minor** L.
26. 品藻	**Lemna trisulca** L.
27. 益母草	**Leonurus japonicus** Houtt.
28. 水茫草	**Limosella aquatica** L.
29. 千屈菜	**Lythrum salicaria** L.
30. 苹	**Marsilea quadrifolia** L.
31. 穗状狐尾藻	**Myriophyllum spicatum** L.
32. 狐尾藻	**Myriophyllum verticillatum** L.
33. 茨藻	**Najas marina** L.
34. 小茨藻	**Najas minor** AlL.
35. 墙草	**Parietaria micrantha** Ledeb.
36. 芦苇	**Phragmites australis** (Clav.) Trin.
37. 马齿苋	**Portulaca oleracea** L.
38. 菹草	**Potamogeton crispus** L.
39. 篦齿眼子菜	**Potamogeton pectinatus** L.
40. 穿叶眼子菜	**Potamogeton perfoliatus** L.
41. 小眼子菜	**Potamogeton pussillus** L.

42. 川蔓藻	**Ruppia maritima** L.
43. 盐角草	**Salicornia europaea** L.
44. 槐叶苹	**Salvinia natans** (L.) All.
45. 狗尾草	**Setaria viridis** (L.) Beauv.
46. 龙葵	**Solanum nigrum** L.
47. 苦苣菜	**Sonchus oleraceus** L.
48. 紫萍	**Spirodela polyrrhiza** (L.) Schleid.
49. 蒺藜	**Tribulus terrestris** L.
50. 海韭菜	**Triglochin maritimum** L.
51. 狭叶香蒲	**Typha angustifolia** L.
52. 苦草	**Vallisneria spiralis** L.
53. 角果藻	**Zannichellia palustris** L.

2. 北温带—北极分布（92种）

1. 五福花	**Adoxa moschatellina** L.
2. 北葱	**Allium schoenoprasum** L.
3. 雪山点地梅	**Androsace septentrionalis** L.
4. 高山黄耆	**Astragalus alpinus** L.
5. 草苁蓉	**Boschniakia rossica** (Cham. et Schlecht.) Fedtsch. et Flerov
6. 条裂小阴地蕨	**Botrychium lanceolatum** (Gmel.) Angstrom
7. 大叶章	**Calamagrostis langsdorffii** (Link) Trin.
8. 西伯利亚野青茅	**Calamagrostis lapponica** (Wahl.) Hartm.
9. 忽略野青茅	**Calamagrostis neglecta** (Ehrh.) Gaertn., Mey. et Schreb.
10. 二裂薹草	**Carex bipartida** All.
11. 纤弱薹草	**Carex capillaris** L.
12. 圆锥薹草	**Carex diandra** Schrank
13. 异株薹草	**Carex gynocrates** Wormskj
14. 石薹草	**Carex rupestris** Bell. ex All.
15. 细花薹草	**Carex tenuiflora** Wahlenb.
16. 细叶卷耳	**Cerastium arvense** L.
17. 六齿卷耳	**Cerastium cerastoides** (L.) Britton
18. 甸杜	**Chamaedaphne calyculata** (L.) Moench
19. 紫花草茱萸	**Chamaepericlymenum suecium** (L.) Asch. et Graebn.
20. 互叶金腰	**Chrysosplenium alternifolium** L.

21. 东北沼委陵菜　　　**Comarum palustre** L.

22. 珊瑚兰　　　　　　**Corallorhiza trifida** Chatel

23. 发草　　　　　　　**Deschampsia caespitosa** (L.) Beauv.

24. 高山扁枝石松　　　**Diphasiastrum alpinum** (L.) Holub

25. 香鳞毛蕨　　　　　**Dryopteris fragrans** (L.) Schott

26. 牛毛毡　　　　　　**Eleocharis acicularis** (L.) Roem. et Schult.

27. 中间型荸荠　　　　**Eleocharis intersita** Zinserl.

28. 犬问荆　　　　　　**Equisetum palustre** L.

29. 草问荆　　　　　　**Equisetum pratense** Ehrh.

30. 水问荆　　　　　　**Equisetum pratense** Ehrh.

31. 林问荆　　　　　　**Equisetum sylvaticum** L.

32. 长茎飞蓬　　　　　**Erigeron elongatus** Ledeb.

33. 细秆羊胡子草　　　**Eriophorum gracile** Koch

34. 东方羊胡子草　　　**Eriophorum polystachion** L.

35. 红毛羊胡子草　　　**Eriophorum russeolum** Fries

36. 矮羊茅　　　　　　**Festuca airoides** Lam.

37. 羊茅　　　　　　　**Festuca ovina** L.

38. 紫羊茅　　　　　　**Festuca rubra** L.

39. 北方拉拉藤　　　　**Galium boreale** L.

40. 高山茅香　　　　　**Hierochloe alpina** (Swartz) Roem. et Schult.

41. 茅香　　　　　　　**Hierochloe odorata** (L.) Beauv.

42. 小木贼　　　　　　**Hippochaete scirpoides** (Michx.) Farw.

43. 兴安木贼　　　　　**Hippochaete variegatum** (Schleich.) Borner

44. 四叶杉叶藻　　　　**Hippuris tetraphylla** L.

45. 杉叶藻　　　　　　**Hippuris vulgaris** L.

46. 栗花灯心草　　　　**Juncus castaneus** Smith

47. 嵩草　　　　　　　**Kobresia bellardii** (All.) Degl.

48. 野芝麻　　　　　　**Lamium album** L.

49. 海滨山黧豆　　　　**Lathyrus maritimus** (L.) Bigelow

50. 细叶杜香　　　　　**Ledum palustre** L.

51. 北极花　　　　　　**Linnaea borealis** L.

52. 珠尾花　　　　　　**Lysimachia thyrsiflora** L.

53. 同花母菊　　　　　**Matricaria matricarioides** (Less.) Porter ex Britton

54. 睡菜　　　　　　　**Menyanthes trifoliata** L.

55. 独丽花   **Moneses uniflora** (L.) A. Gray

56. 团叶单侧花   **Orthilia obtusata** (Turcz.) Hara

57. 肾叶高山蓼   **Oxyria digyna** (L.) Hill.

58. 梅花草   **Parnassia palustris** L.

59. 拉不拉多马先蒿   **Pedicularis labradorica** Wirsing

60. 松毛翠   **Phyllodoce caerulea** (L.) Bab.

61. 北捕虫堇   **Pinguicula villosa** L.

62. 盐生车前   **Plantago maritima** L. var. **salsa** (Pall.) Pilger

63. 珠芽蓼   **Polygonum viviparum** L.

64. 金露梅   **Potentilla fruticosa** L.

65. 绿花鹿蹄草   **Pyrola chlorantha** Sw.

66. 短柱鹿蹄草   **Pyrola minor** L.

67. 松叶毛茛   **Ranunculus reptans** L.

68. 北悬钩子   **Rubus arcticus** L.

69. 兴安悬钩子   **Rubus chamaemorus** L.

70. 石生悬钩子   **Rubus saxatilis** L.

71. 直穗酸模   **Rumex longifolius** DC.

72. 长刺酸模   **Rumex maritimus** L.

73. 无毛漆姑草   **Sagina saginoides** (L.) Karsten

74. 越桔柳   **Salix myrtilloides** L.

75. 斑点虎耳草   **Saxifraga punctata** L.

76. 兴安虎耳草   **Saxifraga rivularis** L.

77. 鳞苞藨草   **Scirpus hudsonianus** (Michx.) Fernald

78. 山莓草   **Sibbaldia procumbens** L.

79. 北方黑三棱   **Sparganium hyperboreum** Laest ex Beurl.

80. 叶苞繁缕   **Stellaria crassifolia** Ehrh. var. **linearis** Fenzl

81. 菊蒿   **Tanacetum vulgare** L.

82. 七瓣莲   **Trientalis europaea** L.

83. 西伯利亚三毛草   **Trisetum sibiricum** Rupr.

84. 穗三毛   **Trisetum spicatum** (L.) Richt.

85. 中狸藻   **Utricularia intermedia** Hayne

86. 笃斯越桔   **Vaccinium uliginosum** L.

87. 越桔   **Vaccinium vitis-idaea** L.

88. 广布野豌豆   **Vicia cracca** L.

89. 双花堇菜	**Viola biflora** L.
90. 溪堇菜	**Viola epipsila** Ledeb.
91. 光岩蕨	**Woodsia glabella** R. Br.
92. 岩蕨	**Woodsia ilvensis** (L.)R. Br.

2-1. 旧世界温带—北极分布（32种）

1. 苇状看麦娘	**Alopecurus arundinaceus** Poiret
2. 大看麦娘	**Alopecurus pratensis** L.
3. 东北点地梅	**Androsace filiformis** Retz.
4. 蝶须	**Antennaria dioica** (L.) Gaertn.
5. 黑穗薹草	**Carex atrata** L.
6. 丛薹草	**Carex caespitosa** L.
7. 紫鳞薹草	**Carex media** R. Br.
8. 脚薹草	**Carex pediformis** C. A. Mey.
9. 毒芹	**Cicuta virosa** L.
10. 西伯利亚还阳参	**Crepis sibirica** L.
11. 羊胡子草	**Eriophorum vaginatum** L.
12. 草甸老鹳草	**Geranium pratense** L.
13. 山岩黄耆	**Hedysarum alpinum** L.
14. 贴苞灯心草	**Juncus triglumis** L.
15. 西伯利亚刺柏	**Juniperus sibirica** Burgsd.
16. 北山莴苣	**Lactuca sibirica** (L.) Benth. ex Maxim.
17. 滨麦	**Leymus mollis** (Trin.) Hara
18. 莫石竹	**Moehringia lateriflora** (L.) Fenzl
19. 毛蒿豆	**Oxycoccus microcarpus** Turcz.
20. 旌节马先蒿	**Pedicularis sceptrum-carolinum** L.
21. 轮叶马先蒿	**Pedicularis verticillata** L.
22. 草地早熟禾	**Poa pratensis** L.
23. 粉报春	**Primula farinosa** L.
24. 黑果茶藨	**Ribes nigrum** L.
25. 毛枝柳	**Salix dasyclados** Wimm
26. 崖柳	**Salix floderusii** Nakai
27. 零余虎耳草	**Saxifraga cernua** L.
28. 黄菀	**Senecio nemorensis** L.

29. 绣线菊	**Spiraea salicifolia** L.
30. 狗舌草	**Tephroseris campestris** (Rutz.) Rchb.
31. 湿生狗舌草	**Tephroseris palustris** (L.) Four.
32. 野火球	**Trifolium lupinaster** L.

2-2. 亚洲-北美-北极分布（15种）

1. 琴叶南芥	**Arabis lyrata** L. var. **kamtschatica** Fisch. ex DC.
2. 紧穗雀麦	**Bromus pumpellianus** Scribn.
3. 长芒薹草	**Carex gmelinii** Hook. et Arn.
4. 火焰草	**Castilleja pallida** (L.) Kunth
5. 草茱萸	**Chamaepericlymenum canadense** (L.) Asch. et Graebn.
6. 簇茎石竹	**Dianthus repens** Willd.
7. 软毛齿缘草	**Eritrichium villosum** (Ledeb.) Bunge
8. 北方老鹳草	**Geranium erianthum** DC.
9. 滨灯心草	**Juncus haenkei** E. Mey.
10. 山黧豆	**Lathyrus palustris** L. var. **pilosus** (Cham.) Ledeb.
11. 肋柱花	**Lomatogonium rotatum** (L.) Fries ex Nym.
12. 极地米努草	**Minuartia arctica** (Stev. ex Ser.) Asch. et Graeb.
13. 小叶杜鹃	**Rhododendron parvifolium** Adams
14. 矮茶藨	**Ribes triste** Pall.
15. 散花唐松草	**Thalictrum sparsiflorum** Turcz. ex Fisch. et C. A. Mey.

2-3. 亚洲温带-北极分布（37种）

1. 西伯利亚庭荠	**Alyssum sibiricum** Willd.
2. 兴安鹅不食	**Arenaria capillaris** Poiret
3. 白山蒿	**Artemisia lagocephala** (Fisch. ex Bess.) DC.
4. 山芥菜	**Barbarea orthoceras** Ledeb.
5. 扇叶桦	**Betula middendorffii** Trautv. et C. A. Mey.
6. 山尖子	**Cacalia hastata** L.
7. 灰脉薹草	**Carex appendiculata** (Trautv.) Kukenth.
8. 隐果薹草	**Carex cryptocarpa** C. A. Mey.
9. 蟋蟀薹草	**Carex eleusinoides** Turcz. ex Kunth
10. 疣囊薹草	**Carex pallida** C. A. Mey.
11. 褐穗薹草	**Carex sabynensis** Less. ex Kunth

12. 鳞苞薹草	**Carex vanheurckii** Muell.
13. 钻天柳	**Chosenia arbutifolia** (Pall.) A. Skv.
14. 唇花翠雀	**Delphinium cheilanthum** Fisch. ex DC.
15. 假龙胆	**Gentianella auriculata** Pall.
16. 扁蕾	**Gentianopsis barbata** (Froel) Ma
17. 大穗异燕麦	**Helictotrichon dahuricum** (Kom.) Kitag.
18. 密花香芹	**Libanotis condensata** (L.) Crantz
19. 通泉草	**Mazus japonicus** (Thunb.) O. Kuntze
20. 柔毛花葱	**Polemonium villosum** Rud. ex Georgi
21. 白山蓼	**Polygonum laxmanni** Lepech.
22. 甜杨	**Populus suaveolens** Fisch
23. 楔叶委陵菜	**Potentilla fragiformis** Willd. ex Schlecht
24. 掌叶白头翁	**Pulsatilla patens** (L.) Mill. var. **multifida** (Pritz.) S. H. Li et Y. H. Huang
25. 红花鹿蹄草	**Pyrola incarnata** Fisch. ex DC.
26. 小叶毛茛	**Ranunculus gmelinii** DC.
27. 单叶毛茛	**Ranunculus monophyllus** Ovcz.
28. 牛皮杜鹃	**Rhododendron chrysanthum** Pall.
29. 毛脉酸模	**Rumex gmelini** Turcz.
30. 鹿蹄柳	**Salix pyrolaefolia** Ledeb.
31. 龙江柳	**Salix sachalinensis** Fr. Schmidt
32. 刺虎耳草	**Saxifraga bronchialis** L.
33. 狭叶鸦葱	**Scorzonera radiata** Fisch. ex Ledeb.
34. 黑水岩茴香	**Tilingia ajanensis** Regel
35. 东北三肋果	**Tripleurospermum tetragonospermum** (Fr. Schmidt) Pobed.
36. 宽瓣金莲花	**Trollius asiaticus** L.
37. 多茎野豌豆	**Vicia multicaulis** Ledeb.

2-4. 北极—高山分布（16种）

1. 紫花高乌头	**Aconitum excelsum** Rchb.
2. 旱生点地梅	**Androsace lehmanniana** Spreng
3. 黑果天栌	**Arctous japonicus** Nakai
4. 天栌	**Arctous ruber** (Rehd. et Wils.) Nakai
5. 瘦桦	**Betula exilis** Suk.
6. 扭果葶苈	**Draba kamtschatica** (Ledeb.) N. Busch

7. 东亚岩高兰　　　　**Empetrum nigrum** L. var. **japonicum** K. Koch

8. 山飞蓬　　　　　　**Erigeron alpicola** Makino

9. 高山羊茅　　　　　**Festuca auriculata** Drob.

10. 珠芽羊茅　　　　　**Festuca vivipara** (L.) Smith

11. 洼瓣花　　　　　　**Lloydia serotina** (L.) Rchb.

12. 云间地杨梅　　　　**Luzula wahlenbergii** Rupr.

13. 高山梯牧草　　　　**Phleum alpinum** L.

14. 偃松　　　　　　　**Pinus pumila** (Pall.) Regel

15. 极地早熟禾　　　　**Poa arctica** R. Br.

16. 圆叶柳　　　　　　**Salix rotundifolia** Trautv.

3. 西伯利亚分布（66种）

1. 细叶黄乌头　　　　**Aconitum barbatum** Pers.

2. 白毛乌头　　　　　**Aconitum villosum** Rchb.

3. 北侧金盏花　　　　**Adonis sibirica** Patr. et Ledeb.

4. 东北羊角芹　　　　**Aegopodium alpestre** Ledeb.

5. 线叶欧庭荠　　　　**Alyssum lenense** Adams

6. 二歧银莲花　　　　**Anemone dichotoma** L.

7. 反萼银莲花　　　　**Anemone reflexa** Steph.

8. 变蒿　　　　　　　**Artemisia commutata** Bess.

9. 柳蒿　　　　　　　**Artemisia integrifolia** L.

10. 宽叶蒿　　　　　　**Artemisia latifolia** Ledeb.

11. 绢毛蒿　　　　　　**Artemisia sericea** Weber

12. 西伯利亚紫菀　　　**Aster sibiricus** L.

13. 湿地黄耆　　　　　**Astragalus uliginosus** L.

14. 短星菊　　　　　　**Brachyactis ciliata** (Ledeb.) Ledeb.

15. 白花驴蹄草　　　　**Caltha natans** Pall.

16. 细叶碎米荠　　　　**Cardamine schulziana** Baehne

17. 麻根薹草　　　　　**Carex arnellii** Christ ex Scheutz

18. 寸草　　　　　　　**Carex duriuscula** C. A. Mey.

19. 小粒薹草　　　　　**Carex karoi** (Freyn) Freyn

20. 乌拉草　　　　　　**Carex meyeriana** Kunth

21. 细毛薹草　　　　　**Carex sedakowii** C. A. Mey.

22. 地蔷薇　　　　　　**Chamaerhodos erecta** (L.) Bunge

23. 西伯利亚铁线莲	**Clematis sibirica** (L.) Mill.
24. 北紫堇	**Corydalis sibirica** (L. f.) Pers.
25. 血红山楂	**Crataegus sanguinea** Pall.
26. 小花花旗秆	**Dontostemon micranthus** C. A. Mey.
27. 大叶龙胆	**Gentiana macrophylla** Pall.
28. 东北甜茅	**Glyceria triflora** (Korsh.) Kom.
29. 小黄花菜	**Hemerocallis minor** Mill.
30. 兴安牛防风	**Heracleum dissectum** Ledeb.
31. 西伯利亚大麦	**Hordeum roshevitzii** Bowd.
32. 矮山黧豆	**Lathyrus humilis** Fisch. ex DC.
33. 兴安益母草	**Leonurus tataricus** L.
34. 蓝堇草	**Leptopyrum fumarioides** (L.) Rchb.
35. 狭叶剪秋萝	**Lychnis sibirica** L.
36. 湿地勿忘草	**Myosotis caespitosa** Schultz
37. 野罂粟	**Papaver nudicaule** L.
38. 西伯利亚败酱	**Patrinia sibirica** (L.) Juss.
39. 返顾马先蒿	**Pedicularis resupinata** L.
40. 兴安石防风	**Peucedanum baicalense** (Redow.) Koch
41. 西伯利亚红松	**Pinus sibirica** (Loud.) Mayr.
42. 棱子芹	**Pleurospermum uralense** Hoffm.
43. 散穗早熟禾	**Poa subfastigiata** Trin.
44. 小玉竹	**Polygonatum humile** Fisch. ex Maxim.
45. 多叶蓼	**Polygonum foliosum** Lindb.
46. 蔓委陵菜	**Potentilla flagellaris** Willd. ex Schlecht
47. 灰白委陵菜	**Potentilla strigosa** Pall.
48. 细叶白头翁	**Pulsatilla turczaninovii** Kryl. et Serg.
49. 紫花茶藨	**Ribes atropurpurea** C. A. Mey.
50. 水葡萄茶藨	**Ribes procumbens** Pall.
51. 粉枝柳	**Salix rorida** Laksch.
52. 小花风毛菊	**Saussurea parviflora** (Poiret) DC.
53. 多裂叶荆芥	**Schizonepeta multifida** (L.) Briq.
54. 并头黄芩	**Scutellaria scordifolia** Fisch. ex Schrank
55. 薄叶麻花头	**Serratula marginata** Tausch.
56. 三叶鹿药	**Smilacina trifolia** Desf.

57. 珍珠梅	**Sorbaria sorbifolia** (L.) A. Br.
58. 曲萼绣线菊	**Spiraea flexuosa** Camb.
59. 林繁缕	**Stellaria bungeana** Fenzl var. **stubendorfii** (Regel) Y. C. Chu
60. 阿尔泰针茅	**Stipa krylovii** Rosh.
61. 翼果唐松草	**Thalictrum aquilegifolium** L.var. **sibiricum** Regel et Tiling
62. 急折百蕊草	**Thesium refractum** C. A. Mey.
63. 西伯利亚椴	**Tilia sibirica** Fisch. ex Bayer
64. 兴安圆叶堇菜	**Viola brachyceras** Turcz.
65. 裂叶堇菜	**Viola dissecta** Ledeb.
66. 细叶黄鹌菜	**Youngia tenuifolia** (Willd.) Babc. et Stebb.

3-1. 东部西伯利亚分布（116种）

1. 齿叶蓍	**Achillea acuminata** (Ledeb.) Sch.-Bip.
2. 高山蓍	**Achillea alpina** L.
3. 亚洲蓍	**Achillea asiatica** Serg.
4. 猫儿菊	**Achyrophorus ciliatus** (Thunb.) Sch.-Bip.
5. 兴安乌头	**Aconitum ambiguum** Rchb.
6. 北乌头	**Aconitum kusnezoffii** Rchb.
7. 毛茛叶乌头	**Aconitum ranunculoides** Turcz.
8. 蔓乌头	**Aconitum volubile** Pall. ex Koelle
9. 西伯利亚剪股颖	**Agrostis sibirica** V. Petr.
10. 芒剪股颖	**Agrostis trinii** Turcz.
11. 蒙古野韭	**Allium prostratum** Trevir.
12. 水冬瓜赤杨	**Alnus sibirica** Fisch. et Turcz.
13. 大活	**Angelica dahurica** (Fisch.) Benth. et Hook. ex Franch. et Sav.
14. 黑水楼斗菜	**Aquilegia amurensis** Kom.
15. 小花楼斗菜	**Aquilegia parviflora** Ledeb.
16. 兴安黄耆	**Astragalus dahuricus** (Pall.) DC.
17. 北黄耆	**Astragalus inopinatus** Boriss.
18. 岳桦	**Betula ermanii** Cham.
19. 柴桦	**Betula fruticosa** Pall.
20. 兴安柴胡	**Bupleurum sibiricum** De Vest
21. 兴安野青茅	**Calamagrostis turczaninowii** Litv.
22. 单花风铃草	**Campanula langsdorffiana** Fisch. ex Trautv. et C. A. Mey.

23. 伏水碎米荠　　　　**Cardamine prorepens** Fisch. ex DC.

24. 扁囊薹草　　　　　**Carex coriophora** Fisch. et C. A. Mey. ex Kunth

25. 针薹草　　　　　　**Carex dahurica** Kukenth.

26. 野笠薹草　　　　　**Carex drymophila** Turcz. ex Steud.

27. 离穗薹草　　　　　**Carex eremopyroides** V. Krecz.

28. 镰薹草　　　　　　**Carex falcata** Turcz.

29. 黄囊薹草　　　　　**Carex korshinckyi** Kom.

30. 二柱薹草　　　　　**Carex lithophila** Turcz.

31. 直穗薹草　　　　　**Carex orthostachys** C. A. Mey.

32. 漂筏薹草　　　　　**Carex pseudo-curaica** Fr. Schmidt

33. 走茎薹草　　　　　**Carex reptabunda** (Trautv.) V. Krecz.

34. 臌囊薹草　　　　　**Carex schmidtii** Meinsh.

35. 田葛缕子　　　　　**Carum buriaticum** Turcz.

36. 高山卷耳　　　　　**Cerastium rubescens** Marrfeld var. **ovatum** (Miyabe) Mizushima

37. 半钟铁线莲　　　　**Clematis ochotensis** (Pall.) Poir.

38. 兴安蛇床　　　　　**Cnidium dahuricum** (Jacq.) Turcz.

39. 西伯利亚虫实　　　**Corispermum sibiricum** Iljin

40. 光叶山楂　　　　　**Crataegus dahurica** Schneid.

41. 达乌里芯芭　　　　**Cymbaria dahurica** L.

42. 基叶翠雀　　　　　**Delphinium crassifolium** Schrad. ex Spreng.

43. 光萼青兰　　　　　**Dracocephalum argunense** Fisch. ex Link

44. 单子麻黄　　　　　**Ephedra monosperma** Gmel. ex C. A. Mey.

45. 亚库特齿缘草　　　**Eritrichium jacuticum** M. Pop.

46. 雅库羊茅　　　　　**Festuca jacutica** Drob.

47. 蚊子草　　　　　　**Filipendula palmata** (Pall.) Maxim.

48. 东方草莓　　　　　**Fragaria orientalis** Losina-Losinsk.

49. 兴安乳菀　　　　　**Galatella dahurica** DC.

50. 兴安拉拉藤　　　　**Galium dahuricum** Turcz.

51. 三花龙胆　　　　　**Gentiana triflora** Pall.

52. 兴安老鹳草　　　　**Geranium maximowiczii** Regel et Maack

53. 灰背老鹳草　　　　**Geranium vlassowianum** Fisch. ex Link

54. 狭叶甜茅　　　　　**Glyceria spiculosa** (Fr. Schmidt) Rosh.

55. 光稃茅香　　　　　**Hierochloe glabra** Trin.

56. 燕子花　　　　　　**Iris laevigata** Fisch. et C. A. Mey.

57. 山鸢尾	**Iris setosa** Pall. ex Link
58. 粗根鸢尾	**Iris tigridia** Bunge
59. 北亚灯心草	**Juncus schischkinii** Kryl. et Sumn.
60. 东北鹤虱	**Lappula redowskii** (Lehm.) Greene
61. 兴安落叶松	**Larix gmelini** (Rupr.) Rupr.
62. 团球火绒草	**Leontopodium conglobatum** (Turcz.) Hand.-Mazz.
63. 银穗草	**Leucopoa albida** (Turcz. ex Trin.) Krecz. et Bobr.
64. 香芹	**Libanotis seseloides** Turcz.
65. 毛百合	**Lilium dauricum** Ker-Gawl.
66. 山丹	**Lilium pumilum** DC.
67. 蓝靛果忍冬	**Lonicera edulis** Turcz.
68. 火红地杨梅	**Luzula rufescens** Fisch. ex E. Mey.
69. 大臭草	**Melica turczaninoviana** Ohwi
70. 兴安薄荷	**Mentha dahurica** Fisch. ex Benth.
71. 石米努草	**Minuartia laricina** (L.) Mattf.
72. 钝叶瓦松	**Orostachys malacophyllus** (Pall.) Fisch.
73. 林棘豆	**Oxytropis sylvatica** (Pall.) DC.
74. 岩败酱	**Patrinia rupestris** (Pall.) Dufr.
75. 红色马先蒿	**Pedicularis rubens** Steph. ex Willd.
76. 石防风	**Peucedanum terebinthaceum** (Fisch.) Fisch. ex Turcz.
77. 华灰早熟禾	**Poa botryoides** (Trin. ex Griseb.) Kom.
78. 花荵	**Polemonium liniflorum** V. Vassil.
79. 高山蓼	**Polygonum ajanense** (Nakai) Grig.
80. 狐尾蓼	**Polygonum alopecuroides** Turcz. ex Bess.
81. 普通蓼	**Polygonum humifusum** Pall. ex Ledeb.
82. 刚毛委陵菜	**Potentilla asperrima** Turcz.
83. 白花委陵菜	**Potentilla inquinans** Turcz.
84. 红茎委陵菜	**Potentilla nudicaulis** Willd. ex Schlecht.
85. 星星草	**Puccinellia tenuiflora** (Griseb.) Scrib. et Merr.
86. 小叶鼠李	**Rhamnus parvifolia** Bunge
87. 兴安杜鹃	**Rhododendron dauricum** L.
88. 苞叶杜鹃	**Rhododendron redowskianum** Maxim.
89. 英吉里茶藨	**Ribes palczewskii** (Jancz.) Pojark.
90. 兴安茶藨	**Ribes pauciflorum** Turcz. ex Pojark.

91. 山刺玫	**Rosa davurica** Pall.
92. 沙杞柳	**Salix kochiana** Trautv.
93. 卷边柳	**Salix siuzevii** Seemen
94. 龙江风毛菊	**Saussurea amurensis** Turcz. ex DC.
95. 柳叶风毛菊	**Saussurea salicifolia** (L.) DC.
96. 山风毛菊	**Saussurea umbrosa** Kom.
97. 细叶景天	**Sedum middendorffianum** Maxim.
98. 北方卷柏	**Selaginella borealis** (Kaulf.) Rupr
99. 大花千里光	**Senecio ambraceus** Turcz. ex DC.
100. 麻叶千里光	**Senecio cannabifolius** Less.
101. 兴安鹿药	**Smilacina davurica** Turcz.
102. 兴安一枝黄花	**Solidago virgaurea** L. var. **dahurica** Kitag.
103. 迷果芹	**Sphallerocarpus gracilis** (Bess.) K.-Pol.
104. 毛水苏	**Stachys baicalensis** Fisch. ex Benth.
105. 叉繁缕	**Stellaria dichotoma** L.
106. 垂梗繁缕	**Stellaria radians** L.
107. 红轮狗舌草	**Tephroseris flammea** (Turcz. ex DC.) Holub.
108. 狭叶荨麻	**Urtica angustifolia** Fisch. ex Hornem.
109. 缬草	**Valeriana alternifolia** Bunge
110. 尖被藜芦	**Veratrum oxysepalum** Turcz.
111. 细叶婆婆纳	**Veronica linariifolia** Pall. ex Link
112. 柳叶野豌豆	**Vicia venosa** (Willd.) Maxim.
113. 掌叶堇菜	**Viola dactyloides** Roem.
114. 兴安堇菜	**Viola gmeliniana** Roem. et Schult.
115. 白花堇菜	**Viola patrinii** DC. ex Ging.
116. 库页堇菜	**Viola sacchalinensis** H. Boiss.

4. 北温带分布（134种）

1. 蓍	**Achillea millefolium** L.
2. 麦毒草	**Agrostemma githago** L.
3. 小糠草	**Agrostis gigantea** Roth
4. 匍茎剪股颖	**Agrostis stolonifera** L.
5. 看麦娘	**Alopecurus aequalis** Sobol.
6. 峨参	**Anthriscus aemula** (Woron.) Schischk.

7. 毛南芥   **Arabis hirsuta** (L.) Scop.

8. 鹅不食草   **Arenaria serpyllifolia** L.

9. 黄花蒿   **Artemisia annua** L.

10. 龙蒿   **Artemisia dracunculus** L.

11. 冷蒿   **Artemisia frigida** Willd.

12. 裂叶蒿   **Artemisia tanacetifolia** L.

13. 丹黄耆   **Astragalus danicus** Retz.

14. 滨藜   **Atriplex patens** (Litv.) Iljin

15. 野燕麦   **Avena fatua** L.

16. 鬼针草   **Bidens bipinnata** L.

17. 柳叶鬼针草   **Bidens cernua** L.

18. 北方小阴地蕨   **Botrychium boreale** (Fries) Milde

19. 多裂阴地蕨   **Botrychium multifidum** (Gmel.) Nishida ex Tagawa

20. 水芋   **Calla palustris** L.

21. 沼生水马齿   **Callitriche palustris** L.

22. 宽叶打碗花   **Calystegia sepium** (L.) R. Br. var. **communis** (Tryon) Hara

23. 亚麻荠   **Camelina sativa** (L.) Crantz

24. 弯曲碎米荠   **Cardamine flexuosa** With.

25. 草甸碎米荠   **Cardamine pratensis** L.

26. 丝毛飞廉   **Carduus crispus** L.

27. 二籽薹草   **Carex disperma** Dew.

28. 沼薹草   **Carex limosa** L.

29. 北薹草   **Carex obtusata** Zijebl.

30. 灰株薹草   **Carex rostrata** Stokes ex With.

31. 膜囊薹草   **Carex vesicaria** L.

32. 卷耳   **Cerastium holosteoides** Fries

33. 柳兰   **Chamaenerion angustifolium** (L.) Scop.

34. 刺藜   **Chenopodium aristatum** L.

35. 红叶藜   **Chenopodium rubrum** L.

36. 伞形喜冬草   **Chimaphila umbellata** (L.) Barton

37. 单蕊草   **Cinna latifolia** (Trev.) Griseb.

38. 凹舌兰   **Coeloglossum viride** (L.) Hartm

39. 莎禾   **Coleanthus subtilis** (Tratt.) Seidel

40. 田旋花   **Convolvulus arvensis** L.

41. 杓兰   **Cypripedium calceolus** L.

42. 斑花杓兰   **Cypripedium guttatum** Swartz

43. 播娘蒿   **Descurainia sophia** (L.) Webb. ex Prantl

44. 止血马唐   **Digitaria ischaemum** (Schreb.) Schreb.

45. 扁枝石松   **Diphasiastrum complanatum**(L.) Holub

46. 葶苈   **Draba nemorosa** L.

47. 圆叶茅膏菜   **Drosera rotundifolia** L.

48. 广布鳞毛蕨   **Dryopteris expansa** (Presl) Fraser-Jenkins et Jermy

49. 卵穗荸荠   **Eleocharis ovata** (Roth) Roem.

50. 老芒麦   **Elymus sibiricus** L.

51. 偃麦草   **Elytrigia repens** (L.) Desv. ex Nevski

52. 水湿柳叶菜   **Epilobium palustre** L.

53. 问荆   **Equisetum arvense** L.

54. 画眉草   **Eragrostis pilosa** (L.) Beauv.

55. 飞蓬   **Erigeron acris** L.

56. 桂竹糖芥   **Erysimum cheiranthoides** L.

57. 大地锦   **Euphorbia maculata** L.

58. 拉拉藤   **Galium aparine** L. var. **tenerum** (Gren. et Godr.) Rchb.

59. 小叶拉拉藤   **Galium trifidum** L.

60. 鼠掌老鹳草   **Geranium sibiricum** L.

61. 水杨梅   **Geum aleppicum** Jacq.

62. 海乳草   **Glaux maritima** L.

63. 鳞毛羽节蕨   **Gymnocarpium Dryopteris** (L.) Newm.

64. 丘假鹤虱   **Hackelia deflexa** (Wahl.) Opiz

65. 伞花山柳菊   **Hieracium umbellatum** L.

66. 木贼   **Hippochaete hyemale** (L.) Borner

67. 多枝木贼   **Hippochaete ramosissimum** (Desf.) Borner

68. 芒颖大麦草   **Hordeum jubatum** L.

69. 石杉   **Huperzia selago** (L.) Bernh. ex Shrank et Mart. var. **appressa** (Desv.) Ching

70. 紫八宝   **Hylotelephium purpureum** (L.) H. Ohba

71. 天仙子   **Hyoscyamus niger** L.

72. 水金凤   **Impatiens noli-tangere** L.

73. 小灯心草   **Juncus bufonius** L.

74. 落草   **Koeleria cristata** (L.) Pers.

75. 假稻	**Leersia oryzoides** (L.) Swartz
76. 新疆柳穿鱼	**Linaria acutiloba** Fisch. ex Rchb.
77. 卵叶肋柱花	**Lomatogonium carinthiacum** (Wulf.) A. Br.
78. 西伯利亚地杨梅	**Luzula sibirica** V. Krecz.
79. 杉蔓石松	**Lycopodium annotinum** L.var. **acrifolium** Fernald
80. 沼兰	**Malaxis monophyllos** (L.) Swartz
81. 荚果蕨	**Matteuccia struthiopteris** (L.) Todaro
82. 粟草	**Millium effusum** L.
83. 松下兰	**Monotropa hypopitys** L.
84. 荆芥	**Nepeta cataria** L.
85. 球果芥	**Neslia paniculata** (L.) Desv.
86. 单侧花	**Orthilia secunda** (L.) House
87. 山酢浆草	**Oxalis acetosella** L.
88. 直酢浆草	**Oxalis stricta** L.
89. 大果毛蒿豆	**Oxycoccus palustris** Pers.
90. 虉草	**Phalaris arundinacea** L.
91. 卵果蕨	**Phegopteris polypodioides** Fee
92. 对开蕨	**Phyllitis scolopendrium** (L.) Newm.
93. 披针叶车前	**Plantago lanceolata** L.
94. 北车前	**Plantago media** L.
95. 早熟禾	**Poa annua** L.
96. 林地早熟禾	**Poa nemoralis** L.
97. 泽地早熟禾	**Poa palustris** L.
98. 普通早熟禾	**Poa trivialis** L.
99. 萹蓄蓼	**Polygonum aviculare** L.
100. 桃叶蓼	**Polygonum persicaria** L.
101. 布朗耳蕨	**Polystichum braunii** (Spenn.) Fee
102. 柳叶眼子菜	**Potamogeton compressus** L.
103. 异叶眼子菜	**Potamogeton gramineus** L.
104. 光叶眼子菜	**Potamogeton lucens** L.
105. 浮叶眼子菜	**Potamogeton natans** L.
106. 钝头眼子菜	**Potamogeton obtusifolius** Mert. et Koch
107. 细叶委陵菜	**Potentilla multifida** L.
108. 鹤甫碱茅	**Puccinellia hauptiana** (V. Krecz.) V. Krecz.

109. 毛柄水毛茛　　**Ranunculus trichophyllus** Chaix.

110. 白鳞刺子莞　　**Rhynchospora alba** (L.) Vahl

111. 刺蔷薇　　　　**Rosa acicularis** Lindl.

112. 酸模　　　　　**Rumex acetosa** L.

113. 小酸模　　　　**Rumex acetosella** L.

114. 皱叶酸模　　　**Rumex crispus** L.

115. 地榆　　　　　**Sanguisorba officinalis** L.

116. 芝菜　　　　　**Scheuchzeria palustris** L.

117. 水葱　　　　　**Scirpus tabernaemontani** Gmel.

118. 藨草　　　　　**Scirpus triqueter** L.

119. 水茅　　　　　**Scolochloa festucacea** (Willd.) Link

120. 续断菊　　　　**Sonchus asper** (L.) Hill.

121. 线叶黑三棱　　**Sparganium angustifolium** Michx.

122. 小黑三棱　　　**Sparganium emersum** Rehm.

123. 短黑三棱　　　**Sparganium minimum** Wallr.

124. 大爪草　　　　**Spergula arvensis** L.

125. 伞繁缕　　　　**Stellaria longifolia** Muehl.

126. 亚欧唐松草　　**Thalictrum minus** L.

127. 东爪草　　　　**Tillaea aquatica** L.

128. 水麦冬　　　　**Triglochin palustre** L.

129. 碱菀　　　　　**Tripolium vulgare** Nees

130. 宽叶香蒲　　　**Typha latifolia** L.

131. 小狸藻　　　　**Utricularia minor** L.

132. 狸藻　　　　　**Utricularia vulgaris** L.

133. 深山堇菜　　　**Viola selkirkii** Pursh

134. 大叶藻　　　　**Zostera marina** L.

4-1. 北温带—南温带分布（5种）

1. 线叶水马齿　　**Callitriche hermaphroditica** L.

2. 白山薹草　　　**Carex cinerea** Poll.

3. 灰绿藜　　　　**Chenopodium glaucum** L.

4. 鹅绒委陵菜　　**Potentilla anserina** L.

5. 拟漆姑　　　　**Spergularia salina** J. et C. Presl.

5. 旧世界温带分布（216种）

1. 红果类叶升麻　　　**Actaea erythrocarpa** Fisch.

2. 冰草　　　**Agropyron cristatum** (L.) Gaertn.

3. 华北剪股颖　　　**Agrostis clavata** Trin.

4. 草泽泻　　　**Alisma gramineum** Lej.

5. 黑鳞短肠蕨　　　**Allantodia crenata** (Sommerf.) Ching

6. 山韭　　　**Allium senescens** L.

7. 辉韭　　　**Allium strictum** Schrad.

8. 大苞点地梅　　　**Androsace maxima** L.

9. 大花银莲花　　　**Anemone silvestris** L.

10. 牛蒡　　　**Arctium lappa** L.

11. 三芒草　　　**Aristida adscensionis** L.

12. 荩草　　　**Arthraxon hispidus** (Thunb.) Makino

13. 攀援天门冬　　　**Asparagus brachyphyllus** Turcz.

14. 香车叶草　　　**Asperula odorata** L.

15. 高山紫菀　　　**Aster alpinus** L.

16. 兴安木蓼　　　**Atraphaxis frutescens** (L.) C. Koch

17. 团扇荠　　　**Berteroa incana** (L.) DC.

18. 甸生桦　　　**Betula humilis** Schrank

19. 内蒙古扁穗莞　　　**Blysmus rufus** (Huds.) Link

20. 白羊草　　　**Bothriochloa ischaemum** (L.) Keng

21. 兴安短柄草　　　**Brachypodium pinnatum** (L.) Beauv.

22. 无芒雀麦　　　**Bromus inermis** Leyss.

23. 雀麦　　　**Bromus japonicus** Thunb.

24. 旱雀麦　　　**Bromus tectorum** L.

25. 瘤果匙荠　　　**Bunias orientalis** L.

26. 花蔺　　　**Butomus umbellatus** L.

27. 野青茅　　　**Calamagrostis arundinacea** (L.) Roth

28. 拂子茅　　　**Calamagrostis epigejos** (L.) Roth

29. 大拂子茅　　　**Calamagrostis macrolepis** Litv.

30. 北泽苔草　　　**Caldesia parnassifolia** (Bassi ex L.) Parl.

31. 布袋兰　　　**Calypso bulbosa** (L.) Oakes

32. 肾叶打碗花　　　**Calystegia soldanella** (L.) R. Br.

33. 小果亚麻荠　　**Camelina microcarpa** Andrz.

34. 聚花风铃草　　**Campanula glomerata** L.

35. 圆叶风铃草　　**Campanula rotundifolia** L.

36. 弹裂碎米荠　　**Cardamine impatiens** L.

37. 小花碎米荠　　**Cardamine parviflora** L.

38. 球穗薹草　　**Carex amgunensis** Fr. Schmidt

39. 莎薹草　　**Carex cyperoides** Murr.

40. 玉簪薹草　　**Carex globularis** L.

41. 低薹草　　**Carex humilis** Leyss.

42. 毛薹草　　**Carex lasiocarpa** Ehrh.

43. 疏薹草　　**Carex laxa** Wahlenb.

44. 间穗薹草　　**Carex loliacea** L.

45. 柄薹草　　**Carex mollissima** Christ. ex Scheutz

46. 毛缘薹草　　**Carex pilosa** Scop.

47. 大穗薹草　　**Carex rhynchophysa** C. A. Mey.

48. 烟管头草　　**Carpesium cernuum** L.

49. 葛蒿　　**Carum carvi** L.

50. 百金花　　**Centaurium meyeri** (Bunge) Druce

51. 白屈菜　　**Chelidonium majus** L.

52. 小藜　　**Chenopodium serotinum** L.

53. 紫花野菊　　**Chrysanthemum zawadskii** Herb.

54. 高山露珠草　　**Circaea alpina** L.

55. 莲座蓟　　**Cirsium esculentum** (Sievers.) C. A. Mey.

56. 大刺儿菜　　**Cirsium setosum** (Willd.) Bieb.

57. 糙隐子草　　**Cleistogenes squarrosa** (Trin.) Keng

58. 蛇床　　**Cnidium monnieri** (L.) Cuss.

59. 绳虫实　　**Corispermum declinatum** Steph. ex Stev.

60. 红瑞木　　**Cornus alba** L.

61. 假报春　　**Cortusa matthioli** L.

62. 毛黄栌　　**Cotinus coggygria** Scop. var. **pubescens** Engler

63. 全缘栒子　　**Cotoneaster integerrimus** Medic.

64. 黑果栒子　　**Cotoneaster melanocarpus** Lodd.

65. 屋根草　　**Crepis tectorum** L.

66. 隐花草　　**Crypsis aculeata** (L.) Aiton

67. 欧洲菟丝子	**Cuscuta europaea** L.
68. 密穗莎草	**Cyperus fuscus** L.
69. 头穗莎草	**Cyperus glomeratus** L.
70. 大花杓兰	**Cypripedium macranthum** Swartz
71. 山冷蕨	**Cystopteris sudetica** A. Braun et Milde
72. 鸭茅	**Dactylis glomerata** L.
73. 瞿麦	**Dianthus superbus** L.
74. 兴安石竹	**Dianthus versicolor** Franch. et Sav.
75. 双稃草	**Diplachne fusca** (L.) Beauv.
76. 香青兰	**Dracocephalum moldavica** L.
77. 垂花青兰	**Dracocephalum nutans** L.
78. 青兰	**Dracocephalum ruyschiana** L.
79. 沙枣	**Elaeagnus angustifolia** L.
80. 马蹄沟繁缕	**Elatine hydropiper** L.
81. 扁基荸荠	**Eleocharis fennica** Palla ex Kneuck.
82. 乳头基荸荠	**Eleocharis mamillata** Lindb.
83. 柳叶菜	**Epilobium hirsutum** L.
84. 裂唇虎舌兰	**Epipogium aphyllum** (F. W. Schmidt) Swartz
85. 草地糖芥	**Erysimum hieracifolium** L.
86. 乳浆大戟	**Euphorbia esula** L.
87. 地锦	**Euphorbia humifusa** Willd.
88. 长腺小米草	**Euphrasia hirtella** Jord. ex Reuter
89. 小米草	**Euphrasia tatarica** Fisch. ex Spreng.
90. 篱蓼	**Fallopia dumetosum** (L.) Holub.
91. 草甸羊茅	**Festuca pratensis** Huds.
92. 鼬瓣花	**Galeopsis bifida** Boenn.
93. 刺果拉拉藤	**Galium sputrium** L. var. **echinospermum** (Wallr.) Hayek
94. 蓬子菜拉拉藤	**Galium verum** L.
95. 细弱甜茅	**Glyceria lithoanica** (Gorski) Gorski
96. 手掌参	**Gymnadenia conopsea** (L.) R. Br.
97. 兴凯丝石竹	**Gypsophila muralis** L.
98. 异燕麦	**Helictotrichon schellianum** (Hack.) Kitag.
99. 北黄花菜	**Hemerocallis lilio-asphodelus** L.
100. 粗毛山柳菊	**Hieracium virosum** Pall.

101. 小天仙子	**Hyoscyamus bohemicus** F. W. Schmidt
102. 欧亚旋覆花	**Inula britannica** L.
103. 柳叶旋覆花	**Inula salicina** L.
104. 黄金鸢尾	**Iris flavissima** Pall.
105. 花穗水莎草	**Juncellus pannonicus** (Jacq.) C. B. Clarke
106. 水莎草	**Juncellus serotinus** (Rottb.) C. B. Clarke
107. 长苞灯心草	**Juncus brachyspathus** Maxim.
108. 木地肤	**Kochia prostrata** (L.) Schrad.
109. 蒙山莴苣	**Lactuca tatarica** (L.) C. A. Mey.
110. 鹤虱	**Lappula squarrosa** (Retz.) Dumort.
111. 独行菜	**Lepidium apetalum** Willd.
112. 碱独行菜	**Lepidium cartilagineum** (J. Mey.) Thell.
113. 宽叶独行菜	**Lepidium latifolium** L.
114. 柱毛独行菜	**Lepidium ruderale** L.
115. 宿根亚麻	**Linum perenne** L.
116. 麦家公	**Lithospermum arvense** L.
117. 多花地杨梅	**Luzula multiflora** (Retz.) Lej.
118. 淡花地杨梅	**Luzula pallescens** Swartz
119. 枸杞	**Lycium chinense** Mill.
120. 二叶舞鹤草	**Maianthemum bifolium** (L.) F. W. Schmidt
121. 鹅肠菜	**Malachium aquaticum** (L.) Fries
122. 大花葵	**Malva mauritiana** L.
123. 野苜蓿	**Medicago falcata** L.
124. 天蓝苜蓿	**Medicago lupulina** L.
125. 大花臭草	**Melica nutans** L.
126. 细齿草木犀	**Melilotus dentatus** (Wald. et Kit.) Pers.
127. 砂引草	**Messerschmidia sibirica** L.
128. 桑	**Morus alba** L.
129. 草原勿忘草	**Myosotis suaveolens** Wald. et Kit.
130. 勿忘草	**Myosotis sylvatica** (Ehrh.) Hoffm.
131. 二叶兜被兰	**Neottianthe cucullata** (L.) Schltr.
132. 萍蓬草	**Nuphar pumilum** (Timm) DC.
133. 疗齿草	**Odontites serotina** (Lam.) Dum.
134. 列当	**Orobanche coerulescens** Steph.

135. 欧亚列当　　　　**Orobanche cumana** Wallr.

136. 黄花瓦松　　　　**Orostachys spinosus** (L.) C. A. Mey.

137. 酢浆草　　　　　**Oxalis corniculata** L.

138. 四叶重楼　　　　**Paris quadrifolia** L.

139. 小花沼生马先蒿　**Pedicularis palustris** L. subsp. **karoi** (Freyn) Tsoong

140. 假梯牧草　　　　**Phleum phleoides** (L.) Korsten

141. 块根糙苏　　　　**Phlomis tuberosa** L.

142. 大车前　　　　　**Plantago major** L.

143. 二叶舌唇兰　　　**Platanthera chlorantha** Cust. ex Rchb.

144. 细叶早熟禾　　　**Poa angustifolia** L.

145. 西伯利亚早熟禾　**Poa sibirica** Rosh.

146. 玉竹　　　　　　**Polygonatum odoratum** (Mill.) Druce

147. 兴安蓼　　　　　**Polygonum alpinum** All.

148. 伏地蓼　　　　　**Polygonum calcatum** Lindm.

149. 碱蓼　　　　　　**Polygonum gracilius** (Ledeb.) Klok.

150. 小蓼　　　　　　**Polygonum minus** Huds.

151. 异叶蓼　　　　　**Polygonum monspetiense** Thieb.

152. 黄花委陵菜　　　**Potentilla chrysantha** Trev.

153. 稠李　　　　　　**Prunus padus** L.

154. 小叶鹿蹄草　　　**Pyrola media** Sw.

155. 小水毛茛　　　　**Ranunculus eradicatus** (Laest.) F. Johans.

156. 硬叶水毛茛　　　**Ranunculus foeniculaceus** Gilib.

157. 长叶水毛茛　　　**Ranunculus kauffmannii** Clerc

158. 匍枝毛茛　　　　**Ranunculus repens** L.

159. 鼻花　　　　　　**Rhinanthus vernalis** (Zing.) B. Schischk. et Serg.

160. 毛茶藨　　　　　**Ribes spicatum** Robs.

161. 矮悬钩子　　　　**Rubus humilifolius** C. A. Mey.

162. 覆盆子　　　　　**Rubus idaeus** L.

163. 水生酸模　　　　**Rumex aquaticus** L.

164. 密穗酸模　　　　**Rumex confertus** Willd.

165. 马氏酸模　　　　**Rumex marschallianus** Rchb.

166. 巴天酸模　　　　**Rumex patientia** L.

167. 乌苏里酸模　　　**Rumex stenophyllus** Ledeb. var. **ussuriensis** (A. Los.) Kitag.

168. 小慈菇　　　　　**Sagittaria natans** Pall.

169. 五蕊柳	**Salix pentandra** L.
170. 细叶沼柳	**Salix rosmarinifolia** L.
171. 三蕊柳	**Salix triandra** L.
172. 刺沙蓬	**Salsola ruthenica** Iljin
173. 草地风毛菊	**Saussurea amara** DC.
174. 北风毛菊	**Saussurea discolor** (Willd.) DC.
175. 裂稃茅	**Schizachne callosa** (Turcz. ex Griseb.) Ohwi
176. 头穗薦草	**Scirpus michelianus** L.
177. 矮薦草	**Scirpus pumilus** Vahl
178. 单穗薦草	**Scirpus radicans** Schkuhr
179. 鸦葱	**Scorzonera glabra** Rupr.
180. 盔状黄芩	**Scutellaria galericulata** L.
181. 小卷柏	**Selaginella Helvetica** (L.) Link
182. 欧洲千里光	**Senecio vulgaris** L.
183. 伪泥胡菜	**Serratula coronata** L.
184. 毛豨莶	**Siegesbeckia pubescens** (Makino) Makino
185. 毛萼麦瓶草	**Silene repens** Part.
186. 钻果大蒜芥	**Sisymbrium officinale** (L.) Scop.
187. 多型大蒜芥	**Sisymbrium polymorphum** (Murr.) Roth
188. 木山茄	**Solanum kitagawae** Schonbeck Temesy ex Rech. f.
189. 密序黑三棱	**Sparganium glomeratum** Least. ex Beurl.
190. 石蚕叶绣线菊	**Spiraea chamaedryfolia** L.
191. 欧亚绣线菊	**Spiraea media** Schmidt
192. 禾繁缕	**Stellaria graminea** L.
193. 赛繁缕	**Stellaria neglecta** Weihe
194. 盐地碱蓬	**Suaeda salsa** (L.) Pall.
195. 腺毛唐松草	**Thalictrum foetidum** L.
196. 箭头唐松草	**Thalictrum simplex** L.
197. 牧马豆	**Thermopsis lanceolata** R. Br.
198. 菥蓂	**Thlaspi arvense** L.
199. 山菥蓂	**Thlaspi thlaspidioides** (Pall.) Kitag.
200. 窃衣	**Torilis japonica** (Houtt.) DC.
201. 远东婆罗门参	**Tragopogon orientalis** L.
202. 锋芒草	**Tragus racemosus** (L.) All.

203. 附地菜	**Trigonotis peduncularis** (Tev.) Benth. ex Baker et Moore
204. 短穗香蒲	**Typha laxmanni** Lepech.
205. 小香蒲	**Typha minima** Funk
206. 麻叶荨麻	**Urtica cannabina** L.
207. 藜芦	**Veratrum nigrum** L.
208. 水苦荬婆婆纳	**Veronica anagallis-aquatica** L.
209. 长果婆婆纳	**Veronica anagalloides** Guss
210. 石蚕叶婆婆纳	**Veronica chamaedrys** L.
211. 长尾婆婆纳	**Veronica longifolia** L.
212. 小婆婆纳	**Veronica serpyllifolia** L.
213. 卷毛婆婆纳	**Veronica teucrium** L.
214. 细叶野豌豆	**Vicia tenuifolia** Roth
215. 球果堇菜	**Viola collina** Bess.
216. 奇异堇菜	**Viola mirabilis** L.

6. 亚洲—北美分布（17种）

1. 掌叶铁线蕨	**Adiantum pedatum** L.
2. 藿香	**Agastache rugosa** (Fisch. et C. A. Mey.) O. Kuntze
3. 尖叶假龙胆	**Gentianella acuta** (Michx.) Hut
4. 羽节蕨	**Gymnocarpium jessoense** (Koidz.) Koidz
5. 花锚	**Halenia corniculata** (L.) Cornaz
6. 长柱金丝桃	**Hypericum ascyron** L.
7. 白果紫草	**Lithospermum officinale** L.
8. 玉柏石松	**Lycopodium obscurum** L.
9. 唢呐草	**Mitella nuda** L.
10. 东北多足蕨	**Polypodium virginianum** L.
11. 伏委陵菜	**Potentilla paradoxa** L.
12. 天山报春	**Primula nutans** Georgi
13. 圆叶碱毛茛	**Ranunculus cymbalaria** Pursh
14. 山芥叶蔊菜	**Rorippa barbareifolia** (DC.) Kitag.
15. 泽芹	**Sium suave** Walt.
16. 金丝桃叶绣线菊	**Spiraea hypericifolia** L.
17. 长白岩菖蒲	**Tofieldia coccinea** Richards.

6-1. 东亚—北美分布（15种）

1. 小星穗薹草	**Carex angustior** Mackenzie
2. 亚美薹草	**Carex aperta** Boott
3. 海绵基薹草	**Carex stipata** Muhlenb. ex Willd.
4. 大基荸荠	**Eleocharis kamtschatica** (C. A. Mey.) Kom.
5. 三脉拉拉藤	**Galium kamtschaticum** Stell. ex Schult.
6. 东北石杉	**Huperzia miyoshiana** (Makino) Ching
7. 小花地瓜苗	**Lycopus uniflorus** Michx.
8. 舞鹤草	**Maianthemum dilatatum** Nelson.
9. 掌叶蜂斗菜	**Petasites tetewakianus** Kitam.
10. 根叶漆姑草	**Sagina maxima** A. Gray
11. 大白花地榆	**Sanguisorba stipulata** Raf.
12. 西伯利亚卷柏	**Selaginella sibirica** (Milde) Hieron.
13. 臭菘	**Symplocarpus foetidus** (L.) Salisb.
14. 毛叶沼泽蕨	**Thelypteris palustris** (Salisb.) Schott. var. **pubescens** (Lawson) Fernald
15. 长白婆婆纳	**Veronica stelleri** Pall. ex Link var. **longistyla** Kitag.

7. 温带亚洲分布（138种）

1. 芨芨草	**Achnatherum splendens** (Trin.) Nevski
2. 野韭	**Allium ramosum** L.
3. 细叶韭	**Allium tenuissimum** L.
4. 水棘针	**Amethystea caerulea** L.
5. 腺鳞草	**Anagallidium dichotomum** (L.) Griseb.
6. 小点地梅	**Androsace gmelinii** (L.) Gaer.
7. 白花点地梅	**Androsace incana** Lam.
8. 罗布麻	**Apocynum venetum** L.
9. 垂果南芥	**Arabis pendula** L.
10. 碱蒿	**Artemisia anethifolia** Web.
11. 莳萝蒿	**Artemisia anethoides** Mattf.
12. 艾蒿	**Artemisia argyi** Levl. et Vant.
13. 蒙古蒿	**Artemisia mongolica** Fisch. ex Bess.
14. 毛莲蒿	**Artemisia vestita** Wall.
15. 假升麻	**Aruncus sylvester** Kostel. ex Maxim.

16. 斜茎黄耆 　　　**Astragalus adsurgens** Pall.

17. 黄耆 　　　**Astragalus membranaceus** Bunge

18. 锐枝木蓼 　　　**Atraphaxis pungens** (Bieb.) Jaub. et Spach.

19. 西伯利亚滨藜 　　　**Atriplex sibirica** L.

20. 轴藜 　　　**Axyris amaranthoides** L.

21. 杂配轴藜 　　　**Axyris hybrida** L.

22. 雾冰藜 　　　**Bassia dasyphylla** (Fisch. et C. A. Mey.) O. Kuntze

23. 糙皮桦 　　　**Betula utilis** D. Don

24. 毛打碗花 　　　**Calystegia dahurica** (Herb.) Choisy

25. 无脉薹草 　　　**Carex enervis** C. A. Mey.

26. 红穗薹草 　　　**Carex gotoi** Ohwi

27. 华北薹草 　　　**Carex hancockiana** Maxim.

28. 凸脉薹草 　　　**Carex lanceolata** Boott

29. 粗脉薹草 　　　**Carex rugurosa** Kukenth.

30. 尖头叶藜 　　　**Chenopodium acuminatum** Willd.

31. 菱叶藜 　　　**Chenopodium bryoniaefolium** Bunge

32. 单穗升麻 　　　**Cimicifuga simplex** Wormsk.

33. 铃兰 　　　**Convallaria keiskei** Miq.

34. 银灰旋花 　　　**Convolvulus ammannii** Desr.

35. 中国旋花 　　　**Convolvulus chinensis** Ker-Gawl.

36. 水栒子 　　　**Cotoneaster multiflorus** Bunge

37. 地梢瓜 　　　**Cynanchum thesioides** K. Schum.

38. 翠雀 　　　**Delphinium grandiflorum** L.

39. 石竹 　　　**Dianthus chinensis** L.

40. 草瑞香 　　　**Diarthron linifolium** Turcz.

41. 栉叶荠 　　　**Dimorphostemon pinnatus** (Pers.) Kitag.

42. 蒙古葶苈 　　　**Draba mongolica** Turcz.

43. 槽秆荸荠 　　　**Eleocharis equisetiformis** (Meinsh.) B. Fedsch.

44. 密花香薷 　　　**Elsholtzia densa** Benth.

45. 木贼麻黄 　　　**Ephedra equisetina** Bunge

46. 中麻黄 　　　**Ephedra intermedia** Schrenk ex C. A. Mey.

47. 火烧兰 　　　**Epipactis thunbergii** A. Gray

48. 野黍 　　　**Eriochloa villosa** (Thunb.) Kunth

49. 牻牛儿苗 　　　**Erodium stephanianum** Willd.

50. 蒙古糖芥 **Erysimum flavum** (Georgi) Bobr.

51. 远东羊茅 **Festuca extremiorientalis** Ohwi

52. 线叶菊 **Filifolium sibiricum** (L.) Kitam.

53. 少花顶冰花 **Gagea pauciflora** Turcz.

54. 高山龙胆 **Gentiana algida** Pall.

55. 达乌里龙胆 **Gentiana dahurica** Fisch.

56. 假水生龙胆 **Gentiana pseudoaquatica** Kusn.

57. 龙胆 **Gentiana scabra** Bunge

58. 鳞叶龙胆 **Gentiana squarrosa** Ledeb.

59. 粗根老鹳草 **Geranium dahuricum** DC.

60. 毛蕊老鹳草 **Geranium eriostemon** Fisch. ex DC.

61. 驼舌草 **Goniolimon speciosum** (L.) Boiss.

62. 华北岩黄耆 **Hedysarum gmelinii** Ledeb.

63. 阿尔泰狗娃花 **Heteropappus altaicus** (Willd.) Novop.

64. 短芒大麦草 **Hordeum brevisubuatum** (Trin.) Link

65. 角茴香 **Hypecoum erectum** L.

66. 乌腺金丝桃 **Hypericum attenuatum** Choisy

67. 短柱金丝桃 **Hypericum gebleri** Ledeb.

68. 角蒿 **Incarvillea sinensis** Lam.

69. 中亚鸢尾 **Iris bloudowii** Ledeb.

70. 紫苞鸢尾 **Iris ruthenica** Ker-Gawl.

71. 肋果菘蓝 **Isatis costata** C. A. Mey.

72. 盐爪爪 **Kalidium foliatum** (Pall.) Moq.

73. 夏至草 **Lagopsis supina** (Steph.) Ik.-Gal. ex Knorr.

74. 火绒草 **Leontopodium leontopodioides** (Willd.) Beauv.

75. 牛枝子 **Lespedeza potaninii** V. Vassil.

76. 赖草 **Leymus secalinus** (Georgi) Tzvel.

77. 橐吾 **Ligularia sibirica** (L.) Cass.

78. 黄花补血草 **Limonium aureum** (L.) Hill

79. 对叶兰 **Listera puberula** Maxim.

80. 黄花忍冬 **Lonicera chrysantha** Turcz.

81. 黄连花 **Lysimachia davurica** Ledeb.

82. 女娄菜 **Melandrium apricum** (Turcz. ex Fisch. et C. A. Mey.) Rohrb.

83. 兴安女娄菜 **Melandrium brachypetalum** (Horn.) Fenzl

84. 抱草　　　　　**Melica virgata** Turcz. ex Trin.

85. 栉叶蒿　　　　**Neopallasia pectinata** (Pall.) Poljak.

86. 白刺　　　　　**Nitraria sibirica** Pall.

87. 宽叶红门兰　　**Orchis latifolia** L.

88. 穗花马先蒿　　**Pedicularis spicata** Pall.

89. 白草　　　　　**Pennisetum flaccidum** Griseb.

90. 泡囊草　　　　**Physochlaina physaloides** (L.) G. Don

91. 兴安毛连菜　　**Picris dahurica** Fisch. ex Hornem.

92. 远志　　　　　**Polygala tenuifolia** Willd.

93. 黄精　　　　　**Polygonatum sibiricum** Redoute

94. 西伯利亚蓼　　**Polygonum sibiricum** Laxm.

95. 山杨　　　　　**Populus davidiana** Dode

96. 星毛委陵菜　　**Potentilla acaulis** L.

97. 大头委陵菜　　**Potentilla conferta** Bunge

98. 毛叶委陵菜　　**Potentilla dasyphylla** Bunge

99. 莓叶委陵菜　　**Potentilla fragarioides** L.

100. 小叶金老梅　　**Potentilla parviflora** Fisch.

101. 蒿叶委陵菜　　**Potentilla tanacetifolia** Willd. ex Schlecht.

102. 粘委陵菜　　　**Potentilla viscosa** J. Don.

103. 毫毛细柄茅　　**Ptilagrostis mongholica** (Turcz. ex Trin.) Griseb. var. **barbellata** Rosh.

104. 毛茛　　　　　**Ranunculus japonicus** Thunb.

105. 长叶碱毛茛　　**Ranunculus ruthenicus** Jacq.

106. 柳叶鼠李　　　**Rhamnus erythroxylon** Pall.

107. 直穗鹅观草　　**Roegneria gmelini** (Griseb.) Nevski

108. 旱柳　　　　　**Salix matsudana** Koidz.

109. 谷柳　　　　　**Salix taraikensis** Kimura

110. 猪毛菜　　　　**Salsola collina** Pall.

111. 蒙古鸦葱　　　**Scorzonera mongolica** Maxim.

112. 砾玄参　　　　**Scrophularia incisa** Weinm.

113. 叶底珠　　　　**Securinega suffruticosa** (Pall.) Rehd.

114. 费菜　　　　　**Sedum aizoon** L.

115. 圆枝卷柏　　　**Selaginella sanguinolenta** (L.) Spring

116. 伏毛山莓草　　**Sibbaldia adpressa** Bunge

117. 垂果大蒜芥　　**Sisymbrium heteromallum** C. A. Mey.

118. 野海茄　　　　　　**Solanum japonense** Nakai

119. 青杞　　　　　　　**Solanum septemlobum** Bunge

120. 苣荬菜　　　　　　**Sonchus brachyotus** DC.

121. 阿穆尔黑三棱　　　**Sparganium rothertii** Tzvel.

122. 绢毛绣线菊　　　　**Spiraea sericea** Turcz.

123. 三裂绣线菊　　　　**Spiraea trilobata** L.

124. 狼针草　　　　　　**Stipa baicalensis** Rosh.

125. 角果碱蓬　　　　　**Suaeda corniculata** (C. A. Mey.) Bunge

126. 碱蓬　　　　　　　**Suaeda glauca** Bunge

127. 淡花獐牙菜　　　　**Swertia diluta** (Turcz.) Benth. et Hook.

128. 蒙古蒲公英　　　　**Taraxacum mongolicum** Hand.-Mazz.

129. 尖齿狗舌草　　　　**Tephroseris subdentata** (Bunge) Holub

130. 肾叶唐松草　　　　**Thalictrum petaloideum** L.

131. 中华草沙蚕　　　　**Tripogon chinensis** (Franch.) Hack.

132. 蜻蜓兰　　　　　　**Tulotis fuscescens** (L.) Czer.

133. 榆树　　　　　　　**Ulmus pumila** L.

134. 大婆婆纳　　　　　**Veronica dahurica** Stev.

135. 水婆婆纳　　　　　**Veronica undulata** Wall.

136. 山野豌豆　　　　　**Vicia amoena** Fisch. ex DC.

137. 歪头菜　　　　　　**Vicia unijuga** A. Br.

138. 棋盘花　　　　　　**Zigadenus sibiricus** (L.) A. Gray

8. 东亚分布（109种）

1. 刺五加　　　　　　**Acanthopanax senticosus** (Rupr. et Maxim.) Harms

2. 类叶升麻　　　　　**Actaea asiatica** Hara

3. 臭椿　　　　　　　**Ailanthus altissima** (Mill.) Swingle

4. 薤白　　　　　　　**Allium macrostemon** Bunge

5. 南牡蒿　　　　　　**Artemisia eriopoda** Bunge

6. 矮蒿　　　　　　　**Artemisia lancea** Van

7. 魁蒿　　　　　　　**Artemisia princeps** Pamp.

8. 野艾蒿　　　　　　**Artemisia umbrosa** (Bess.) Turcz.

9. 华中铁角蕨　　　　**Asplenium sarelii** Hook.

10. 三脉紫菀　　　　　**Aster ageratoides** Turcz.

11. 白桦　　　　　　　**Betula platyphylla** Suk.

12. 小花鬼针草　　　　**Bidens parviflora** Willd.

13. 扁穗草　　　　　　**Brylkinia caudata** (Munro) Fr. Schmidt

14. 大叶柴胡　　　　　**Bupleurum longiradiatum** Turcz.

15. 过山蕨　　　　　　**Camptosorus sibiricus** Rupr.

16. 薹草　　　　　　　**Carex dispalata** Boott ex A. Gray

17. 等穗薹草　　　　　**Carex leucochlora** Bunge

18. 长嘴薹草　　　　　**Carex longerostrata** C. A. Mey.

19. 阴地针薹草　　　　**Carex onoei** Franch. et Sav.

20. 丝引薹草　　　　　**Carex remotiuscula** Wahlenb.

21. 大花金挖耳　　　　**Carpesium macrocephalum** Franch. et Sav.

22. 暗花金挖耳　　　　**Carpesium triste** Maxim.

23. 类叶牡丹　　　　　**Caulophyllum robustum** Maxim.

24. 喜冬草　　　　　　**Chimaphila japonica** Miq.

25. 野菊　　　　　　　**Chrysanthemum indicum** L.

26. 甘野菊　　　　　　**Chrysanthemum seticuspe** (Maxim.) Hand.-Mazz.

27. 林地铁线莲　　　　**Clematis brevicaudata** DC.

28. 灯台树　　　　　　**Cornus controversa** Hemsl. ex Prain

29. 狗筋蔓　　　　　　**Cucubalus baccifer** L. var. **japonicus** Miq.

30. 白薇　　　　　　　**Cynanchum atratum** Bunge

31. 竹灵消　　　　　　**Cynanchum inamoenum** (Maxim.) Loes.

32. 徐长卿　　　　　　**Cynanchum paniculatum** (Bunge) Kitag.

33. 黑水莎草　　　　　**Cyperus amuricus** Maxim.

34. 薯蓣　　　　　　　**Dioscorea opposita** Thunb.

35. 羽毛荸荠　　　　　**Eleocharis wichurai** Bockler

36. 细毛火烧兰　　　　**Epipactis papilosa** Franch. et Sav.

37. 泽兰　　　　　　　**Eupatorium japonicum** Thunb.

38. 天麻　　　　　　　**Gastrodia elata** Blume

39. 珊瑚菜　　　　　　**Glehnia littoralis** (A. Gray) Fr. Schmidt

40. 扁担木　　　　　　**Grewia parviflora** Bunge

41. 叉唇角盘兰　　　　**Herminium angustifolium** (Lindl.) Benth. var. **longicrure** (C. H. Wright) Makino

42. 旋覆花　　　　　　**Inula japonica** Thunb.

43. 西伯利亚番薯　　　**Ipomaea sibirica** (L.) Pers.

44. 沙苦荬菜　　　　　**Ixeris repens** A. Gray

45. 鸡眼草　　　　　　**Kummerowia striata** (Thunb.) Schindl.

46. 大丁草 **Leibnitzia anadria** (L.) Turcz.

47. 兴安胡枝子 **Lespedeza davurica** (Laxm.) Schindl.

48. 阴山胡枝子 **Lespedeza inschanica** (Maxim.) Schindl.

49. 蹄叶橐吾 **Ligularia fischeri** (Ledeb.) Turcz.

50. 狭苞橐吾 **Ligularia intermedia** Nakai

51. 三桠乌药 **Lindera obtusiloba** Blume

52. 羊耳蒜 **Liparis japonica** (Miq.) Maxim.

53. 山麦冬 **Liriope spicata** (Thunb.) Lour.

54. 山梗菜 **Lobelia sessilifolia** Lamb.

55. 金银花 **Lonicera japonica** Thunb.

56. 金银忍冬 **Lonicera maackii** (Rupr.) Maxim.

57. 地瓜苗 **Lycopus lucidus** Turcz.

58. 小野臭草 **Melica onoei** Franch. et Sav.

59. 臭草 **Melica scabrosa** Trin.

60. 扁蓿豆 **Melissitus rutenica** (L.) C. W. Chang

61. 滨紫草 **Mertensia asiatica** (Takeda) Macbr.

62. 乱子草 **Muhlenbergia hugelii** Trin.

63. 日本乱子草 **Muhlenbergia japonica** Steud.

64. 尖唇鸟巢兰 **Neottia acuminata** Schltr.

65. 球子蕨 **Onoclea sensibilis** L. var. **interrupta** Maxim.

66. 广布红门兰 **Orchis chusua** D. Don

67. 山兰 **Oreorchis patens** (Lindl.) Lindl.

68. 中日金星蕨 **Parathelypteris nipponica** (Franch. et Sav.) Ching

69. 败酱 **Patrinia scabiosaefolia** Fisch. ex Trev.

70. 松蒿 **Phtheirospermum japonicum** (Thunb.) Kanitz

71. 金鸡脚假瘤蕨 **Phymatopsis hastata** (Thunb.) Kitag. ex H. Ito

72. 挂金灯酸浆 **Physalis alkekengi** L. var. **francheti** (Mast.) Makino

73. 密花舌唇兰 **Platanthera hololglottis** Maxim.

74. 桔梗 **Platycodon grandiflorum** (Jacq.) DC.

75. 白顶早熟禾 **Poa acroleuca** Steud.

76. 小远志 **Polygala tatarinowii** Regel

77. 戟叶蓼 **Polygonum thunbergii** Sieb. et Zucc.

78. 眼子菜 **Potamogeton distinctus** A. Benn.

79. 微齿眼子菜 **Potamogeton maackianus** A. Benn.

80. 尖叶眼子菜	**Potamogeton oxyphyllus** Miq.
81. 东北委陵菜	**Potentilla amurensis** Maxim.
82. 蛇莓委陵菜	**Potentilla centigrana** Maxim.
83. 委陵菜	**Potentilla chinensis** Ser.
84. 三叶委陵菜	**Potentilla freyniana** Bornm.
85. 银露梅	**Potentilla glabra** Lodd.
86. 毛樱桃	**Prunus tomentosa** Thunb.
87. 森林假繁缕	**Pseudostellaria sylvatica** (Maxim.) Pax
88. 野葛	**Pueraria lobata** (Willd.) Ohwi
89. 祁州漏芦	**Rhaponticum uniflorum** (L.) DC.
90. 鹅观草	**Roegneria kamoji** (Ohwi) Ohwi
91. 茜草	**Rubia cordifolia** L.
92. 漆姑草	**Sagina japonica** (Swartz) Ohwi
93. 接骨木	**Sambucus williamsii** Hance
94. 绵枣儿	**Scilla sinensis** (Lour.) Merr.
95. 扁秆藨草	**Scirpus planiculmis** Fr. Schmidt
96. 笔管草	**Scorzonera albicaulis** Bunge
97. 纤弱黄芩	**Scutellaria dependens** Maxim.
98. 沙滩黄芩	**Scutellaria strigillosa** Hemsl.
99. 阴行草	**Siphonostegia chinensis** Benth.
100. 黄花大蒜芥	**Sisymbrium luteum** (Maxim.) O. E. Schulz
101. 暴马丁香	**Syringa reticulata** (Blume) Hara var. **mandshurica** (Maxim.) Hara
102. 华蒲公英	**Taraxacum sinicum** Kitag.
103. 黄背草	**Themeda japonica** (Willd.) C. Tanaka
104. 百蕊草	**Thesium chinense** Turcz.
105. 漆	**Toxicodendron vernicifluum** (Stokes) F. A. Barkl.
106. 宽叶荨麻	**Urtica laetevirens** Maxim.
107. 大叶野豌豆	**Vicia pseudorobus** Fisch. et C. A. Mey.
108. 斑叶堇菜	**Viola variegata** Fisch. ex Link
109. 紫花地丁	**Viola yedoensis** Makino

8-1. 东亚—大洋洲分布（2种）

| 1. 海洋薹草 | **Carex brownii** Tuckerm. |
| 2. 绿穗莎草 | **Cyperus flaccidus** R. Br. |

8-2. 东亚—大洋洲—南美洲分布（1种）

1. 栓皮薹草	**Carex pumila** Thunb.

9. 俄罗斯远东区—日本分布（3种）

1. 叶芽南芥	**Arabis gemmifera** (Matsum.) Makino
2. 海滨柳穿鱼	**Linaria japonica** Miq.
3. 海滨车前	**Plantago camtschatica** Link

9-1. 俄罗斯远东区—日本—达乌里分布（1种）

1. 细形薹草	**Carex tenuiformis** Levl. et Vant.

10. 中国—日本分布（361种）

1. 茶条槭	**Acer ginnaia** Maxim.
2. 色木槭	**Acer mono** Maxim.
3. 软枣猕猴桃	**Actinidia arguta** (Sieb. et Zucc.) Planch. ex Miq.
4. 狗枣猕猴桃	**Actinidia kolomikta** (Rupr.) Maxim.
5. 木天蓼	**Actinidia polygama** (Sieb. et Zucc.) Planch. ex Maxim.
6. 展枝沙参	**Adenophora divaricata** Franch. et Sav.
7. 薄叶荠苨	**Adenophora remotiflora** (Sieb. et Zucc.) Miq.
8. 瓜木	**Alangium platanifolium** (Sieb. et Zucc.) Harms
9. 单花韭	**Allium monanthum** Maxim.
10. 球序韭	**Allium thunbergii** G. Don
11. 日本赤杨	**Alnus japonica** (Thunb.) Steud.
12. 东亚唐棣	**Amelanchier asiatica** (Sieb. et Zucc.) Endl. ex Walp.
13. 细葶无柱兰	**Amitostigma gracile** (Blume) Schltr.
14. 蛇葡萄	**Ampelopsis brevipedunculata** (Maxim.) Trautv.
15. 白蔹	**Ampelopsis japonica** (Thunb.) Makino
16. 两型豆	**Amphicarpaea trisperma** (Miq.) Baker
17. 拐芹当归	**Angelica polymorpha** Maxim.
18. 天南星	**Arisaema heterophyllum** Blume
19. 朝鲜天南星	**Arisaema peninsulae** Nakai
20. 北马兜铃	**Aristolochia contorta** Bunge
21. 黄金蒿	**Artemisia aurata** L.

22. 菴蒿　**Artemisia keiskeana** Miq.

23. 宽叶山蒿　**Artemisia stolonifera** (Maxim.) Kom.

24. 南玉带　**Asparagus oligoclonos** Maxim.

25. 龙须菜　**Asparagus schoberioides** Kunth

26. 粟绿铁角蕨　**Asplenium castaneo-viride** Baker

27. 虎尾铁角蕨　**Asplenium incisum** Thunb.

28. 北京铁角蕨　**Asplenium pekinense** Hance

29. 钝尖铁角蕨　**Asplenium subvarians** Ching ex C. Chr.

30. 紫菀　**Aster tataricus** L.f.

31. 落新妇　**Astilbe chinensis** (Maxim.) Franch. et Sav.

32. 猴腿蹄盖蕨　**Athyrium multidentatum** (Doll.) Ching

33. 中华蹄盖蕨　**Athyrium sinense** Rupr.

34. 禾秆蹄盖蕨　**Athyrium yokoscense** (Franch. et Sav.) Christ

35. 关苍术　**Atractylodes japonica** Koidz. ex Kitam.

36. 苍术　**Atractylodes lancea** (Thunb.) DC.

37. 满江红　**Azolla imbricata** (Roxb.) Nakai

38. 大叶小檗　**Berberis amurensis** Rupr.

39. 星毛芥　**Berteroella maximowiczii** (Palib.)O. E. Schulz

40. 黑桦　**Betula davurica** Pall.

41. 细穗苎　**Boehmeria gracilis** C. H. Wrig.

42. 三裂苎　**Boehmeria silvestris** (Pamp.) W. T. Wang

43. 粗壮阴地蕨　**Botrychium robustum** (Rupr.) Lyon

44. 劲直假阴地蕨　**Botrychium strictus** (Underw.) Holub

45. 北柴胡　**Bupleurum chinense** DC.

46. 红柴胡　**Bupleurum scorzoneraefolium** Willd.

47. 白棠子树　**Callicarpa dichotoma** (Lour.) K. Koch

48. 日本紫珠　**Callicarpa japonica** Thunb.

49. 日本打碗花　**Calystegia japonica** Choisy

50. 紫斑风铃草　**Campanula punctata** Lam.

51. 白花碎米荠　**Cardamine leucantha** (Tausch) O. E. Schulz

52. 水田碎米荠　**Cardamine lyrata** Bunge

53. 弓嘴薹草　**Carex capricornis** Meinsh. ex Maxim.

54. 毛缘宽叶薹草　**Carex ciliato-marginata** Nakai

55. 匍枝薹草　**Carex cinerascens** Kukenth.

56. 溪水薹草   **Carex forficula** Franch. et Sav.

57. 穹窿薹草   **Carex gibba** Wahlenb.

58. 异鳞薹草   **Carex heterolepis** Bunge

59. 软薹草   **Carex japonica** Thunb.

60. 砂砧薹草   **Carex kobomugi** Ohwi

61. 卵果薹草   **Carex maackii** Maxim.

62. 麦薹草   **Carex maximowiczii** Miq.

63. 翼果薹草   **Carex neurocarpa** Maxim.

64. 长白薹草   **Carex peiktusani** Kom.

65. 四花薹草   **Carex quadriflora** (Kukenth.) Ohwi

66. 钢草   **Carex scabrifolia** Steud.

67. 宽叶薹草   **Carex siderosticta** Hance

68. 陌上菅   **Carex thunbergii** Steud.

69. 金挖耳   **Carpesium divaricatum** Sieb. et Zucc.

70. 鹅耳枥   **Carpinus turczaninovii** Hance

71. 豆茶决明   **Cassia nomame** (Sieb.) Kitag.

72. 刺南蛇藤   **Celastrus flagellaris** Rupr.

73. 南蛇藤   **Celastrus orbiculatus** Thunb.

74. 五针金鱼藻   **Ceratophyllum oryzetorum** Kom.

75. 球果假水晶兰   **Cheilotheca humilis** (D. Don) H. Kengin

76. 流苏树   **Chionanthus retusa** Lindl. et Paxton

77. 银线草   **Chloranthus japonicus** Sieb.

78. 水珠草   **Circaea quadrisulcata** (Maxim.) Franch.

79. 野蓟   **Cirsium maackii** Maxim.

80. 烟管蓟   **Cirsium pendulum** Fisch. ex DC.

81. 刺儿菜   **Cirsium segetum** Bunge

82. 大叶铁线莲   **Clematis heracleifolia** DC.

83. 大花铁线莲   **Clematis patens** Morr. et Decne.

84. 海州常山   **Clerodendron trichotomum** Thunb.

85. 风车草   **Clinopodium chinense** O. Kuntze var. **grandiflorum** (Maxim.) Hara

86. 木防己   **Cocculus trilobus** (Thunb.) DC.

87. 羊乳   **Codonopsis lanceolata** (Sieb. et Zucc.) Trautv.

88. 雀斑党参   **Codonopsis ussuriensis** (Rupr. et Maxim.) Hemsl.

89. 田麻   **Corchoropsis tomentosa** (Thunb.) Makino

90. 珠果紫堇   **Corydalis pallida** (Thunb.) Pers.

91. 榛   **Corylus heterophylla** Fisch. ex Trautv.

92. 毛榛   **Corylus mandshurica** Maxim. et Rupr.

93. 毛山楂   **Crataegus maximowiczii** Schneid.

94. 山楂   **Crataegus pinnatifida** Bunge

95. 鸭儿芹   **Cryptotaenia japonica** Hasskarl

96. 合掌消   **Cynanchum amplexicaule** (Sieb. et Zucc.) Hemsl.

97. 潮风草   **Cynanchum ascyrifolium** (Franch. et Sav.) Matsum.

98. 隔山消   **Cynanchum wilfordii** (Maxim.) Forb. et Hemsl.

99. 黄颖莎草   **Cyperus microiria** Steud.

100. 白鳞莎草   **Cyperus nipponicus** Franch. et Sav.

101. 毛笠莎草   **Cyperus orthostachys** Franch. et Sav.

102. 全缘贯众   **Cyrtomium falcatum** (L. f.) Presl

103. 芫花   **Daphne genkwa** Nakai

104. 骨碎补   **Davallia mariesii** Moore ex Baker

105. 泽番椒   **Deinostema violaceum** (Maxim.) Yamaz.

106. 细毛碗蕨   **Dennstaedtia hirsuta** (Swartz) Mett. ex Miquel

107. 溪洞碗蕨   **Dennstaedtia wilfordii** (Moore) Christ

108. 东北山马蝗   **Desmodium fallax** Schindl. var. **mandshuricum** (Maxim.) Nakai

109. 羽叶山马蝗   **Desmodium oldhamii** Oliver

110. 穿龙薯蓣   **Dioscorea nipponica** Makino

111. 川续断   **Dipsacus japonicus** Miq.

112. 东风菜   **Doellingeria scaber** (Thunb.) Nees

113. 花旗杆   **Dontostemon dentatus** (Bunge) Ledeb.

114. 中华鳞毛蕨   **Dryopteris chinensis** (Baker) Koidz.

115. 粗茎鳞毛蕨   **Dryopteris crassirhizoma** Nakai

116. 华北鳞毛蕨   **Dryopteris goeringiana** (Kuntze) Koidz.

117. 裸叶鳞毛蕨   **Dryopteris gymnophylla** (Baker) C. Chr.

118. 狭顶鳞毛蕨   **Dryopteris lacera** (Thunb.) O. Kuntze

119. 虎耳鳞毛蕨   **Dryopteris saxifrage** (Hayata) H. Ito

120. 木半夏   **Elaeagnus multiflora** Thunb.

121. 肥披碱草   **Elymus excelsus** Turcz.

122. 毛脉柳叶菜   **Epilobium amurense** Hausskn.

123. 光华柳叶菜   **Epilobium cephalostigma** Hausskn.

124. 多枝柳叶菜	**Epilobium fastigiato-ramosum** Nakai
125. 无毛画眉草	**Eragrostis jeholensis** Honda
126. 长苞谷精草	**Eriocaulon decemflorum** Maxim.
127. 宽叶谷精草	**Eriocaulon robustius** (Maxim.) Makino
128. 卫矛	**Euonymus alatus** (Thunb.) Sieb.
129. 白杜卫矛	**Euonymus bungeanus** Maxim.
130. 翅卫矛	**Euonymus macropterus** Rupr.
131. 球果卫矛	**Euonymus oxyphyllus** Miq.
132. 短柄卫矛	**Euonymus sieboldiana** Blume
133. 大戟	**Euphorbia pekinensis** Rupr.
134. 钩腺大戟	**Euphorbia sieboldiana** Morr.
135. 芒小米草	**Euphrasia maximowiczii** Wettst.
136. 槭叶蚊子草	**Filipendula purpurea** Maxim.
137. 光果飘拂草	**Fimbristylis stauntonii** Debeaux et Franch. ex Debeaux
138. 单穗飘拂草	**Fimbristylis subbispicata** Nees et Mey.
139. 疣果飘拂草	**Fimbristylis verrucifera** (Maxim.) Makino
140. 水曲柳	**Fraxinus mandshurica** Rupr.
141. 三花顶冰花	**Gagea triflora** (Ledeb.) Roem. et Schult.
142. 四叶葎拉拉藤	**Galium bungei** Steud.
143. 山拉拉藤	**Galium pseudoasprellum** Makino
144. 三花拉拉藤	**Galium trifloriforme** Kom.
145. 春龙胆	**Gentiana thunbergii** Griseb.
146. 笔龙胆	**Gentiana zollingeri** Fawc.
147. 突节老鹳草	**Geranium krameri** Franch. et Sav.
148. 老鹳草	**Geranium wilfordi** Maxim.
149. 山皂荚	**Gleditsia japonica** Miq.
150. 假鼠妇草	**Glyceria leptolepis** Ohwi
151. 野大豆	**Glycine soja** Sieb. et Zucc.
152. 白花水八角	**Gratiola japonica** Miq.
153. 十字兰	**Habenaria sagittifera** Rchb. f.
154. 牛鞭草	**Hemarthria sibirica** (Gand.) Ohwi
155. 狗娃花	**Heteropappus hispidus** (Thunb.) Less.
156. 砂狗娃花	**Heteropappus meyendorffii** (Regel et Maack) Kom. et Alis.
157. 全缘山柳菊	**Hieracium hololeion** Maxim.

158. 葎草	**Humulus scandens** (Lour.) Merr.
159. 荷青花	**Hylomecon japonica** (Thunb.) Prantl et Kundig
160. 八宝	**Hylotelephium erythrostictum** (Miq.) H. Ohba
161. 轮叶八宝	**Hylotelephium verticillatum** (L.) H. Ohba
162. 线叶旋覆花	**Inula linariaefolia** Turcz.
163. 玉蝉花	**Iris ensata** Thunb.
164. 溪荪	**Iris sanguinea** Donn ex Horn.
165. 鸭嘴草	**Ischaemum aristatum** L. var. **glaucum** (Honda) Koyama
166. 碎叶苦荬菜	**Ixeris chelidonifolia** (Makino) Stebb.
167. 苦荬菜	**Ixeris denticulata** Stebb.
168. 细灯心草	**Juncus gracillimus** V. Krecz. et Gontsch.
169. 乳头灯心草	**Juncus papillosus** Franch. et Sav.
170. 针灯心草	**Juncus wallichianus** Laharpe
171. 杜松	**Juniperus rigida** Sieb. et Zucc.
172. 裂叶马兰	**Kalimeris incisa** (Fisch.) DC.
173. 全叶马兰	**Kalimeris integrifolia** Turcz. ex DC.
174. 刺楸	**Kalopanax septemlobum** (Thunb.) Koidz.
175. 栾树	**Koelreuteria paniculata** Laxm.
176. 短萼鸡眼草	**Kummerowia stipulacea** (Maxim.) Makino
177. 毛脉山莴苣	**Lactuca raddeana** Maxim.
178. 翼柄山莴苣	**Lactuca triangulata** Maxim.
179. 大山黧豆	**Lathyrus davidii** Hance
180. 五脉山黧豆	**Lathyrus quinquenervius** (Miq.) Litv. ex Kom. et Alis.
181. 大花益母草	**Leonurus macranthus** Maxim.
182. 华北薄鳞蕨	**Leptolepidium kuhnii** (Milde) Hsing et S.K. Wu
183. 胡枝子	**Lespedeza bicolor** Turcz.
184. 短梗胡枝子	**Lespedeza cyrtobotrya** Miq.
185. 尖叶胡枝子	**Lespedeza juncea** (L. f.) Pers.
186. 宽叶胡枝子	**Lespedeza maximowiczii** Schneid.
187. 绒毛胡枝子	**Lespedeza tomentosa** (Thunb.) Sieb. ex Maxim.
188. 细梗胡枝子	**Lespedeza virgata** (Thunb.) DC.
189. 条叶百合	**Lilium callosum** Sieb. et Zucc.
190. 卷丹	**Lilium lancifolium** Thunb.
191. 大花卷丹	**Lilium leichtlinii** Hook. f. var. **maximowiczii** (Regel) Baker

192. 野亚麻　　　　　　　**Linum stelleroides** Planch

193. 矮小山麦冬　　　　　**Liriope minor** (Maxim.) Makino

194. 紫草　　　　　　　　**Lithospermum erythrorhizon** Sieb. et Zucc.

195. 紫枝忍冬　　　　　　**Lonicera maximowiczii** (Rupr.) Regel

196. 北桑寄生　　　　　　**Loranthus tanakae** Franch. et Sav.

197. 假柳叶菜　　　　　　**Ludwigia epilobioides** Maxim.

198. 朝鲜蛾眉蕨　　　　　**Lunathyrium coreanum** (Christ) Ching

199. 东北蛾眉蕨　　　　　**Lunathyrium pycnosorum** (Christ) Koidz.

200. 长白地杨梅　　　　　**Luzula oligantha** Sam.

201. 大花剪秋萝　　　　　**Lychnis fulgens** Fisch.

202. 朝鲜地瓜苗　　　　　**Lycopus coreanus** Levl.

203. 狼尾花　　　　　　　**Lysimachia barystachys** Bunge

204. 珍珠菜　　　　　　　**Lysimachia clethroides** Duby.

205. 天女木兰　　　　　　**Magnolia sieboldii** K. Koch

206. 山萝花　　　　　　　**Melampyrum roseum** Maxim.

207. 光萼女娄菜　　　　　**Melandrium firmum** (Sieb. et Zucc.) Rohrb.

208. 蝙蝠葛　　　　　　　**Menispermum dauricum** DC.

209. 萝藦　　　　　　　　**Metaplexis japonica** (Thunb.) Makino

210. 紫芒　　　　　　　　**Miscanthus purpurascens** Anderss.

211. 荻　　　　　　　　　**Miscanthus sacchariflorus** (Maxim.) Benth.

212. 雨久花　　　　　　　**Monochoria korsakowii** Regel et Maack

213. 疣草　　　　　　　　**Murdannia keisak** (Hassk.) Hand.-Mazz.

214. 三裂狐尾藻　　　　　**Myriophyllum ussuriense** (Regel) Maxim.

215. 新蹄盖蕨　　　　　　**Neoathyrium crenulato-serrulatum** (Makino) Ching et Z.R.Wang

216. 白花荇菜　　　　　　**Nymphoides coreana** (Levl.) Hara

217. 温泉瓶尔小草　　　　**Ophioglossum thermale** Kom.

218. 瓦松　　　　　　　　**Orostachys fimbriatus** (Turcz.) A. Berger

219. 香根芹　　　　　　　**Osmorhiza aristata** (Thunb.) Makino et Yabe

220. 碎叶山芹　　　　　　**Ostericum grosseserratum** (Maxim.) Kitag.

221. 山芹　　　　　　　　**Ostericum sieboldi** (Miq.) Nakai

222. 草芍药　　　　　　　**Paeonia obovata** Maxim.

223. 糠稷　　　　　　　　**Panicum bisulcatum** Thunb.

224. 北重楼　　　　　　　**Paris verticillata** M.-Bieb.

225. 爬山虎　　　　　　　**Parthenocissus tricuspidata** (Sieb.et Zucc.) Planch.

226. 白花败酱	**Patrinia villosa** (Thunb.) Juss.
227. 扯根菜	**Penthorum chinense** Pursh.
228. 黄筒花	**Phacellanthus tubiflorus** Sieb et Zucc.
229. 狭叶束尾草	**Phacelurus latifolius** (Steud.) Ohwi var.**angustifolius** (Debeaux) Kitag.
230. 黄檗	**Phellodendron amurense** Rupr.
231. 虾海藻	**Phyllospadix japonicus** Makino
232. 日本散血丹	**Physaliastrum japonicum** (Franch. et Sav.) Honda
233. 荫地冷水花	**Pilea hamaoi** Makino
234. 透茎冷水花	**Pilea mongolica** Wedd.
235. 半夏	**Pinellia ternata** (Thunb.) Breit.
236. 赤松	**Pinus densiflora** Sieb. et Zucc.
237. 内折香茶菜	**Plectranthus inflexus** (Thunb.) Vahl. ex Benth.
238. 蓝萼香茶菜	**Plectranthus japonicus** (Burm.) Koidz. var. **glaucocalyx** (Maxim.) Koidz.
239. 睫毛蕨	**Pleurosoriopsis makinoi** (Maxim.) Fomin
240. 朱兰	**Pogonia japonica** Rchb. f.
241. 二苞黄精	**Polygonatum involucratum** Maxim.
242. 马氏蓼	**Polygonum maackianum** Regel
243. 中轴蓼	**Polygonum makinoi** Nakai
244. 刺蓼	**Polygonum senticosum** Franch. et Sav.
245. 箭蓼	**Polygonum sieboldi** Meisn.
246. 华北耳蕨	**Polystichum craspedosorum** (Maxim.) Diels
247. 三叉耳蕨	**Polystichum tripteron** (Kuntze) Presl
248. 辽杨	**Populus maximowiczii** A. Henry
249. 前胡	**Porphyroscias decursiva** Miq.
250. 突果眼子菜	**Potamogeton cristatus** Regel et Maack
251. 狼牙委陵菜	**Potentilla cryptotaeniae** Maxim.
252. 翻白委陵菜	**Potentilla discolor** Bunge
253. 槭叶福王草	**Prenanthes acerifolia** (Maxim.) Matsum.
254. 膀胱蕨	**Protowoodsia manchuriensis** (Hook.) Ching
255. 东亚夏枯草	**Prunella asiatica** Nakai
256. 郁李	**Prunus japonica** Thunb.
257. 假冷蕨	**Pseudocystopteris spinulosa** (Maxim.) Ching
258. 孩儿参	**Pseudostellaria heterophylla** (Miq.) Pax
259. 翼萼蔓	**Pterygocalyx volubilis** Maxim.

260. 东北扁莎　　　　**Pycreus setiformis** (Korsh.) Nakai

261. 日本鹿蹄草　　　**Pyrola japonica** Klenze ex Alef.

262. 肾叶鹿蹄草　　　**Pyrola renifolia** Maxim.

263. 线叶石韦　　　　**Pyrrosia linearifolia** (Hook.) Ching

264. 槲栎　　　　　　**Quercus aliena** Blume

265. 槲树　　　　　　**Quercus dentata** Thunb.

266. 蒙古栎　　　　　**Quercus mongolica** Fisch. ex Turcz.

267. 枹栎　　　　　　**Quercus serrata** Thunb.

268. 栓皮栎　　　　　**Quercus variabilis** Blume

269. 东北鼠李　　　　**Rhamnus yoshinoi** Makino

270. 鸡麻　　　　　　**Rhodotypos scandens** (Thunb.) Makino

271. 纤毛鹅观草　　　**Roegneria ciliaris** (Trin.) Nevski

272. 玫瑰　　　　　　**Rosa rugosa** Thunb.

273. 中国茜草　　　　**Rubia chinensis** Regel et Maack

274. 山楂叶悬钩子　　**Rubus crataegifolius** Bunge

275. 库页悬钩子　　　**Rubus matsumuranus** Levl. et Vant.

276. 茅莓悬钩子　　　**Rubus parvifolius** L.

277. 杞柳　　　　　　**Salix integra** Thunb.

278. 朝鲜柳　　　　　**Salix koreensis** Anderss.

279. 无翅猪毛菜　　　**Salsola komarovii** Iljin

280. 直穗粉花地榆　　**Sanguisorba grandiflora** (Maxim.) Makino

281. 小白花地榆　　　**Sanguisorba parviflora** (Maxim.) Takeda

282. 垂穗粉花地榆　　**Sanguisorba tenuifolia** Fisch. ex Link

283. 变豆菜　　　　　**Sanicula chinensis** Bunge

284. 风毛菊　　　　　**Saussurea japonica** (Thunb.) DC.

285. 羽叶风毛菊　　　**Saussurea maximowoczii** Herd.

286. 乌苏里风毛菊　　**Saussurea ussuriensis** Maxim.

287. 五味子　　　　　**Schisandra chinensis** (Turcz.) Bailey

288. 裂瓜　　　　　　**Schizopepon bryoniaefolius** Maxim.

289. 茸球藨草　　　　**Scirpus asiaticus** Beetle

290. 华东藨草　　　　**Scirpus karuizawensis** Makino

291. 东方藨草　　　　**Scirpus orientalis** Ohwi

292. 五棱藨草　　　　**Scirpus trapezoideus** Koidz.

293. 北玄参　　　　　**Scrophularia buergeriana** Miq.

294. 丹东玄参　**Scrophularia kakudensis** Franch.

295. 北景天　**Sedum kamtschaticum** Fisch.

296. 藓状景天　**Sedum polytrichoides** Hemsl.

297. 垂盆草　**Sedum sarmentorum** Bunge

298. 羽叶千里光　**Senecio argunensis** Turcz.

299. 大狗尾草　**Setaria faberii** Herm.

300. 光稀莶　**Siegesbeckia glabrescens** Makino

301. 鹿药　**Smilacina japonica** A. Gray

302. 白背牛尾菜　**Smilax nipponica** Miq.

303. 牛尾菜　**Smilax riparia** A. DC.

304. 华东菝葜　**Smilax sieboldii** Miq.

305. 苦参　**Sophora flavescens** Ait.

306. 水榆花楸　**Sorbus alnifolia** (Sieb. et Zucc.) K. Koch

307. 黑三棱　**Sparganium coreanum** Levl.

308. 狭叶黑三棱　**Sparganium stenophyllum** Maxim. ex Meinsh.

309. 绣球绣线菊　**Spiraea blumei** G. Don

310. 吉林大叶芹　**Spuriopimpinella calycina** (Maxim.) Kitag.

311. 水苏　**Stachys japonica** Miq.

312. 省沽油　**Staphylea bumalda** DC.

313. 玉铃花　**Styrax obassia** Sieb. et Zucc.

314. 瘤毛獐牙菜　**Swertia pseudochinensis** Hara

315. 白檀　**Symplocos paniculata** (Thunb.) Miq.

316. 山牛蒡　**Synurus deltoides** (Ait.) Nakai

317. 台湾蒲公英　**Taraxacum formosanum** Kitam.

318. 白缘蒲公英　**Taraxacum platypecidum** Diels

319. 裂苞香科科　**Teucrium veronicoides** Maxim.

320. 赤瓟　**Thladiantha dubia** Bunge

321. 地椒　**Thymus quinquecostatus** Celak.

322. 岩茴香　**Tilingia tachiroei** (Franch. et Sav.) Kitag.

323. 丘角菱　**Trapa japonica** Fler.

324. 茶菱　**Trapella sinensis** Oliv.

325. 三肋果　**Tripleurospermum limosum** (Maxim.) Pobed.

326. 老鸦瓣　**Tulipa edulils** (Miq.) Baker

327. 小花蜻蜓兰　**Tulotis ussuriensis** (Regel et Maack) Hara

328. 女菀   **Turczaninowia fastigiata** (Fisch.) DC.

329. 春榆   **Ulmus japonica** (Rehd.) Sarg.

330. 裂叶榆   **Ulmus laciniata** (Trautv.) Mayr.

331. 北缬草   **Valeriana fauriei** Briq.

332. 毛穗藜芦   **Veratrum maackii** Regel

333. 轮叶腹水草   **Veronicastrum sibiricum** (L.) Pennell

334. 鸡树条荚蒾   **Viburnum sargenti** Koehne

335. 黑龙江野豌豆   **Vicia amurensis** Oett.

336. 东方野豌豆   **Vicia japonica** A. Gray

337. 鸡腿堇菜   **Viola acuminata** Ledeb.

338. 南山堇菜   **Viola chaerophylloides** (Regel) W. Bckr.

339. 毛柄堇菜   **Viola hirtipes** S. Moore

340. 东北堇菜   **Viola mandshurica** W. Bckr.

341. 茜堇菜   **Viola phalacrocarpa** Maxim.

342. 立堇菜   **Viola raddeana** Regel

343. 辽宁堇菜   **Viola rossii** Hemsl.

344. 堇菜   **Viola verecunda** A. Gray

345. 黄花堇菜   **Viola xanthopetala** Nakai

346. 阴地堇菜   **Viola yezoensis** Maxim.

347. 槲寄生   **Viscum coloratum** (Kom.) Nakai

348. 荆条   **Vitex negundo** L. var. **heterophylla** (Franch.) Rehd.

349. 锦带花   **Weigela florida** (Bunge) DC.

350. 早锦带花   **Weigela praecox** (Lemoine) Bailey

351. 旱岩蕨   **Woodsia hancockii** Baker

352. 中岩蕨   **Woodsia intermedia** Tagawa

353. 大囊岩蕨   **Woodsia macrochlaena** Meet. ex Kuhn.

354. 耳羽岩蕨   **Woodsia polystichoides** Eaton

355. 心岩蕨   **Woodsia subcordata** Turcz.

356. 山花椒   **Zanthoxylum schinifolium** Sieb. et Zucc.

357. 宽叶大叶藻   **Zostera asiatica** Miki

358. 丛生大叶藻   **Zostera caespitosa** Miki

359. 矮大叶藻   **Zostera japonica** Asch. et Graebn.

360. 结缕草   **Zoysia japonica** Steud.

361. 中华结缕草   **Zoysia sinica** Hance

10–1. 中国东北—日本中北部分布（96种）

1. 槭叶兔儿风	**Ainsliaea acerifolia** Sch.-Bip.
2. 色赤杨	**Alnus tinctoria** Sarg.
3. 匍枝银莲花	**Anemone stolonifera** Maxim.
4. 东北长鞘当归	**Angelica cartilaginomarginata** (Makino) Nakai var. **matsumurae** (Boiss.) Kitag.
5. 朝鲜当归	**Angelica gigas** Nakai
6. 日本黄花茅	**Anthoxanthum nipponicum** Honda
7. 长白耧斗菜	**Aquilegia flabellata** Sieb. et Zucc. var. **pumila** Kudo
8. 赛黑桦	**Betula schmidtii** Regel
9. 柔薹草	**Carex bostrichostigma** Maxim.
10. 假尖嘴薹草	**Carex laevissima** Nakai
11. 宽鳞薹草	**Carex latisquamea** Kom.
12. 高鞘薹草	**Carex middendorffii** Fr. Schmidt
13. 截嘴薹草	**Carex nervata** Franch. et Sav.
14. 星穗薹草	**Carex omiana** Franch. et Sav.
15. 阴地薹草	**Carex planiculmis** Kom.
16. 冻原薹草	**Carex sitroumensis** Koidz.
17. 长鳞薹草	**Carex tarumensis** Franch.
18. 细穗薹草	**Carex tenuistachya** Nakai
19. 大针薹草	**Carex uda** Maxim.
20. 长苞头蕊兰	**Cephalanthera longibracteata** Blume
21. 毛蕊卷耳	**Cerastium pauciflorum** Stev. ex Ser. var. **amurense** (Regel) Mizushima
22. 蔓金腰	**Chrysosplenium flagelliferum** Fr. Schmidt
23. 珠芽金腰	**Chrysosplenium japonicum** Makino
24. 多枝金腰	**Chrysosplenium ramosum** Maxim.
25. 小果龙常草	**Diarrhena fauriei** (Hack.) Ohwi
26. 宝珠草	**Disporum viridescens** (Maxim.) Nakai
27. 翅轴介蕨	**Dryoathyrium pterorachis** (Christ) Ching
28. 黑水鳞毛蕨	**Dryopteris amurensis** (Milde) Christ
29. 山地鳞毛蕨	**Dryopteris monticola** (Makino) C.Chr.
30. 东北亚鳞毛蕨	**Dryopteris sichotensis** Kom.
31. 拟扁果草	**Enemion raddeanum** Regel
32. 小花柳叶菜	**Epilobium nudicarpum** Kom.

33. 猪牙花	**Erythronium japonicum** Decne.
34. 短翅卫矛	**Euonymus planipes** (Koehne) Koehne
35. 花拉拉藤	**Galium tokyoense** Makino
36. 白山龙胆	**Gentiana jamesii** Hemsl.
37. 野凤仙花	**Impatiens textori** Miq.
38. 长尾鸢尾	**Iris rossii** Baker
39. 短喙灯心草	**Juncus krameri** Franch. et Sav.
40. 长白灯心草	**Juncus maximowiczii** Buch.
41. 尾唇羊耳蒜	**Liparis krameri** Franch. et Sav. f. **viridis** Makino
42. 曲唇羊耳蒜	**Liparis kumokiri** F. Maek.
43. 北方羊耳蒜	**Liparis makinoana** Schltr.
44. 早花忍冬	**Lonicera praeflorens** Batalin
45. 丝瓣剪秋萝	**Lychnis wilfordii** (Regel) Maxim.
46. 荨麻叶龙头草	**Meehania urticifolia** (Miq.) Makino
47. 丝叶茨藻	**Najas japonica** Nakai
48. 凹唇鸟巢兰	**Neottia nidus-avis** (L.) Rich. var. **manshurica** Kom.
49. 卵唇红门兰	**Orchis cyclochila** (Franch. et Sav.) Maxim.
50. 东北假鳞毛蕨	**Oreopteris quelpartensis** (Christ) Holub
51. 山芍药	**Paeonia japonica** (Makino) Miyabe et Takeda
52. 日本芦苇	**Phragmites japonica** Steud.
53. 山冷水花	**Pilea japonica** (Maxim.) Hand.-Mazz.
54. 红松	**Pinus koraiensis** Sieb.
55. 绿地早熟禾	**Poa viridula** L.
56. 腺毛花荵	**Polemonium laxiflorum** Kitam.
57. 长苞黄精	**Polygonatum desoulavyi** Kom.
58. 毛筒玉竹	**Polygonatum inflatum** Kom.
59. 香杨	**Populus koreana** Rehd.
60. 小浮叶眼子菜	**Potamogeton mizuhikimo** Makino
61. 樱草	**Primula sieboldii** E. Morren
62. 毛假繁缕	**Pseudostellaria japonica** (Korsh.) Pax
63. 朝鲜白头翁	**Pulsatilla cernua** (Thunb.) Bercht. et Opiz
64. 深山毛茛	**Ranunculus franchetii** H. Boiss.
65. 长嘴毛茛	**Ranunculus tachiroei** Franch. et Sav.
66. 高山红景天	**Rhodiola sachalinensis** A. Boriss

67. 短果杜鹃	**Rhododendron brachycarpum** D. Don
68. 大叶茶藨	**Ribes latifolium** Jancz.
69. 鬼灯檠	**Rodgersia podophylla** A. Gray
70. 深山蔷薇	**Rosa marretii** Levl.
71. 细柱柳	**Salix gracilistyla** Miq.
72. 尖叶紫柳	**Salix koriyanagi** Kimura
73. 白皮柳	**Salix pierotii** Miq.
74. 毛接骨木	**Sambucus buergeriana** Blume ex Nakai
75. 紫花变豆菜	**Sanicula rubriflora** Fr. Schmidt
76. 瘤果变豆菜	**Sanicula tuberculata** Maxim.
77. 长白虎耳草	**Saxifraga laciniata** Nakai et Takeda
78. 日本蓝盆花	**Scabiosa japonica** Miq.
79. 吉林藨草	**Scirpus komarovii** Rosh.
80. 三江藨草	**Scirpus nipponicus** Makino
81. 大玄参	**Scrophularia grayana** Maxim. ex Kom.
82. 叶麦瓶草	**Silene foliosa** Maxim.
83. 朝鲜麦瓶草	**Silene koreana** Kom.
84. 细叶繁缕	**Stellaria filicaulis** Makino
85. 日本臭菘	**Symplocarpus nipponicus** Makino
86. 东北红豆杉	**Taxus cuspidata** Sieb. et Zucc.
87. 深山唐松草	**Thalictrum tuberiferum** Maxim.
88. 锐菱	**Trapa incisa** Sieb. et Zucc.
89. 地耳草	**Triadenum japonicum** (Blume) Makino
90. 亚海韭菜	**Triglochin asiaticum** (Kitag.) Love et Love
91. 腋花莛子藨	**Triosteum sinuatum** Maxim.
92. 东北雷公藤	**Tripterygium regelii** Sprague et Takeda
93. 长毛婆婆纳	**Veronica kiusiana** Furumi
94. 东北婆婆纳	**Veronica rotunda** Nakai var. **subintegra** (Nakai) Yamaz.
95. 东方堇菜	**Viola orientalis** W. Bckr.
96. 辽东堇菜	**Viola savatieri** Makino

10-2. 中国—日本—蒙古草原分布（6种）

1. 远东芨芨草	**Achnatherum extremiorientale** (Hara) Keng
2. 毛轴鹅不食	**Arenaria juncea** Bieb.

3. 红足蒿	**Artemisia rubripes** Nakai
4. 野古草	**Arundinella hirta** (Thunb.) Tanaka
5. 硬质早熟禾	**Poa sphondylodes** Trin.
6. 大油芒	**Spodiopogon sibiricus** Trin.

11. 中国东部分布（103种）

1. 异叶亚菊	**Ajania variifolia** (Chang) Tzvel.
2. 毛果银莲花	**Anemone baicalensis** Turcz.
3. 东北土当归	**Aralia continentalis** Kitag.
4. 木通马兜铃	**Aristolochia manshuriensis** Kom.
5. 水蒿	**Artemisia selengensis** Turcz. ex Bess.
6. 林地蒿	**Artemisia sylvatica** Maxim.
7. 麦秆蹄盖蕨	**Athyrium fallaciosum** Milde
8. 中华秋海棠	**Begonia sinensis** DC
9. 旋蒴苣苔	**Boea clarkeana** Hemsl.
10. 猫耳旋蒴苣苔	**Boea hygrometrica** (Bunge) R. Br.
11. 假贝母	**Bolbostemma paniculatum** (Maxim.) Franquet
12. 多苞斑种草	**Bothriospermum secundum** Maxim.
13. 翠菊	**Callistephus chinensis** (L.) Nees
14. 红花锦鸡儿	**Caragana rosea** Turcz.
15. 早春薹草	**Carex subpediformis** (Kukenth.) Suto et Suzuki
16. 小叶朴	**Celtis bungeana** Blume
17. 甘菊	**Chrysanthemum lavandulaefolium** (Fisch. ex Trautv.) Makino
18. 异叶金腰	**Chrysosplenium pseudofauriei** Levl.
19. 曲毛露珠草	**Circaea hybrida** Hand.-Mazz.
20. 绿蓟	**Cirsium chinense** Gardn. et Camp.
21. 北京隐子草	**Cleistogenes hancei** Keng
22. 宽叶隐子草	**Cleistogenes nakai** (Keng) Honda
23. 党参	**Codonopsis pilosula** (Franch.) Nannf.
24. 光果田麻	**Corchoropsis psilocarpa** Harms. et Loes.
25. 毛梾	**Cornus walteri** Wanger.
26. 变色白前	**Cynanchum versicolor** Bunge
27. 大花溲疏	**Deutzia grandiflora** Bunge
28. 白鲜	**Dictamnus dasycarpus** Turcz.

29. 半岛鳞毛蕨	**Dryopteris peninsulae** Kitag.
30. 华东蓝刺头	**Echinops grijsii** Hance
31. 胶东卫矛	**Euonymus kiautschovicus** Loes.
32. 疏花蓼	**Fallopia pauciflorum** (Maxim.) Kitag.
33. 雪柳	**Fontanesia fortunei** Carr.
34. 东北龙胆	**Gentiana manshurica** Kitag.
35. 活血丹	**Glechoma hederacea** L. var. **longituba** Nakai
36. 狭叶米口袋	**Gueldenstaedtia stenophylla** Bunge
37. 米口袋	**Gueldenstaedtia verna** (Georgi) Boiss.
38. 华北金毛裸蕨	**Gymnopteris borealisinensis** Kitag.
39. 刺榆	**Hemiptelea davidii** (Hance) Planch.
40. 獐耳细辛	**Hepatica asiatica** Nakai
41. 铁扫帚	**Indigofera bungeana** Walp.
42. 花木蓝	**Indigofera kirilowii** Maxim. ex Palib.
43. 低滩苦荬菜	**Ixeris debilis** A. Gray var. **salsuginosa** (Kitag.) Kitag.
44. 抱茎苦荬菜	**Ixeris sonchifolia** (Bunge) Hance
45. 长叶火绒草	**Leontopodium longifolium** Ling
46. 乌苏里瓦韦	**Lepisorus ussuriensis** (Regel et Maack) Ching
47. 雀儿舌头	**Leptopus chinensis** (Bunge) Pojark.
48. 多花胡枝子	**Lespedeza floribunda** Bunge
49. 补血草	**Limonium sinense** (Girard) Kuntze
50. 柳穿鱼	**Linaria vulgaris** L. var. **sinensis** Bebeaux
51. 秦岭忍冬	**Lonicera ferdinandi** Franch.
52. 藏花忍冬	**Lonicera tatarinovii** Maxim.
53. 狭叶珍珠菜	**Lysimachia pentapetala** Bunge
54. 弹刀子菜	**Mazus stachydifolius** (Turcz.) Maxim.
55. 沟酸浆	**Mimulus tenellus** Bunge
56. 蒙桑	**Morus mongolica** Schneid.
57. 诸葛菜	**Orychophragmus violaceus** (L.) O. E. Schulz
58. 异叶败酱	**Patrinia heterophylla** Bunge
59. 单蕊败酱	**Patrinia monandra** C. B. Clarke
60. 野小豆	**Phaseolus minimus** Roxb.
61. 糙苏	**Phlomis umbrosa** Turcz.
62. 苦木	**Picrasma quassioides** (D. Don) Benn.

63. 毛果香茶菜	**Plectranthus serra** Maxim.
64. 稀花蓼	**Polygonum dissitiflorum** Hemsl.
65. 小青杨	**Populus pseudosimonii** Kitag
66. 皱叶委陵菜	**Potentilla ancistrifolia** Bunge
67. 深齿匍匐委陵菜	**Potentilla reptans** L. var. **incisa** Franch.
68. 福王草	**Prenanthes tatarinowii** Maxim.
69. 榆叶梅	**Prunus triloba** Lindl.
70. 蔓假繁缕	**Pseudostellaria davidii** (Franch.) Pax
71. 枫杨	**Pterocarya stenoptera** DC.
72. 青檀	**Pteroceltis tatarinowii** Maxim.
73. 白头翁	**Pulsatilla chinensis** (Bunge) Regel
74. 北京石韦	**Pyrrosia pekinensis** (C. Chr.) Ching
75. 有柄石韦	**Pyrrosia petiolosa** (Christ et Bar.) Ching
76. 杜梨	**Pyrus betulaefolia** Bunge
77. 地黄	**Rehmannia glutinosa** (Gaert.) Libosch ex Fisch. et C. A. Mey.
78. 鼠李	**Rhamnus davurica** Pall.
79. 圆叶鼠李	**Rhamnus globosa** Bunge
80. 照白杜鹃	**Rhododendron miranthum** Turcz.
81. 华茶藨	**Ribes fasciculatum** Sieb. et Zucc. var. **chinense** Maxim.
82. 球果蔊菜	**Rorippa globosa** (Turcz.) Thell.
83. 黑水酸模	**Rumex amurensis** Fr. Schmidt
84. 丹参	**Salvia miltiorhiza** Bunge
85. 东北接骨木	**Sambucus manshurica** Kitag.
86. 京黄芩	**Scutellaria pekinensis** Maxim.
87. 繁缕叶景天	**Sedum stellariifollum** Franch.
88. 蔓生卷柏	**Selaginella davidii** Franch.
89. 中华卷柏	**Selaginella sinensis** (Desv.) Spring
90. 旱生卷柏	**Selaginella stautoniana** Spring
91. 石生麦瓶草	**Silene tatarinowii** Regel
92. 毛花绣线菊	**Spiraea dasyantha** Bunge
93. 甘露子	**Stachys sieboldii** Miq.
94. 小米空木	**Stephanandra incisa** (Thunb.) Zabel
95. 兔儿伞	**Syneilesis aconitifolia** (Bunge) Maxim.
96. 紫丁香	**Syringa oblata** Lindl.

97. 毛叶丁香	**Syringa pubescens** Turcz. subsp. **patula** (palibin) M. C. Chang
98. 柽柳	**Tamarix chinensis** Lour.
99. 球果唐松草	**Thalictrum baicalense** Turcz.
100. 细果野菱	**Trapa maximowiczii** Korsh.
101. 大花野豌豆	**Vicia bungei** Ohwi
102. 河朔荛花	**Wikstroemia chamaedaphne** Meissn.
103. 密毛岩蕨	**Woodsia rosthorniana** Diels

11-1. 中国东部—西部分布（39种）

1. 獐毛	**Aeluropus littoralis** Parl. var. **sinensis** Debeaux
2. 天蓝韭	**Allium cyaneum** Regel
3. 铃铃香青	**Anaphalis hancockii** Maxim.
4. 小花银莲花	**Anemone rivularis** Hamilt. ex DC. var. **floremoinore** Maxim.
5. 辽东蒿	**Artemisia verbenacea** (Kom.) Kitag.
6. 红桦	**Betula albo-sinensis** Burk.
7. 华扁穗莞	**Blysmus sinocompressus** Tang et Wang
8. 狭苞斑种草	**Bothriospermum kusnezowii** Bunge
9. 线叶柴胡	**Bupleurum angustissimum** (Franch.) Kitag.
10. 白颖薹草	**Carex rigescens** (Franch.) V. Krecz.
11. 中华隐子草	**Cleistogenes chinensis** (Maxim.) Keng
12. 芹叶铁线莲	**Clematis aethusifolia** Turcz.
13. 地丁草	**Corydalis bungeana** Turcz.
14. 灰栒子	**Cotoneaster acutifolius** Turcz.
15. 细弱栒子	**Cotoneaster gracilis** Rehd.et Wils.
16. 岩青兰	**Dracocephalum rupestre** Hance
17. 圆柱披碱草	**Elymus franchetii** Kitag.
18. 毛脉蓼	**Fallopia multiflora** (Thunb.) Harald. var. **ciliinerve** (Nakai) A. J. Li
19. 梣	**Fraxinus chinensis** Roxb.
20. 回旋扁蕾	**Gentianopsis contorta** (Royle) Ma
21. 裂瓣角盘兰	**Herminium alaschanicum** Maxim.
22. 沙棘	**Hippophae rhamnoides** L. subsp. **sinensis** Rousi
23. 东陵绣球	**Hydrangea bretschneideri** Dipp.
24. 宁夏枸杞	**Lycium barbarum** L.
25. 康藏荆芥	**Nepeta pratii** Levl.

26. 糙叶败酱   **Patrinia scabra** Bunge

27. 毛白花前胡   **Peucedanum praeruptorum** Dunn subsp. **Hirsutiusculum** Ma

28. 尖齿糙苏   **Phlomis dentosa** Franch.

29. 多茎委陵菜   **Potentilla multicaulis** Bunge

30. 等齿委陵菜   **Potentilla simulatrix** Wolf

31. 胭脂花   **Primula maximowiczii** Regel

32. 辽东栎   **Quercus liaotungensis** Koidz.

33. 水毛茛   **Ranunculus bungei** Steud.

34. 小丛红景天   **Rhodiola dumulosa** (Franch.) S. H. Fu

35. 糖茶藨   **Ribes emodense** Rehd.

36. 密齿柳   **Salix characta** Schneid

37. 裂叶荆芥   **Schizonepeta tenuifolia** (Benth.) Briq.

38. 旱榆   **Ulmus glaucescens** Franch.

39. 大果榆   **Ulmus macrocarpa** Hance

11–2. 中国东部–蒙古草原分布（3种）

1. 黄毛棘豆   **Oxytropis ochrantha** Turcz.

2. 杠柳   **Periploca sepium** Bunge

3. 长叶百蕊草   **Thesium longifolium** Turcz.

12. 东北–华北分布（96种）

1. 臭冷杉   **Abies nephrolepis** (Trautv.) Maxim.

2. 无梗五加   **Acanthopanax sessiliflorus** (Rupr. et Maxim.) Seem.

3. 毛颖菭茇草   **Achnatherum pubicalyx** (Ohwi) Keng

4. 石沙参   **Adenophora polyantha** Nakai

5. 荠苨   **Adenophora trachelioides** Maxim.

6. 多花筋骨草   **Ajuga multiflora** Bunge

7. 无喙兰   **Archineottia gaudissartii** (Hand.-Mazz.) S. C. Chen

8. 东北天南星   **Arisaema amurense** Maxim.

9. 岐茎蒿   **Artemisia igniaria** Maxim.

10. 细砂蒿   **Artemisia macilentha** (Maxim.) Krasch.

11. 异叶车叶草   **Asperula maximowiczii** Kom.

12. 朝鲜苍术   **Atractylodes koreana** (Nakai) Kitam.

13. 风桦   **Betula costata** Trautv.

14. 鸭绿薹草	**Carex jaluensis** Kom.
15. 尖嘴薹草	**Carex leiorhyncha** C. A. Mey.
16. 河沙薹草	**Carex raddei** Kukenth.
17. 乌苏里薹草	**Carex ussuriensis** Kom.
18. 细叶藜	**Chenopodium stenophyllum** Koidz.
19. 小红菊	**Chrysanthemum chanetii** Levl.
20. 无毛溲疏	**Deutzia glabrata** Kom.
21. 李叶溲疏	**Deutzia hamata** Koehne
22. 小花溲疏	**Deutzia parviflora** Bunge
23. 龙常草	**Diarrhena manshurica** Maxim.
24. 黄花宝铎草	**Disporum flavens** Kitag.
25. 海州香薷	**Elsholtzia pseudo-cristata** Levl. et Vant.
26. 异叶柳叶菜	**Epilobium propinquum** Hausskn.
27. 华北卫矛	**Euonymus maackii** Rupr.
28. 关东大戟	**Euphorbia croizatii** (Hurus.) Kitag.
29. 小叶白蜡树	**Fraxinus bungeana** DC.
30. 花曲柳	**Fraxinus rhynchophylla** Hance
31. 小顶冰花	**Gagea hiensis** Pasch.
32. 线叶拉拉藤	**Galium linearifolium** Turcz.
33. 蝎子草	**Girardinia cuspidata** Wedd.
34. 长蕊丝石竹	**Gypsophila oldhamiana** Miq.
35. 东北牛防风	**Heracleum moellendorffii** Hance
36. 长药八宝	**Hylotelephium spectabile** (Bor.) H. Ohba
37. 柯马猬草	**Hystrix komarovii** (Rosh.) Ohwi
38. 东北凤仙花	**Impatiens furcillata** Hemsl.
39. 长白鸢尾	**Iris mandshurica** Maxim.
40. 胡桃楸	**Juglans mandshurica** Maxim.
41. 山马兰	**Kalimeris lautureana** (Debex.) Kitam.
42. 蒙古马兰	**Kalimeris mongolica** (Franch.) Kitam.
43. 假大花益母草	**Leonurus pseudomacranthus** Kitag.
44. 全缘橐吾	**Ligularia mongolica** (Turcz.) DC.
45. 辽藁本	**Ligusticum jeholense** (Nakai et Kitag.) Nakai et Kitag.
46. 辽东水蜡树	**Ligustrum suave** (Kitag.) Kitag.
47. 朝鲜百合	**Lilium amabile** Palib.

48. 渥丹	**Lilium concolor** Salisb.
49. 波叶忍冬	**Lonicera vescaria** Kom.
50. 浅裂剪秋萝	**Lychnis cognata** Maxim.
51. 狼爪瓦松	**Orostachys cartilagienus** A. Boriss.
52. 大叶糙苏	**Phlomis maximowiczii** Regel
53. 热河芦苇	**Phragmites jeholensis** Honda
54. 东北油柑	**Phyllanthus ussuriensis** Rupr. et Maxim.
55. 李枝早熟禾	**Poa mongolica** (Rendl.) Keng
56. 五叶黄精	**Polygonatum acuminatifolium** Kom.
57. 热河黄精	**Polygonatum macropodium** Turcz.
58. 狭叶黄精	**Polygonatum stenophyllum** Maxim.
59. 本氏蓼	**Polygonum bungeanum** Turcz.
60. 朝鲜蓼	**Polygonum koreense** Nakai
61. 宽叶蓼	**Polygonum platyphyllum** Li et Chang
62. 肾叶报春	**Primula loeseneri** Kitag.
63. 秋子梨	**Pyrus ussuriensis** Maxim.
64. 朝鲜鼠李	**Rhamnus koraiensis** Schneid.
65. 乌苏里鼠李	**Rhamnus ussuriensis** J. Vass.
66. 迎红杜鹃	**Rhododendron mucronulatum** Turcz.
67. 大字杜鹃	**Rhododendron schlippenbachii** Maxim.
68. 刺果茶藨	**Ribes burejense** Fr. Schmidt
69. 东北茶藨	**Ribes mandshuricum** (Maxim.) Kom.
70. 中井鹅观草	**Roegneria nakai** Kitag.
71. 缘毛鹅观草	**Roegneria pendulina** Nevski
72. 银背风毛菊	**Saussurea nivea** Turcz.
73. 齿苞风毛菊	**Saussurea odontolepis** (Herd.) Sch.-Bip. ex Herd.
74. 花楸树	**Sorbus pohuashanensis** (Hance) Hedl.
75. 土庄绣线菊	**Spiraea pubescens** Turcz.
76. 短柱大叶芹	**Spuriopimpinella brachystyla** (Hand.-Mazz.) Kitag.
77. 华水苏	**Stachys chinensis** Bunge ex Benth.
78. 朝鲜丁香	**Syringa dilatata** Nakai
79. 关东丁香	**Syringa velutina** Kom.
80. 红丁香	**Syringa villosa** Vahl.
81. 辽东丁香	**Syringa wolfi** Schneid.

82. 戟片蒲公英	**Taraxacum asiaticum** Dahl.
83. 芥叶蒲公英	**Taraxacum brassicaefolium** Kitag.
84. 辽东蒲公英	**Taraxacum liaotungense** Kitag.
85. 白花蒲公英	**Taraxacum pseudo-albidum** Kitag.
86. 黑龙江香科科	**Teucrium ussuriense** Kom.
87. 兴凯百里香	**Thymus przewalskii** (Kom.) Nakai
88. 紫椴	**Tilia amurensis** Rupr.
89. 糠椴	**Tilia mandshurica** Rupr. et Maxim.
90. 耳菱	**Trapa potaninii** V. Vassil.
91. 格菱	**Trapa pseudoincisa** Nakai
92. 朝鲜堇菜	**Viola albida** Palib.
93. 蒙古堇菜	**Viola mongolica** Franch.
94. 早开堇菜	**Viola prionantha** Bunge
95. 细距堇菜	**Viola tenuicornis** W. Bckr.
96. 山葡萄	**Vitis amurensis** Rupr.

12-1. 东北－华北－蒙古草原分布（16种）

1. 黄花葱	**Allium condensatum** Turcz.
2. 短穗看麦娘	**Alopecurus brachystachys** Bieb.
3. 知母	**Anemarrhena asphodeloides** Bunge
4. 华黄耆	**Astragalus chinensis** L.f.
5. 细叶小檗	**Berberis poiretii** Schneid.
6. 褐毛蓝刺头	**Echinops dissectus** Kitag.
7. 宽叶蓝刺头	**Echinops latifolius** Tausch
8. 刺果甘草	**Glycyrrhiza pallidiflora** Maxim.
9. 贝加尔鼠曲草	**Gnaphalium baicalense** Kirp.
10. 脐草	**Omphalothrix longipes** Maxim.
11. 紧穗蓼	**Polygonum rigidum** Skv.
12. 西伯利亚杏	**Prunus sibirica** L.
13. 多杆鹅观草	**Roegneria multiculmis** Kitag.
14. 细枝柳	**Salix gracilior** (Siuz.) Nakai
15. 华北蓝盆花	**Scabiosa tschiliensis** Grun.
16. 红梗蒲公英	**Taraxacum erythopodium** Kitag.

13. 华北—朝鲜分布（19种）

1. 高帽乌头	**Aconitum longecassidatum** Nakai
2. 东北短肠蕨	**Allantodia taquetii** (C. Chr.) Ching
3. 银莲花	**Anemone cathayensis** Kitag.
4. 矮滨蒿	**Artemisia nakai** Pamp.
5. 掌刺小檗	**Berberis koreana** Palib.
6. 辽东薹草	**Carex glabrescens** (Kukenth.) Ohwi
7. 异穗薹草	**Carex heterostachya** Bunge
8. 白雄穗薹草	**Carex polyschoena** Levl. et Vant.
9. 大叶朴	**Celtis koraiensis** Nakai
10. 齿叶白鹃梅	**Exochorda serratifolia** S. Moore
11. 朝鲜萱草	**Hemerocallis coreana** Nakai
12. 细叶藁本	**Ligusticum tenuissimum** (Nakai) Kitag.
13. 金州栎	**Quercus mccormickii** Carr.
14. 柞槲栎	**Quercus mongolico-dentata** Nakai
15. 伞花蔷薇	**Rosa maximowicziana** Regel
16. 京风毛菊	**Saussurea chinnampoensis** Levl. et Vant.
17. 辽冀大叶芹	**Spuriopimpinella komarovii** Kitag.
18. 黑榆	**Ulmus davidiana** Planch.
19. 宽叶白花堇菜	**Viola lactiflora** Nakai

13-1. 华北—朝鲜—日本分布（3种）

1. 滨蛇床	**Cnidium japonicum** Miq.
2. 小金丝桃	**Hypericum laxum** (Blume) Koidz.
3. 日本瓦松	**Orostachys japonicus** (Maxim.) A. Berger

14. 东北分布（245种）

1. 杉松冷杉	**Abies holophylla** Maxim.
2. 簇毛槭	**Acer barbinerve** Maxim.
3. 小楷槭	**Acer komarovii** Pojark.
4. 东北槭	**Acer mandshuricum** Maxim.
5. 紫花槭	**Acer pseudo-sieboldianum** (Pax) Kom.
6. 青楷槭	**Acer tegmentosum** Maxim.

7. 三花槭　　　　　　**Acer triflorum** Kom.

8. 两色乌头　　　　　**Aconitum alboviolaceum** Kom.

9. 卷毛蔓乌头　　　　**Aconitum ciliare** DC.

10. 黄花乌头　　　　 **Aconitum coreanum** (Levl.) Rap.

11. 敦化乌头　　　　 **Aconitum dunhuaense** S. H. Li

12. 抚松乌头　　　　 **Aconitum fusungense** S. H. Li

13. 鸭绿乌头　　　　 **Aconitum jaluense** Kom.

14. 吉林乌头　　　　 **Aconitum kirinense** Nakai

15. 高山乌头　　　　 **Aconitum monanthum** Nakai

16. 大苞乌头　　　　 **Aconitum raddeanum** Regel

17. 大花沙参　　　　 **Adenophora grandiflora** Nakai

18. 沼沙参　　　　　 **Adenophora palustris** Kom.

19. 合瓣花　　　　　 **Adlumia asiatica** Ohwi

20. 辽吉侧金盏花　　 **Adonis ramosa** Franch.

21. 黑水银莲花　　　 **Anemone amurensis** (Korsh.) Kom.

22. 小银莲花　　　　 **Anemone rossii** Moore

23. 大叶银莲花　　　 **Anemone udensis** Trautv. et C. A. Mey.

24. 阴地银莲花　　　 **Anemone umbrosa** C. A. Mey.

25. 黑水当归　　　　 **Angelica cincta** Boiss.

26. 圆叶南芥　　　　 **Arabis halleri** L.

27. 高岭蒿　　　　　 **Artemisia brachyphylla** Kitam.

28. 镰叶蒿　　　　　 **Artemisia orthobotrys** Kitag.

29. 林艾蒿　　　　　 **Artemisia viridissima** Pamp.

30. 辽细辛　　　　　 **Asarum heterotropoides** Fr. Schmidt var. **mandshuricum** (Maxim.) Kitag.

31. 汉城细辛　　　　 **Asarum sieboldii** Miq. var. **seoulense** Nakai

32. 卵叶车叶草　　　 **Asperula platygalium** Maixm.

33. 朝鲜落新妇　　　 **Astilbe koreana** Nakai

34. 山荷叶　　　　　 **Astilboides tabularis** (Hemsl.) Engler

35. 海滨黄耆　　　　 **Astragalus marinus** Boriss.

36. 白花高山黄耆　　 **Astragalus setsureianus** Nakai

37. 山茄子　　　　　 **Brachybotrys paridiformis** Maxim.

38. 大苞柴胡　　　　 **Bupleurum euphorbioides** Nakai

39. 柞柴胡　　　　　 **Bupleurum komarovianum** Lincz.

40. 大叶蟹甲草　　　 **Cacalia firma** Kom.

41. 星叶蟹甲草　　**Cacalia komarowiana** (Poljak.) Poljak.

42. 疏穗野青茅　　**Calamagrostis distantiflora** Lucc.

43. 耿氏拂子茅　　**Calamagrostis kengii** T. F. Wang

44. 东北锦鸡儿　　**Caragana manshurica** Kom.

45. 松东锦鸡儿　　**Caragana ussuriensis** (Regel) Pojark.

46. 长白碎米荠　　**Cardamine baishanensis** P. Y. Fu

47. 翼柄碎米荠　　**Cardamine komarovii** Nakai

48. 天池碎米荠　　**Cardamine resedifolia** L. var. **mori** Nakai

49. 大顶叶碎米荠　　**Cardamine scutata** Thunb. var. **longiloba** P. Y. Fu

50. 少囊薹草　　**Carex egena** Levl. et Vant.

51. 红鞘薹草　　**Carex erythrobasis** Levl. et Vant.

52. 绿囊薹草　　**Carex hypochlora** Freyn.

53. 吉林薹草　　**Carex kirinensis** Wang et Y. L. Chang

54. 假松叶薹草　　**Carex pseudo-biwensis** Kitag.

55. 假长嘴薹草　　**Carex pseudo-longerostrata** Y. L. Chang et Y. L. Yang

56. 稗薹草　　**Carex xyphium** Kom.

57. 长白卷耳　　**Cerastium baischanense** Y. C. Chu

58. 小滨菊　　**Chrysanthemum lineare** Matsum.

59. 林金腰　　**Chrysosplenium lectus-cochleae** Kitag.

60. 大三叶升麻　　**Cimicifuga heracleifolia** Kom.

61. 朝鲜铁线莲　　**Clematis koreana** Kom.

62. 辣蓼铁线莲　　**Clematis mandshurica** Rupr.

63. 高山铁线莲　　**Clematis nobilis** Nakai

64. 齿叶铁线莲　　**Clematis serratifolia** Rehd.

65. 长白高山芹　　**Coelopleurum nakaianum** (Kitag.) Kitag.

66. 高山芹　　**Coelopleurum saxatile** (Turcz.) Drude

67. 朝鲜山茱萸　　**Cornus coreana** Wanger.

68. 东紫堇　　**Corydalis buschii** Nakai

69. 巨紫堇　　**Corydalis gigantea** Trautv. et C. A. Mey.

70. 全叶延胡索　　**Corydalis repens** Mandl et Muhl.

71. 三裂延胡索　　**Corydalis ternata** (Nakai) Nakai

72. 长白瑞香　　**Daphne koreana** Nakai

73. 宽苞翠雀　　**Delphinium maackianum** Regel

74. 东北溲疏　　**Deutzia amurensis** (Regel) Airy-Shaw

75. 头石竹	**Dianthus barbatus** L.var. **asiaticus** Nakai
76. 双蕊兰	**Diplandrorchis sinica** S. C. Chen
77. 金刚草	**Disporum ovale** Ohwi
78. 小穗水蜡烛	**Dysophylla fauriei** Levl.
79. 无毛柳叶菜	**Epilobium angulatum** Kom.
80. 东北柳叶菜	**Epilobium cylindrostigma** Kom.
81. 稀花柳叶菜	**Epilobium tenue** Kom.
82. 朝鲜淫羊藿	**Epimedium koreanum** Nakai
83. 菟葵	**Eranthis stellata** Maxim.
84. 乌苏里谷精草	**Eriocaulon ussuriensis** Koern. ex Regel
85. 瘤枝卫矛	**Euonymus pauciflorus** Maxim.
86. 林大戟	**Euphorbia lucorum** Rupr.
87. 锥腺大戟	**Euphorbia savaryi** Kiss.
88. 东北连翘	**Forsythia mandshurica** Uyeki
89. 平贝母	**Fritillaria ussuriensis** Maxim.
90. 朝鲜顶冰花	**Gagea lutea** (L.) Ker-Gawl. var. **nakaiana** (Kitag.) Q. S. Sun
91. 东北拉拉藤	**Galium manshuricum** Kitag.
92. 金刚龙胆	**Gentiana uchiyamai** Nakai
93. 长白老鹳草	**Geranium baishanense** Y. L. Chang
94. 朝鲜老鹳草	**Geranium koreanum** Kom.
95. 线裂老鹳草	**Geranium soboliferum** Kom.
96. 东北鼠曲草	**Gnaphalium mandshuricum** Kirp.
97. 细梗丝石竹	**Gypsophila pacifica** Kom.
98. 长白岩黄耆	**Hedysarum ussuriense** Schischk. et Kom.
99. 宽叶山柳菊	**Hieracium coreanum** Nakai
100. 东北玉簪	**Hosta ensata** F. Maekawa
101. 长白石杉	**Huperzia lucidula**(Michx.) Trev.var.**asiatica** Ching
102. 珠芽八宝	**Hylotelephium viviparum** (Maxim.) H. Ohba
103. 朝鲜猬草	**Hystrix coreana** (Honda) Ohwi
104. 乌苏里鸢尾	**Iris maackii** Maxim.
105. 东北扁果草	**Isopyrum manshuricum** Kom.
106. 鲜黄连	**Jeffersonia dubia** (Maxim.) Benth. et Hook.
107. 黄花落叶松	**Larix olgensis** A. Henry
108. 东北山黧豆	**Lathyrus vaniotii** Levl.

109. 牡丹草　　　　　**Leontice microrrhyncha** S. Moore

110. 山香芹　　　　　**Libanotis amurensis** Schischk.

111. 无缨橐吾　　　　**Ligularia biceps** Kitag.

112. 三角叶橐吾　　　**Ligularia deltoidea** Nakai

113. 合苞橐吾　　　　**Ligularia schmidtii** (Maxim.) Makino

114. 垂花百合　　　　**Lilium cernum** Kom.

115. 东北百合　　　　**Lilium distichum** Nakai

116. 竹叶百合　　　　**Lilium hansonii** Leichtlin ex Baker

117. 大花百合　　　　**Lilium megalanthum** (Wang et Tang) Q. S. Sun

118. 单花忍冬　　　　**Lonicera monantha** Nakai

119. 毛脉黑忍冬　　　**Lonicera nigra** L. var. **barbinervis** (Kom.) Nakai

120. 长白忍冬　　　　**Lonicera ruprechtiana** Regel

121. 山楂海棠　　　　**Malus komarovii** (Sarg.) Rehd.

122. 狭叶山萝花　　　**Melampyrum setaceum** (Maxim.) Nakai

123. 长白米努草　　　**Minuartia macrocarpa** (Pursh) Ostenf. var. **koreana** (Nakai) Hara

124. 岩槭叶草　　　　**Mukdenia acanthifolia** Nakai

125. 槭叶草　　　　　**Mukdenia rossii** (Oliv.) Koidz.

126. 东北绣线梅　　　**Neillia uekii** Nakai

127. 朝鲜荆芥　　　　**Nepeta koreana** Nakai

128. 黑龙江荆芥　　　**Nepeta manchuriensis** S. Moore

129. 刺参　　　　　　**Oplopanax elatus** Nakai

130. 黑水列当　　　　**Orobanche amurensis** (G. Beck) Kom.

131. 小瓦松　　　　　**Orostachys minutus** (Kom.) A. Berber

132. 狭叶山芹　　　　**Ostericum praeteritum** Kitag.

133. 三角酢浆草　　　**Oxalis obtriangulata** Maxim.

134. 长白棘豆　　　　**Oxytropis anertii** Nakai

135. 人参　　　　　　**Panax ginseng** C. A. Mey.

136. 白山罂粟　　　　**Papaver radicatum** Rottb. var. **pseudo-radicatum** (Kitag.) Kitag.

137. 鸡冠马先蒿　　　**Pedicularis mandshuricum** Maxim.

138. 刺尖石防风　　　**Peucedanum elegans** Kom.

139. 千山山梅花　　　**Philadelphus chianshanensis** Wang et Li

140. 东北山梅花　　　**Philadelphus schrenkii** Rupr.

141. 堇叶山梅花　　　**Philadelphus tenuifolius** Rupr.

142. 高山糙苏　　　　**Phlomis koraiensis** Turcz.

143. 风箱果　　**Physocarpus amurensis** (Maxim.) Maxim.

144. 鱼鳞云杉　　**Picea jezoensis** Carr. var. **microsperma** (Lindl.) Cheng et L. K. Fu

145. 红皮云杉　　**Picea koraiensis** Nakai

146. 长白松　　**Pinus sylvestriformis** (Taken.) T. Wang et Cheng

147. 桦甸车前　　**Plantago huadianica** S. H. Li et Y. Yang

148. 长白舌唇兰　　**Platanthera mandarinorum** Rchb. f. var. **cornu-bovis** (Nevski) Kitag.

149. 尾叶香茶菜　　**Plectranthus excisus** Maxim.

150. 尖颖早熟禾　　**Poa acmocalyx** Keng

151. 假泽早熟禾　　**Poa pseudo-palustris** Keng

152. 乌苏里早熟禾　　**Poa ussuriensis** Rosh.

153. 矮蓼　　**Polygonum kirinense** Chang et Li

154. 乌苏里蓼　　**Polygonum korshinskianum** Nakai

155. 辽东蓼　　**Polygonum liaotungense** Kitag.

156. 谷地蓼　　**Polygonum limosum** Kom.

157. 太平洋蓼　　**Polygonum pacificum** V. Petr.

158. 匍枝蓼　　**Polygonum pronum** C. F. Fang

159. 两色蓼　　**Polygonum roseoviride** (Kitag.) Li et Chang

160. 松江蓼　　**Polygonum sungareense** Kitag.

161. 黑龙江杨　　**Populus amurensis** Kom.

162. 大青杨　　**Populus ussuriensis** Kom

163. 匍枝委陵菜　　**Potentilla yokusaiana** Makino

164. 琴叶福王草　　**Prenanthes blinii** (Levl.) Kitag.

165. 岩生报春　　**Primula saxatilis** Kom.

166. 东北扁核木　　**Prinsepia sinensis** (Oliv.) Oliv. ex Bean

167. 斑叶稠李　　**Prunus maackii** Rupr.

168. 东北杏　　**Prunus mandshurica** (Maxim.) Koehne

169. 东北李　　**Prunus salicina** Lindl. var. **mandshurica** (Skv.) Skv. et Bar.

170. 山樱桃　　**Prunus verecunda** (Koidz.) Koehne

171. 长萼鹿蹄草　　**Pyrola macrocalyx** Ohwi

172. 鳞叶鹿蹄草　　**Pyrola subaphylla** Maxim.

173. 长白鹿蹄草　　**Pyrola tschanbaischanica** Y. L. Chou et Y. L. Chang

174. 东北大叶毛茛　　**Ranunculus grandis** Honda var. **manshurica** Hara

175. 金刚鼠李　　**Rhamnus diamantiaca** Nakai

176. 长白红景天　　**Rhodiola angusta** Nakai

177. 毛毡杜鹃 **Rhododendron confertissimum** Nakai

178. 刺腺茶藨 **Ribes horridum** Rupr. ex Maxim.

179. 长白茶藨 **Ribes komarovii** A. Pojark.

180. 尖叶茶藨 **Ribes maximoviczianum** Kom.

181. 乌苏里茶藨 **Ribes ussuriense** Jancz.

182. 细柄蔷薇 **Rosa gracilipes** Chrshan.

183. 长白蔷薇 **Rosa koreana** Kom.

184. 江界柳 **Salix kangensis** Nakai

185. 大白柳 **Salix maximowiczii** Kom.

186. 多腺柳 **Salix polyadenia** Hand.-Mazz.

187. 司氏柳 **Salix skvortzovii** Y. L. Chang et Y. L. Chou

188. 白河柳 **Salix yanbianica** C. F. Fang et Ch. Y. Yang

189. 卵叶风毛菊 **Saussurea grandifolia** Maxim.

190. 岩风毛菊 **Saussurea komaroviana** Lipsch.

191. 东北风毛菊 **Saussurea manshurica** Kom.

192. 折苞风毛菊 **Saussurea recurvata** (Maxim.) Lipsch.

193. 林风毛菊 **Saussurea sinuata** Kom.

194. 亚毛苞风毛菊 **Saussurea subtriangulata** Kom.

195. 长白风毛菊 **Saussurea tenerifolia** Kitag.

196. 高岭风毛菊 **Saussurea tomentosa** Kom.

197. 毛苞风毛菊 **Saussurea triangulata** Trautv. et C. A. Mey.

198. 镜叶虎耳草 **Saxifraga fortunei** Hook. f. var. **koraiensis** Nakai

199. 腺毛虎耳草 **Saxifraga manshuriensis** (Engler) Kom.

200. 岩玄参 **Scrophularia amgunensis** Fr. Schmidt

201. 东北玄参 **Scrophularia manshurica** Maxim.

202. 马氏玄参 **Scrophularia maximowiczii** Goroschk.

203. 串珠黄芩 **Scutellaria moniliorrhiza** Kom.

204. 图们黄芩 **Scutellaria tuminensis** Nakai

205. 毛景天 **Sedum selskianum** Regel et Maack

206. 鹿角卷柏 **Selaginella rossii** (Baker) Warbr.

207. 尖叶麻花头 **Serratula hayatae** Nakai

208. 头序麦瓶草 **Silene capitata** Kom.

209. 长柱麦瓶草 **Silene macrostyla** Maxim.

210. 朝鲜华千里光 **Sinosenecio koreanus** (Kom.) B. Nord.

211. 乌苏里泽芹	**Sium tenue** (Kom.) Kom.
212. 多脊黑三棱	**Sparganium multipocatum** D. Yu
213. 细茎黑三棱	**Sparganium tenuicaule** D. Yu et Li-Hua Liu
214. 毛果绣线菊	**Spiraea trichocarpa** Nakai
215. 大叶芹	**Spuriopimpinella brachycarpa** (Kom.) Kitag.
216. 丝梗扭柄花	**Streptopus streptopoides** (Ledeb.) Frye et Rigg. var. **koreanus** (Kom.) Kitam.
217. 东北獐牙菜	**Swertia manshurica** (Kom.) Kitag.
218. 卵叶獐牙菜	**Swertia wifordi** Kerner
219. 合苞菊	**Symphyllocarpus exilis** Maxim.
220. 朝鲜蒲公英	**Taraxacum coreanum** Nakai
221. 异苞蒲公英	**Taraxacum heterolepis** Nakai
222. 长春蒲公英	**Taraxacum junpeianum** Nakai
223. 光苞蒲公英	**Taraxacum lamprolepis** Kitag.
224. 长白狗舌草	**Tephroseris phoeantha** (Nakai) C. Juffrey et Y. L. Chen
225. 花唐松草	**Thalictrum filamentosum** Maxim.
226. 朝鲜唐松草	**Thalictrum ichangense** Lecoy. ex Oliv. var. **coreanum** (Levl.) Levl. ex Tamura
227. 朝鲜崖柏	**Thuja koraiensis** Nakai
228. 长齿百里香	**Thymus disjunctus** Klok.
229. 弓角菱	**Trapa arcuta** S. H. Li et Y. L. Chang
230. 东北菱	**Trapa mandshurica** Fler.
231. 延边车轴草	**Trifolium gordejevi** (Kom.) Z. Wei
232. 绿穗三毛草	**Trisetum umbratile** (Kitag.) Kitag.
233. 长白金莲花	**Trollius japonicus** Miq.
234. 长瓣金莲花	**Trollius macropetalus** Fr. Schmidt
235. 乌苏里荨麻	**Urtica cyanescens** Kom.
236. 朝鲜越桔	**Vaccinium koreanum** Nakai
237. 暖木条荚蒾	**Viburnum burejaeticum** Regel et Herd.
238. 朝鲜荚蒾	**Viburnum koreanum** Nakai
239. 额穆尔堇菜	**Viola amurica** W. Bckr.
240. 大叶堇菜	**Viola diamantiaca** Nakai
241. 凤凰堇菜	**Viola funghuangensis** P. Y. Fu et Y. C. Teng
242. 大黄花堇菜	**Viola muehldorfii** Kiss.
243. 糙叶堇菜	**Viola scabrida** Nakai
244. 蓼叶堇菜	**Viola websteri** Hemsl.

245. 菊叶堇菜　　　　Viola X takahashii (Nakai) Taken.

14-1. 中国东北—俄罗斯远东区分布（50种）

1. 花楷槭　　　　Acer ukurunduense Trautv. et C. A. Mey.

2. 白山乌头　　　　Aconitum paishanense Kitag.

3. 侧金盏花　　　　Adonis amurensis Regel et Radde

4. 亚菊　　　　Ajania pallasiana (Fisch. ex Bess.) Poljak.

5. 长芒看麦娘　　　　Alopecurus longiaristatus Maxim.

6. 多被银莲花　　　　Anemone raddeana Regel

7. 尖萼耧斗菜　　　　Aquilegia oxysepala Trautv. et C. A. Mey.

8. 辽东楤木　　　　Aralia elata (Miq.) Seem.

9. 圆苞紫菀　　　　Aster maackii Regel

10. 牧根草　　　　Asyneuma japonicum (Miq.) Briq.

11. 耳叶蟹甲草　　　　Cacalia auriculata DC.

12. 大山尖子　　　　Cacalia robusta Kom.

13. 小叶章　　　　Calamagrostis angustifolia Kom.

14. 薄叶驴蹄草　　　　Caltha membranacea (Turcz.) Schipcz.

15. 驴蹄草　　　　Caltha palustris L. var. sibirica Regel

16. 极东锦鸡儿　　　　Caragana fruticosa (Pall.) Bess.

17. 短鳞薹草　　　　Carex augustinowiczii Meinsh. ex Korsh.

18. 羊胡子薹草　　　　Carex callitrichos V. Krecz.

19. 狭囊薹草　　　　Carex diplasiocarpa V. Krecz.

20. 图们薹草　　　　Carex tuminensis Kom.

21. 卷叶薹草　　　　Carex ulobasis V. Krecz.

22. 林蓟　　　　Cirsium schantranse Trautv. et C. A. Mey.

23. 褐毛铁线莲　　　　Clematis fusca Turcz.

24. 东北延胡索　　　　Corydalis ambigua Cham. et Schltd.

25. 黄紫堇　　　　Corydalis ochotensis Turcz.

26. 蔓白前　　　　Cynanchum volubile (Maxim.) Forb. et Hemsl.

27. 黄铃杓兰　　　　Cypripedium yatabeanum Makino

28. 宽叶仙女木　　　　Dryas octopetala L. var. asiatica Nakai

29. 细秆荸荠　　　　Eleocharis maximowiczii Zinserl.

30. 密叶柳叶菜　　　　Epilobium glandulosum Lehm.

31. 黑谷精草　　　　Eriocaulon atrum Nakai

32. 乌苏里扁蕾　　　　**Gentianopsis komarovii** Grossh.

33. 小甜茅　　　　　　**Glyceria leptorhiza** (Maxim.) Kom.

34. 湿生鼠曲草　　　　**Gnaphalium tranzschelii** Kirp.

35. 小萱草　　　　　　**Hemerocallis dumortieri** Morr.

36. 大苞萱草　　　　　**Hemerocallis middendorfii** Trautv. et C. A. Mey.

37. 三脉山黧豆　　　　**Lathyrus komarovii** Ohwi

38. 地杨梅　　　　　　**Luzula capitata** (Miq.) Nakai

39. 懷槐　　　　　　　**Maackia amurensis** Rupr. et Maxim.

40. 全叶山芹　　　　　**Ostericum maximowiczii** (Fr. Schmidt ex Maxim.) Kitag.

41. 倒根蓼　　　　　　**Polygonum ochotense** V. Petr.

42. 假雪委陵菜　　　　**Potentilla nivea** L. var. **camtschatica** Cham. et Schlecht.

43. 黑樱桃　　　　　　**Prunus maximowiczii** (Rupr.) Kom.

44. 长柱柳　　　　　　**Salix eriocarpa** Franch. et Sav.

45. 佛焰苞薦草　　　　**Scirpus maximowiczii** C. B. Clarke

46. 短毛百里香　　　　**Thymus curtus** Klok.

47. 森林附地菜　　　　**Trigonotis nakaii** Hara

48. 吉林延龄草　　　　**Trillium camschatcens** Ker-Gawl.

49. 黑水缬草　　　　　**Valeriana amurensis** Smirn. ex Kom.

50. 林石草　　　　　　**Waldsteinia ternata** (Steph.) Fritsch.

14-2. 中国东北－达乌里分布（36种）

1. 短瓣蓍　　　　　　**Achillea ptarmicoides** Maxim.

2. 细叶乌头　　　　　**Aconitum macrorhynchum** Turcz.

3. 长白沙参　　　　　**Adenophora pereskiifolia** (Fisch. ex Roem. et Schult.) G. Don

4. 狭叶当归　　　　　**Angelica anomala** Lallem

5. 羽叶鬼针草　　　　**Bidens maximowiczii** Oett.

6. 米柱薹草　　　　　**Carex glaucaeformis** Meinsh.

7. 兴安升麻　　　　　**Cimicifuga dahurica** (Turcz.) Maxim.

8. 绒背蓟　　　　　　**Cirsium vlassonianum** Fisch. ex DC.

9. 齿瓣延胡索　　　　**Corydalis turtschaninovii** Bess.

10. 柳叶芹　　　　　　**Czernaevia laevigata** Turcz.

11. 乌苏里齿缘草　　　**Eritrichium sichotense** M. Pop.

12. 糖芥　　　　　　　**Erysimum amurense** Kitag.

13. 细叶蚊子草　　　　**Filipendula angustiloba** (Turcz.) Maxim.

14. 翻白蚊子草   **Filipendula intermedia** (Glehn) Juz.

15. 轮叶贝母   **Fritillaria maximowiczii** Freyn

16. 白八宝   **Hylotelephium pallescens** (Freyn.) H. Ohba

17. 单花鸢尾   **Iris uniflora** Pall. ex Link

18. 山荆子   **Malus baccata** (L.) Borkh.

19. 黄花列当   **Orobanche pycnostachya** Hance

20. 绿花山芹   **Ostericum viridiflorum** (Turcz.) Kitag.

21. 大野苏子马先蒿   **Pedicularis grandiflora** Fisch.

22. 长白蜂斗菜   **Petasites saxatilis** (Turcz.) Kom.

23. 毛叶耳蓼   **Polygonum vladimiri** Czer.

24. 光叉叶委陵菜   **Potentilla bifurca** L. var. **glabrata** Lehm.

25. 兴安白头翁   **Pulsatilla dahurica** (Fisch. ex DC.) Spreng.

26. 兴安鹿蹄草   **Pyrola dahurica** (H. Andr.) Kom.

27. 绿叶悬钩子   **Rubus kanayamensis** Levl. et Vant.

28. 兴安圆柏   **Sabina davurica** (Pall.) Ant.

29. 齿叶风毛菊   **Saussurea neo-serrata** Nakai

30. 球花风毛菊   **Saussurea pulchella** Fisch. ex DC.

31. 黑水菱   **Trapa amurensis** Fler.

32. 水甸附地菜   **Trigonotis myosotidea** (Maxim.) Maxim.

33. 北附地菜   **Trigonotis radicans** (Turcz.) Stev.

34. 短瓣金莲花   **Trollius ledebouri** Rchb.

35. 兴安藜芦   **Veratrum dahuricum** (Turcz.) Loes. f.

36. 北野豌豆   **Vicia ramuliflora** (Maxim.) Ohwi

14-3. 东北—大兴安岭分布（19种）

1. 弯枝乌头   **Aconitum arcuatum** Maxim.

2. 东北赤杨   **Alnus mandshurica** (Call.) Hand.-Mazz.

3. 线叶蒿   **Artemisia subulata** Nakai

4. 毛金腰   **Chrysosplenium pilosum** Maxim.

5. 东北大戟   **Euphorbia mandshurica** Maxim.

6. 散穗甜茅   **Glyceria effusa** Kitag.

7. 北异燕麦   **Helictotrichon trisetoides** (Kitag.) Kitag.

8. 复序橐吾   **Ligularia jaluensis** Kom.

9. 单花橐吾   **Ligularia jamesii** (Hemsl.) Kom.

10. 兴南棘豆　　**Oxytropis mandshurica** Bunge

11. 耳叶蓼　　**Polygonum manshuriense** V. Petr. ex Kom.

12. 长圆叶柳　　**Salix divaricata** Pall. var. **meta-formosa** (Nakai) Kitag.

13. 兴安柳　　**Salix hsinganica** Y. L. Chang et Skv.

14. 大黄柳　　**Salix raddeana** Laksch.

15. 松江柳　　**Salix sungkianica** Y. L. Chou et Skv.

16. 腺地榆　　**Sanguisorba glandulosa** Kom.

17. 狭叶黄芩　　**Scutellaria regeliana** Nakai

18. 伞花獐牙菜　　**Swertia tetrapetala** Pall.

19. 藜芦獐牙菜　　**Swertia veratroides** Maxim.

14-4. 东北－蒙古草原分布（9种）

1. 巨药剪股颖　　**Agrostis macranthera** Chang et Skv.

2. 滑茎薹草　　**Carex micrantha** Kukenth.

3. 楔叶菊　　**Chrysanthemum naktongense** Nakai

4. 宽叶蔓豆　　**Glycine gracilis** Skv.

5. 洮南灯心草　　**Juncus taonanensis** Satake et Kitag.

6. 褐鞘蓼　　**Polygonum fusco-ochreatum** Kom.

7. 毛叶鹅观草　　**Roegneria amurensis** (Ledeb.) Nevski

8. 东北蒲公英　　**Taraxacum ohwianum** Kitam.

9. 冠菱　　**Trapa litwinowii** V. Vassil.

15. 华北分布（85种）

1. 二花六道木　　**Abelia biflora** Turcz.

2. 元宝槭　　**Acer truncatum** Bunge

3. 京芒草　　**Achnatherum pekinense** (Hance) Ohwi

4. 蛇岛乌头　　**Aconitum fauriei** Levl. et Vant.

5. 华北乌头　　**Aconitum jeholense** Nakai et Kitag.

6. 河北白喉乌头　　**Aconitum leucostomum** Worosch. var. **hopeiense** W. T. Wang

7. 辽东乌头　　**Aconitum liaotungense** Nakai

8. 紫沙参　　**Adenophora paniculata** Nannf.

9. 松叶沙参　　**Adenophora pilifolia** Kitag.

10. 雾灵沙参　　**Adenophora wulingshanica** Hong

11. 线叶筋骨草　　**Ajuga linearifolia** Pamp.

12. 雾灵当归   **Angelica prophyrocaulis** Nakai et Kitag.

13. 华北耧斗菜   **Aquilegia yabeana** Kitag.

14. 千山蒿   **Artemisia chienshanica** Ling et W. Wang

15. 长花天门冬   **Asparagus longiflorus** Franch.

16. 草珠黄耆   **Astragalus capillipes** Fisch. ex Bunge

17. 角翅桦   **Betula ceratoptera** G. H. Liu et Ma

18. 坚桦   **Betula chinensis** Maxim

19. 斑种草   **Bothriospermum chinense** Bunge

20. 东北短柄草   **Brachypodium manshuricum** Kitag.

21. 毛掌叶锦鸡儿   **Caragana leveillei** Kom.

22. 金州锦鸡儿   **Caragana litwinowii** Kom.

23. 喙果薹草   **Carex pseudo-hypochlora** Y. L. Chang et Y. L. Yang

24. 山茴香   **Carlesia sinensis** Cunn

25. 凌源隐子草   **Cleistogenes kitagawai** Honda

26. 黄花铁线莲   **Clematis intricata** Bunge

27. 软毛虫实   **Corispermum puberulum** Iljin

28. 白首乌   **Cynanchum bungei** Decne.

29. 北陵白前   **Cynanchum dubium** Kitag.

30. 木香薷   **Elsholtzia stauntoni** Benth.

31. 秋画眉草   **Eragrostis autumnalis** Keng

32. 滇羌活   **Eriocycla albescens** (Franch.) Wolff var. **latifolia** Shan et Yuan

33. 北齿缘草   **Eritrichium borealisinense** Kitag.

34. 华北糖芥   **Erysimum macilentum** Bunge

35. 海滨米口袋   **Gueldenstaedtia maritima** Maxim.

36. 雾灵香花芥   **Hesperis oreophila** Kitag.

37. 矮鸢尾   **Iris kobayashii** Kitag.

38. 小黄花鸢尾   **Iris minutoaurea** Makino

39. 长叶胡枝子   **Lespedeza caraganae** Bunge

40. 烟台补血草   **Limonium franchetii** (Debeaux) Kuntze

41. 蚂蚱腿子   **Myripnois dioica** Bunge

42. 独根草   **Oresitrophe rupifraga** Bunge

43. 虎榛子   **Ostryopsis davidiana** Decne.

44. 丝叶石防风   **Peucedanum giraldii** Diels

45. 海绿豆   **Phaseolus demissus** Kitag.

46. 京山梅花	**Philadelphus pekinensis** Rupr.
47. 毛芦苇	**Phragmites hirsuta** Kitag.
48. 油松	**Pinus tabulaeformis** Carr.
49. 辽宁香茶菜	**Plectranthus websteri** Hemsl.
50. 石生蓼	**Polygonum lapidosum** Kitag.
51. 和尚梨	**Pyrus corymbifera** Nakai
52. 河北梨	**Pyrus hopeiensis** Yu
53. 凤城栎	**Quercus fenchengensis** H. W. Jen et L. M. Wang
54. 锐齿鼠李	**Rhamnus arguta** Maxim.
55. 腺毛茶藨	**Ribes giraldii** Jancz.
56. 辽东葶菜	**Rorippa liaotungensis** X. D. Cui et Y. L. Chang
57. 白玉山蔷薇	**Rosa baiyushanensis** Q. L. Wang
58. 东沟柳	**Salix donggouxianica** C. F.Fang
59. 黄药钩齿接骨木	**Sambucus foetidissima** Nakai f. **flava** Skv. et Wang Wei
60. 紫苞风毛菊	**Saussurea iodostegia** Hance
61. 蒙古风毛菊	**Saussurea mongolica** Maxim.
62. 羽苞风毛菊	**Saussurea pectinata** Bunge ex DC.
63. 卷苞风毛菊	**Saussurea sclerolepis** Nakai et Kitag.
64. 桃叶鸦葱	**Scorzonera sinensis** Lipsch.
65. 木根黄芩	**Scutellaria planipes** Nakai
66. 钟苞麻花头	**Serratula cupuliformis** Nakai et Kitag.
67. 多花麻花头	**Serratula polycephala** Iljin
68. 山东邪蒿	**Seseli wawrae** Wolff
69. 华北珍珠梅	**Sorbaria kirilowii** (Regel) Maxim.
70. 华北绣线菊	**Spiraea fritschiana** Schneid.
71. 金州绣线菊	**Spiraea nishimurae** Kitag
72. 辽宁碱蓬	**Suaeda liaotungensis** Kitag.
73. 四季丁香	**Syringa meyeri** Schneid. var. **spontanea** M. C. Chang
74. 北京丁香	**Syringa pekinensis** Rupr.
75. 丹东蒲公英	**Taraxacum antungense** Kitag.
76. 卷苞蒲公英	**Taraxacum urbanum** Kitag.
77. 丝叶唐松草	**Thalictrum foeniculaceum** Bunge
78. 百里香	**Thymus mongolicus** Ronn.
79. 弯齿盾果草	**Thyrocarpus glochidiatus** Maxim.

80. 大岩茴香	**Tilingia filisecta** (Nakai et Kitag.) Nakai et Kitag.
81. 钝萼附地菜	**Trigonotis amblyosepala** Nakai
82. 金莲花	**Trollius chinensis** (Bunge) Maxim.
83. 总裂叶堇菜	**Viola fissifoli**a Kitag.
84. 辽西堇菜	**Viola liaosiensis** P. Y. Fu et Y. C. Teng
85. 红萼堇菜	**Viola rhodosepala** Kitag.

15-1. 华北-大兴安岭分布（3种）

1. 香芥	**Clausia trichosepala** (Turcz.) Dvoraky
2. 蛇床茴芹	**Pimpinella cnidioides** Pearson ex Wolff
3. 微药碱茅	**Puccinellia micrandra** (Keng) Keng

15-2. 华北-蒙古草原分布（41种）

1. 白杆云杉	**Picea meyeri** Rehd. ex Wils.
2. 草麻黄	**Ephedra sinica** Stapf
3. 筐柳	**Salix linearistipularis** Hao
4. 波叶大黄	**Rheum franzenbuchii** Munt.
5. 华北驼绒藜	**Ceratoides arborescens** (Liosinsk.)Tsien et C. G. Ma
6. 东亚市藜	**Chenopodium urbicum** L. subsp. **sinicum** Kung et G. L. Chu
7. 烛台虫实	**Corispermum candelabrum** Iljin
8. 兴安虫实	**Corispermum chinganicum** Iljin
9. 沙芥	**Pugionium cornutum** (L.) Gaertn.
10. 毛地蔷薇	**Chamaerhodos canescens** J. Krause
11. 欧李	**Prunus humilis** Bunge
12. 小果黄耆	**Astragalus tataricus** Franch.
13. 二色棘豆	**Oxytropis bicolor** Bunge
14. 密丛棘豆	**Oxytropis coerulea** (Pall.) DC. subsp. **subfalcata** (Hance) Cheng f. ex H.C. Fu
15. 砂珍棘豆	**Oxytropis psamocharis** Hance
16. 猫眼大戟	**Euphorbia lunulata** Bunge
17. 地构叶	**Speranskia tuberculata** (Bunge) Baill.
18. 乌头叶蛇葡萄	**Ampelopsis aconitifolia** Bunge
19. 律叶蛇葡萄	**Ampelopsis humulifolia** Bunge
20. 蒙椴	**Tilia mongolica** Maxim.
21. 北京堇菜	**Viola pekinensis** (Regel) W. Bckr.

22. 沙梾   **Cornus bretschneideri** L. Henry.

23. 硬阿魏   **Ferula bungeana** Kitag.

24. 二色补血草   **Limonium bicolor** (Bunge) Kuntze

25. 鹅绒藤   **Cynanchum chinense** R. Br.

26. 粘毛黄芩   **Scutellaria viscidula** Bunge

27. 北方沙参   **Adenophora borealis** Hong et Zhao Yi-zhi

28. 多歧沙参   **Adenophora wawreana** Zahlbr.

29. 山蒿   **Artemisia brachyloba** Franch.

30. 鳍蓟   **Olgaea leucophylla** (Turcz.) Iljin

31. 蝟菊   **Olgaea lomonosowii** (Trautv.) Iljin

32. 东北鸦葱   **Scorzonera manshurica** Nakai

33. 凸尖蒲公英   **Taraxacum sinomongolicum** Kitag.

34. 曲枝天门冬   **Asparagus trichophyllus** Bunge

35. 朝阳芨芨草   **Achnatherum nakai** (Honda) Tateoka

36. 沙芦草   **Agropyron mongolicum** Keng

37. 丛生隐子草   **Cleistogenes caespitosa** Keng

38. 多叶隐子草   **Cleistogenes polyphylla** Keng

39. 朝鲜碱茅   **Puccinellia chinampoensis** Ohwi

40. 长稃碱茅   **Puccinellia jeholensis** Kitag.

41. 河北鹅观草   **Roegneria hondai** Kitag.

15-3. 华北-东北平原分布（4种）

1. 扁茎黄耆   **Astragalus complanatus** R. Br. ex Bunge

2. 东北金鱼藻   **Ceratophyllum manshuricum** (Miki) Kitag.

3. 宽翅虫实   **Corispermum platypterum** Kitag.

4. 少花拉拉藤   **Galium pauciflorum** Bunge

16. 大兴安岭分布（16种）

1. 五叉沟乌头   **Aconitum wuchagouense** Y. Z. Zhao

2. 阿穆尔沙参   **Adenophora amurica** C. X. Fu et M. Y. Liu

3. 细距耧斗菜   **Aquilegia leptoceras** Fisch.

4. 北兴安薹草   **Carex borealihiganica** Y. L. Chang

5. 轴薹草   **Carex rostellifera** Y. L. Chang et Y. L. Yang

6. 山林薹草   **Carex yamatscudana** Ohwi

7. 兴安翠雀 **Delphinium hsinganense** S. H. Li et Z. F. Fang

8. 螺旋杉叶藻 **Hippuris spiralis** D. Yu

9. 丝叶山芹 **Ostericum tenuifolia** (Pall. ex Spreng) Y. C. Chu

10. 兴安花葱 **Polemonium boreale** Adams subsp. **hingganicum** P. H.Huang et S. Y. Li

11. 兴安杨 **Populus hsinganica** C. Wang et Skv.

12. 棱边毛茛 **Ranunculus submarginatus** Ovcz.

13. 密穗茶藨 **Ribes liouanum** Kitag.

14. 呼玛柳 **Salix humaensis** Y. L. Chou et R. C. Chou

15. 兴安景天 **Sedum hsinganicum** Chu

16. 裂叶白斑堇菜 **Viola lii** Kitag.

16-1. 大兴安岭—俄罗斯远东区分布（14种）

1. 薄叶乌头 **Aconitum fischeri** Rchb.

2. 东方五福花 **Adoxa orientalis** Nepomnj.

3. 兴安鬼针草 **Bidens radiata** Thuill.

4. 兴安薹草 **Carex chinganensis** Litv.

5. 长秆薹草 **Carex kirganica** Kom.

6. 小苞叶薹草 **Carex lucidula** Franch.

7. 东北高翠雀 **Delphinium korshinskyanum** Nevski

8. 兴安齿缘草 **Eritrichium maackii** Maxim.

9. 东北小米草 **Euphrasia amurensis** Freyn

10. 假沟羊茅 **Festuca mollissima** V. Krecz.

11. 燥芹 **Phlojodicarpus sibiricus** (Fisch. ex Spreng.) K.-Pol.

12. 美丽绣线菊 **Spiraea elegans** Pojark.

13. 黑龙江百里香 **Thymus amurensis** Klok.

14. 勘察加堇菜 **Viola kamtschadalorum** W. Bckr.

16-2. 大兴安岭—蒙古草原分布（4种）

1. 湿薹草 **Carex humida** Y. L. Chang et Y. L. Yang

2. 樟子松 **Pinus sylvestris** L.var. **mongolica** Litv.

3. 兴安毛茛 **Ranunculus hsinganensis** Kitag.

4. 楔叶茶藨 **Ribes diacantha** Pall.

17. 中亚分布（11种）

1. 沙蓬	**Agriophyllum squarrosum** (L.) Moq.
2. 碱韭	**Allium polyrhizum** Turcz. ex Regel
3. 中亚滨藜	**Atriplex centralasiatica** Iljin
4. 砾薹草	**Carex stenophylloides** V. Krecz.
5. 冠芒草	**Enneapogon boreale** (Griseb.) Honda
6. 甘草	**Glycyrrhiza uralensis** Fisch.
7. 蓼子朴	**Inula salsoloides** (Turcz.) Ostenf.
8. 细叶鸢尾	**Iris tenuifolia** Pall.
9. 长茎毛茛	**Ranunculus longicaulis** C. A. Mey.
10. 浮毛茛	**Ranunculus natans** C. A. Mey.
11. 苦马豆	**Swainsonia salsula** (Pall.) Taub.

17-1. 中亚东部分布（7种）

1. 盐蒿	**Artemisia halodendron** Turcz. ex Bess.
2. 砂蓝刺头	**Echinops gmelinii** Turcz.
3. 白花马蔺	**Iris lactea** Pall.
4. 细枝盐爪爪	**Kalidium gracile** Fenzl
5. 多裂骆驼蓬	**Peganum harmala** L.var. **multisecta** Maxim.
6. 短花针茅	**Stipa breviflora** Griseb.
7. 长芒草	**Stipa bungeana** Trin.

18. 阿尔泰-蒙古-达乌里分布（21种）

1. 阿尔泰葱	**Allium altaicum** Pall.
2. 钝背草	**Amblynotus rupestris** (Pall. ex Georgi) M. Pop
3. 长毛银莲花	**Anemone narcissiflora** L. var. **crinita** (Juz.) Tamura
4. 莎菀	**Arctogeron gramineum** (L.) DC.
5. 巴尔古津蒿	**Artemisia bargusinensis** Spreng.
6. 黑蒿	**Artemisia palustris** L.
7. 褐苞蒿	**Artemisia phaeolepis** Krasch.
8. 刺叶小檗	**Berberis sibirica** Pall.
9. 锥叶柴胡	**Bupleurum bicaule** Helm.
10. 还阳参	**Crepis crocea** (Lam.) Babc.

11. 大果琉璃草   **Cynoglossum divaricatum** Steph.

12. 多年生花旗秆   **Dontostemon perennis** C. A. Mey.

13. 假鹤虱   **Hackelia thymifolia** (DC.) M. Pop.

14. 碱地肤   **Kochia sieversiana** (Pall.) C. A. Mey.

15. 细叶益母草   **Leonurus sibiricus** L.

16. 兴安滨紫草   **Mertensia davurica** (Sims) G. Don

17. 秀丽马先蒿   **Pedicularis venusta** Schang. ex Bunge

18. 北白头翁   **Pulsatilla ambigua** Turcz. ex Pritz.

19. 达乌里风毛菊   **Saussurea daurica** Adams

20. 裂叶芥   **Smelowskia alba** (Pall.) Regel

21. 曙南芥   **Stevenia cheiranthoides** DC.

19. 达乌里－蒙古分布（89种）

1. 狭叶沙参   **Adenophora gmelinii** (Spreng) Fisch.

2. 长柱沙参   **Adenophora stenanthina** (Ledeb.) Kitag.

3. 锯齿沙参   **Adenophora tricuspidata** (Fisch. ex Roem. et Schult.) A. DC.

4. 多枝剪股颖   **Agrostis divaricatissima** Mez

5. 砂韭   **Allium bidentatum** Fisch. ex Prokh.

6. 硬皮葱   **Allium ledebourianum** Roem.

7. 白头韭   **Allium leucocephalum** Turcz.

8. 长梗韭   **Allium neriniflorum** Baker

9. 楼斗菜   **Aquilegia viridiflora** Pall.

10. 丝叶蒿   **Artemisia adamsii** Bess.

11. 兴安天门冬   **Asparagus dauricus** Fisch. ex Link

12. 白花黄耆   **Astragalus galactites** Pall.

13. 草木犀黄耆   **Astragalus melilotoides** Pall.

14. 细茎黄耆   **Astragalus miniatus** Bunge

15. 糙叶黄耆   **Astragalus scaberrimus** Bunge

16. 野滨藜   **Atriplex fera** (L.) Bunge

17. 砂生桦   **Betula gmelinii** Bunge

18. 匙荠   **Bunias cochlearioides** Murr.

19. 小叶锦鸡儿   **Caragana microphylla** Lam.

20. 细叶锦鸡儿   **Caragana stenophylla** Pojark.

21. 额尔古纳薹草   **Carex argunensis** Turcz. ex Trev.

22. 矮地蔷薇	**Chamaerhodos trifida** Ledeb.
23. 棉团铁线莲	**Clematis hexapetala** Pall.
24. 长瓣铁线莲	**Clematis macropetala** Ledeb.
25. 碱蛇床	**Cnidium salinum** Turcz.
26. 紫花杯冠藤	**Cynanchum purpureum** K. Schum.
27. 线叶花旗秆	**Dontostemon integrifolius** (L.) Ledeb.
28. 灰白齿缘草	**Eritrichium incanum** (Turcz.) DC.
29. 狼毒大戟	**Euphorbia pallasii** Turcz.
30. 达乌里羊茅	**Festuca dahurica** (St.-Yves) V. Krecz.et Bobr.
31. 东亚羊茅	**Festuca litvinovii** (Tzvel.) E. Alexeev
32. 大花老鹳草	**Geranium transbaicalicum** Serg.
33. 北丝石竹	**Gypsophila davurica** Turcz. ex Fenzl
34. 假芸香	**Haplophyllum dauricum** (L.) G. Don
35. 刺岩黄耆	**Hedysarum dahuricum** Turcz. ex B. Fedtsch.
36. 野鸢尾	**Iris dichotoma** Pall.
37. 囊花鸢尾	**Iris ventricosa** Pall.
38. 长圆果菘蓝	**Isatis oblongata** DC.
39. 尖被灯心草	**Juncus turczaninowii** (Buch.) Freyn
40. 羊草	**Leymus chinensis** (Trin.) Tzvel.
41. 曲枝补血草	**Limonium flexuosum** (L.) Kuntze
42. 多枝柳穿鱼	**Linaria buriatica** Turcz.
43. 贝加尔亚麻	**Linum baicalense** Juz.
44. 线棘豆	**Oxytropis filiformis** DC.
45. 大花棘豆	**Oxytropis grandiflora** (Pall.) DC.
46. 硬毛棘豆	**Oxytropis hirta** Bunge
47. 山泡泡	**Oxytropis leptophylla** (Pall.) DC.
48. 瘤果棘豆	**Oxytropis microphylla** (Pall.) DC.
49. 多叶棘豆	**Oxytropis myriophylla** (Pall.) DC.
50. 芍药	**Paeonia lactiflora** Pall.
51. 黄花马先蒿	**Pedicularis flava** Pall.
52. 红纹马先蒿	**Pedicularis striata** Pall.
53. 东北茴芹	**Pimpinella thellungiana** Wolff
54. 额尔古纳早熟禾	**Poa argunensis** Rosh.
55. 细叶蓼	**Polygonum angustifolium** Pall.

56. 分叉蓼	**Polygonum divaricatum** L.
57. 白叶委陵菜	**Potentilla leucophylla** Pall.
58. 北委陵菜	**Potentilla sanguisorba** Willd. ex Schlecht.
59. 轮叶委陵菜	**Potentilla verticillaris** Steph ex Willd.
60. 石假繁缕	**Pseudostellaria rupestris** (Turcz.) Pax
61. 燥原荠	**Ptilotrichum cretaceum** (Adams) Ledeb.
62. 细裂白头翁	**Pulsatilla tenuiloba** (Hayek) Juz.
63. 美丽毛茛	**Ranunculus pulchellus** C. A. Mey.
64. 沼地毛茛	**Ranunculus radicans** C. A. Mey.
65. 掌裂毛茛	**Ranunculus rigescens** Turcz. ex Ovcz.
66. 褐毛毛茛	**Ranunculus smirnovii** Ovcz.
67. 美丽茶藨	**Ribes pulchellum** Turcz.
68. 小穗柳	**Salix microstachya** Turcz.
69. 防风	**Saposhnikovia divaricata** (Turcz.) Schischk.
70. 密花风毛菊	**Saussurea acuminata** Turcz. ex Fisch.
71. 碱地风毛菊	**Saussurea runcinata** DC.
72. 窄叶蓝盆花	**Scabiosa comosa** Fisch. ex Roem. et Schult.
73. 丝叶鸦葱	**Scorzonera curvata** (Popl.) Lipsch.
74. 黄芩	**Scutellaria baicalensis** Georgi
75. 麻花头	**Serratula centauroides** L.
76. 旱麦瓶草	**Silene jenisseensis** Willd.
77. 耧斗叶绣线菊	**Spiraea aquilegifolia** Pall.
78. 窄叶绣线菊	**Spiraea dahurica** Maxiim.
79. 兴安繁缕	**Stellaria cherleriae** (Fisch. ex Ser.) Will.
80. 翻白繁缕	**Stellaria discolor** Turcz. ex Fenzl
81. 紫筒草	**Stenosolenium saxatile** (Pall.) Turcz.
82. 大针茅	**Stipa grandis** P. Smirn.
83. 展枝唐松草	**Thalictrum squarrosum** Steph. ex Willd.
84. 兴安百里香	**Thymus dahuricus** Serg.
85. 白婆婆纳	**Veronica incana** L.
86. 管花腹水草	**Veronicastrum tubiflorum** (Fisch. et C. A. Mey.) Hara
87. 蒙古荚蒾	**Viburnum mongolicum** (Pall.) Rehd.
88. 索伦野豌豆	**Vicia geminiflora** Trautv.
89. 碱黄鹌菜	**Youngia stenoma** (Turcz.) Ledeb.

20. 蒙古草原分布（36种）

1. 燕麦芨芨草	**Achnatherum avinoide** (Honda) Chang
2. 旺业甸乌头	**Aconitum wangyedianense** Y. Z. Zhao
3. 扫帚沙参	**Adenophora stenophylla** Hemsl.
4. 蒙古韭	**Allium mongolicum** Regel
5. 长叶点地梅	**Androsace longifolia** Turcz.
6. 光砂蒿	**Artemisia oxycephala** Kitag.
7. 乌丹蒿	**Artemisia wudanica** Liou et W. Wang
8. 草原黄耆	**Astragalus dalaiensis** Kitag.
9. 新巴黄耆	**Astragalus hsinbaticus** P.Y. Fu et Y. A. Chen
10. 小叶黄耆	**Astragalus hulunensis** P. Y. Fu et Y. A. Chen
11. 小米黄耆	**Astragalus satoi** Kitag.
12. 伞花黄耆	**Astragalus sciadophorus** Franch.
13. 木蓼	**Atraphaxis manshurica** Kitag.
14. 肋脉薹草	**Carex pachyneura** Kitag.
15. 辽西虫实	**Corispermum dilutum** (Kitag.) Tsien et Ma
16. 长穗虫实	**Corispermum elongatum** Bunge
17. 华虫实	**Corispermum stauntonii** Moq.
18. 细苞虫实	**Corispermum stenolepis** Kitag.
19. 颏果草	**Craniospermum echinoides** (Schrenk) Bunge
20. 山葶苈	**Draba multiceps** Kitag.
21. 东北齿缘草	**Eritrichium mandshuricum** M. Pop.
22. 木岩黄耆	**Hedysarum fruticosum** Pall. var. **lignosum** (Trautv.) Kitag.
23. 北陵鸢尾	**Iris typhifolia** Kitag.
24. 兴安橐吾	**Ligularia ovato-oblonga** (Kitam.) Kitam.
25. 辽西扁蓿豆	**Melissitus liaosiensis** (P. Y. Fu et Y. A. Chen) P. Y. Fu et Y. A. Chen
26. 山棘豆	**Oxytropis hailarensis** Kitag.
27. 黄花白头翁	**Pulsatilla sukaczewii** Juz.
28. 东北酸模	**Rumex thyrsiflorus** Fingerh. var. **mandshurica** Bar. et Skv.
29. 黄柳	**Salix gordejevii** Y. L. Chang et Skv.
30. 东北蛔蒿	**Seriphidium finitum** (Kitag.) Ling et Y. R. Ling
31. 草地麻花头	**Serratula yamatsutana** Kitag.
32. 断穗狗尾草	**Setaria arenaria** Kitag.

33. 绢毛山莓草　　　**Sibbaldia sericea** (Grub.) Sojok

34. 海拉尔绣线菊　　**Spiraea hailarensis** Liou

35. 兴安蒲公英　　　**Taraxacum falcilobum** Kitag.

36. 蒙古苍耳　　　　**Xanthium mongolicum** Kitag.

20-1. 俄罗斯远东区—蒙古草原分布（3种）

1. 黑水亚麻　　　　**Linum amurense** Alet.

2. 东北眼子菜　　　**Potamogeton mandshuriensis** A. Benn.

3. 箭报春　　　　　**Primula fistulosa** Turkev.

21. 东北平原分布（10种）

1. 小花沙参　　　　**Adenophora micrantha** Hong

2. 黑砂蒿　　　　　**Artemisia coracina** W. Wang

3. 肇东蒿　　　　　**Artemisia zhaodungensis** G. Y. Chang et M. Y. Liou

4. 双辽薹草　　　　**Carex platysperma** Y. L. Chang et Y. L. Yang

5. 丝叶葛缕子　　　**Carum angustissimum** Kitag

6. 屈枝虫实　　　　**Corispermum flexuosum** Wang-Wei et Fuh

7. 扭果虫实　　　　**Corispermum retortum** Wang-Wei et Fuh

8. 北方石龙尾　　　**Limnophila borealis** Y. Z. Zhao et Ma f.

9. 假翻白委陵菜　　**Potentilla pannifolia** Liou et C. Y. Li

10. 楔叶毛茛　　　　**Ranunculus cuneifolius** Maxim.

21-1. 俄罗斯远东区—东北平原分布（6种）

1. 密穗虫实　　　　**Corispermum confertum** Bunge

2. 大果虫实　　　　**Corispermum macrocarpum** Bunge

3. 沼生水莎草　　　**Juncellus limosus** (Maxim.) C. B. Clarke

4. 披针毛茛　　　　**Ranunculus amurensis** Kom.

5. 斑叶蒲公英　　　**Taraxacum variegatum** Kitag.

6. 显脉百里香　　　**Thymus nervulosus** Klok.

22. 北温带—热带分布（21种）

1. 菖蒲　　　　　　**Acorus calamus** L.

2. 茖葱　　　　　　**Allium victorialis** L.

3. 糙草　　　　　　**Asperugo procumbens** L.

4. 大叶藜　　**Chenopodium hybridum** L.

5. 毛曼陀罗　　**Datula innoxia** Mill.

6. 蛇莓　　**Duchesnea indica** (Andr.) Focke

7. 大画眉草　　**Eragrostis cilianensis** (All.) Link

8. 小画眉草　　**Eragrostis minor** Host.

9. 卷茎蓼　　**Fallopia convolvulus** (L.) A. Love

10. 小斑叶兰　　**Goodyera repens** (L.) R. Br.

11. 睡莲　　**Nymphaea tetragona** Georgi

12. 荇菜　　**Nymphoides peltata** (S. G. Gmel.) O. Kuntze

13. 两栖蓼　　**Polygonum amphibium** L.

14. 水蓼　　**Polygonum hydropiper** L.

15. 蕨　　**Pteridium aquilinum** (L.) Kuhn. var. **latiusculum** (Desv.)Underw. ex Heller

16. 石龙芮毛茛　　**Ranunculus sceleratus** L.

17. 风花菜　　**Rorippa islandica** (Oed.) Borb.

18. 仰卧秆藨草　　**Scirpus supinus** L.

19. 雀舌繁缕　　**Stellaria alsine** Grimm. var. **undulata** (Thunb.) Ohwi

20. 繁缕　　**Stellaria media** (L.) Cyrillus

21. 蚊母婆婆纳　　**Veronica peregrina** L.

22-1. 旧世界温带－热带分布（26种）

1. 龙牙草　　**Agrimonia pilosa** Ledeb.

2. 貉藻　　**Aldrovanda vesiculosa** L.

3. 猪毛蒿　　**Artemisia scoparia** Wald. et Kit.

4. 假苇拂子茅　　**Calamagrostis pseudophragmites** (Hall. f.) Koel.

5. 菊叶香藜　　**Chenopodium schraderanum** Schult.

6. 沟繁缕　　**Elatine triandra** Schkuhr

7. 泽漆　　**Euphorbia helioscopia** L.

8. 角盘兰　　**Herminium monorchis** (L.) R. Br.

9. 黑藻　　**Hydrilla verticillata** (L. f.) Royle

10. 印度白茅　　**Imperata cylindrica** (L.) Beauv.

11. 地肤　　**Kochia scoparia** (L.) Schrad.

12. 牧地山黧豆　　**Lathyrus pratensis** L.

13. 陌上菜　　**Lindernia procumbens** (Krock) Bobas

14. 北锦葵　　**Malva mohileviensis** Dow.

15. 细叶茨藻	**Najas graminea** Del.
16. 求米草	**Oplismenus undulatifolius** (Ard.) Beauv.
17. 西伯利亚远志	**Polygala sibirica** L.
18. 酸模叶蓼	**Polygonum lapathifolium** L.
19. 东方蓼	**Polygonum orientale** L.
20. 小果蓼	**Polygonum plebeium** R. Br.
21. 球穗扁莎	**Pycreus globosus** (All.) Rchb.
22. 蒿柳	**Salix schwerinii** E. L. Wolf
23. 球茎虎耳草	**Saxifraga sibirica** L.
24. 金色狗尾草	**Setaria glauca** (L.) Beauv.
25. 狗筋麦瓶草	**Silene vulgaris** (Moench.) Garcke
26. 沼繁缕	**Stellaria palustris** Ehrh. ex Retz.

22-2. 亚洲-北美-温带至热带分布（11种）

1. 铁苋菜	**Acalypha australis** L.
2. 扁穗莎草	**Cyperus compressus** L.
3. 日照飘拂草	**Fimbristylis miliacea** (L.) Vahl
4. 蛇足石杉	**Huperzia serrata** (Thunb.) Trev.
5. 欧洲石松	**Lycopodium clavatum** L.
6. 薄荷	**Mentha haplocalyx** Briq.
7. 绒紫萁	**Osmunda claytoniana** L.
8. 透骨草	**Phryma leptostachya** L. var. **asiatica** Hara
9. 苦酸浆	**Physalis angulata** L.
10. 荆三棱	**Scirpus fluviatilis** (Torr.) A. Gray
11. 萤蔺	**Scirpus juncoides** Roxb.

22-3. 亚洲温带-热带分布（95种）

1. 羽茅	**Achnatherum sibiricum** (L.) Keng
2. 盒子草	**Actinostemma tenerum** Griff.
3. 腺梗菜	**Adenocaulon himalaicum** Edgew.
4. 轮叶沙参	**Adenophora tetraphylla** (Thunb.) Fisch.
5. 普通铁线蕨	**Adiantum edgeworthii** Hook.
6. 银粉背蕨	**Aleuritopteris argentea** (Gmel.) Fee
7. 泽泻	**Alisma orientale** (Sam.) Juz.

8. 点地梅　　　　　**Androsace umbellata** (Lour.) Merr.

9. 茵陈蒿　　　　　**Artemisia capillaris** Thunb.

10. 青蒿　　　　　**Artemisia carvifolia** Buch.-Ham.

11. 沙蒿　　　　　**Artemisia desertorum** Spreng.

12. 五月艾　　　　**Artemisia indica** Willd.

13. 牡蒿　　　　　**Artemisia japonica** Thunb.

14. 万年蒿　　　　**Artemisia sacrorum** Ledeb.

15. 大籽蒿　　　　**Artemisia sieversiana** Ehrh. ex Willd.

16. 西北铁角蕨　　**Asplenium nesii** Christ

17. 华东蹄盖蕨　　**Athyrium niponicum** (Mett.) Hance

18. 射干　　　　　**Belamcanda chinensis** (L.) DC.

19. 水筛　　　　　**Blyxa japonica** (Miq.) Maxim. ex Aschers. et Gurke

20. 柔弱斑种草　　**Bothriospermum tenellum** (Hornem.) Fisch. et C. A. Mey.

21. 构树　　　　　**Broussonetia papirifera** Vent.

22. 打碗花　　　　**Calystegia hedracea** Wall.

23. 单穗薹草　　　**Carex capillacea** Boott

24. 二形薹草　　　**Carex dimorpholepis** Steud.

25. 千金榆　　　　**Carpinus cordata** Blume

26. 露珠草　　　　**Circaea cordata** Royle

27. 南方露珠草　　**Circaea mollis** Sieb. et Zucc.

28. 七筋姑　　　　**Clintonia udensis** Trautv. et C. A. Mey.

29. 鸭跖草　　　　**Commelina communis** L.

30. 尖齿凤丫蕨　　**Coniogramme affinis** (Wall.) Hieron.

31. 无毛凤丫蕨　　**Coniogramme intermedia** Hieron. var. **glabra** Ching

32. 野百合　　　　**Crotalaria sessiliflora** L.

33. 菟丝子　　　　**Cuscuta chinensis** Lam.

34. 金灯藤　　　　**Cuscuta japonica** Choisy

35. 橘草　　　　　**Cymbopogon goeringii** (Steud.) A. Camus

36. 细叶鳞毛蕨　　**Dryopteris woodsiisora** Hayata

37. 牛奶子　　　　**Elaeagnus umbellata** Thunb.

38. 穗生苗荸荠　　**Eleocharis pellucida** Presl.

39. 长刺牛毛毡　　**Eleocharis yokoscensis** (Franch. et Sav.) Tang et Wang

40. 香薷　　　　　**Elsholtzia ciliata** (Thunb.) Hyland.

41. 披碱草　　　　**Elymus dahuricus** Turcz.

42. 知风草　　　　　**Eragrostis ferruginea** (Thunb.) Beauv.

43. 林泽兰　　　　　**Eupatorium lindleyanum** DC.

44. 通奶草　　　　　**Euphorbia indica** Lam.

45. 芡　　　　　　　**Euryale ferox** Salisb.

46. 齿翅蓼　　　　　**Fallopia dentato-alatum** (Fr. Schmidt)

47. 长穗飘拂草　　　**Fimbristylis longispica** Steud.

48. 林拉拉藤　　　　**Galium paradoxum** Maxim.

49. 团扇蕨　　　　　**Gonocormus minutus** (Blume) V. D. Bosch

50. 山苦菜　　　　　**Ixeris chinensis** (Thunb.) Nakai

51. 山莴苣　　　　　**Lactuca indica** L.

52. 珠芽艾麻　　　　**Laportea bulbifera** (Sieb. et Zucc.) Wedd.

53. 石龙尾　　　　　**Limnophila sessiliflora** (Vahl) Blume

54. 滨海珍珠叶　　　**Lysimachia mauritiana** Lam.

55. 东方荚果蕨　　　**Matteuccia orientalis** (Hook.) Trev.

56. 草木犀　　　　　**Melilotus suaveolens** Ledeb.

57. 柔枝莠竹　　　　**Microstegium vimineum** (Trin.) A. Camus

58. 芒　　　　　　　**Miscanthus sinensis** Anderss.

59. 鸡桑　　　　　　**Morus australis** Poir.

60. 荠苧　　　　　　**Mosla dianthera** (Hamilton) Maxim.

61. 石荠苧　　　　　**Mosla scabra** (Thunb.) C. Y. Wu et H. W. Li

62. 水芹　　　　　　**Oenanthe javanica** (Blume) DC.

63. 分株紫萁　　　　**Osmunda cinnamomea** L. var.**asiatica** Fernald

64. 矮冷水花　　　　**Pilea peploides** Hook. et Arn.

65. 车前　　　　　　**Plantago asiatica** L.

66. 平车前　　　　　**Plantago depressa** Willd.

67. 瓜子金　　　　　**Polygala japonica** Houtt.

68. 假长尾叶蓼　　　**Polygonum longisetum** De Bruyn

69. 头状蓼　　　　　**Polygonum nepalense** Meisn.

70. 穿叶蓼　　　　　**Polygonum perfoliatum** L.

71. 长尾叶蓼　　　　**Polygonum posumbu** Buch.-Ham.

72. 水湿蓼　　　　　**Polygonum strigosum** R. Br.

73. 香蓼　　　　　　**Polygonum viscosum** Hamilt.

74. 竹叶眼子菜　　　**Potamogeton malaianus** Miq.

75. 蛇含委陵菜　　　**Potentilla kleiniana** Wight et Arn.

76. 槽鳞扁莎	**Pycreus korshinskyi** (Meinsh.) V. Krecz.
77. 扁莎	**Pycreus polystachyus** (Rottb.) P. Beauv.
78. 麻栎	**Quercus acutissima** Carr.
79. 回回蒜毛茛	**Ranunculus chinensis** Bunge
80. 盐肤木	**Rhus chinensis** Mill.
81. 苞蔊菜	**Rorippa cantoniensis** (Lour.) Ohwi
82. 蔊菜	**Rorippa indica** (L.) Hiern
83. 节节菜	**Rotala indica** (Willd.) Koehne
84. 三裂慈菇	**Sagittaria trifolia** L.
85. 水毛花	**Scirpus triangulatus** Roxb.
86. 卷柏	**Selaginella tamariscina** (Beauv.) Spring
87. 菝葜	**Smilax china** L.
88. 白英	**Solanum lyratum** Thunb.
89. 绶草	**Spiranthes sinensis** (Pers.) Ames
90. 狼毒	**Stellera chamaejasme** L.
91. 竹叶子	**Streptolirion volubile** Edgew.
92. 香蒲	**Typha orientalis** Presl.
93. 卤地菊	**Wedelia prostrata** (Hook. et Arn.) Hemsl.
94. 苍耳	**Xanthium sibiricum** Patin ex Willd.
95. 菰	**Zizania latifolia** (Griseb.) Stapf

23. 泛热带分布（6种）

1. 鳢肠	**Eclipta prostrata** (L.) L.
2. 曲芒飘拂草	**Fimbristylis squarrosa** Vahl
3. 水蜈蚣	**Kyllinga brevifolia** Rottb.
4. 稀脉浮萍	**Lemna perpusilla** Torr.
5. 裂稃草	**Schizachyrium brevifolium** (Swartz) Nees
6. 虱子草	**Tragus berteronianus** Schult.

24. 旧世界热带分布（11种）

1. 田皂角	**Aeschynomene indica** L.
2. 多花水苋菜	**Ammannia multiflora** Roxb.
3. 金盏银盘	**Bidens biternata** (Lour.) Merr. et Scheff
4. 球柱草	**Bulbostylis barbata** (Rottb.) C. B. Clarke

5. 丝叶球柱草　　　**Bulbostylis densa** (Wall.) Hand.-Mazz.

6. 泽苔草　　　　　**Caldesia reniformis** (D. Don) Makino

7. 细柄草　　　　　**Capillipedium parviflorum** (R. Br.) Stapf

8. 高秆莎草　　　　**Cyperus exaltatus** Retz.

9. 飘拂草　　　　　**Fimbristylis dichotoma** (L.) Vahl

10. 印度荇菜　　　　**Nymphoides indica** (L.) O. Kuntze

11. 水车前　　　　　**Ottelia alismoides** (L.) Pers.

25. 热带亚洲－热带大洋洲分布（12种）

1. 石胡荽　　　　　**Centipeda minima** (L.) A. Br. et Aschers.

2. 南方菟丝子　　　**Cuscuta australis** R. Br.

3. 夏飘拂草　　　　**Fimbristylis aestivalis** (Retz.) Vahl

4. 泥胡菜　　　　　**Hemistepta lyrata** Bunge

5. 水鳖　　　　　　**Hydrocharis dubia** (Blume) Back.

6. 柳叶箬　　　　　**Isachne globosa** (Thunb.) Kuntze

7. 湖瓜草　　　　　**Lipocarpha microcephala** (R Br.) Kunth

8. 莲　　　　　　　**Nelumbo nucifera** Gaertn.

9. 狼尾草　　　　　**Pennisetum alopecuroides** (L.) Spreng.

10. 囊颖草　　　　　**Sacciolepis indica** (L.) Chase

11. 荔枝草　　　　　**Salvia plebeia** R. Br.

12. 蔓荆　　　　　　**Vitex rotundifolia** L.

26. 热带亚洲－热带非洲分布（3种）

1. 合欢　　　　　　**Albizzia julibrissin** Durazz.

2. 鸭舌草　　　　　**Monochoria vaginalis** (Burm. f.) Presl

3. 轮叶节节菜　　　**Rotala pusilla** Tulasne

第二章 属的分布区类型

中国东北786属野生维管束植物划分为15个分布区类型和20个亚型,见表2。

蕨类植物属的分布区类型是作者根据各类群的地理分布范围和自然分布规律,并借鉴吴征镒先生种子植物科和属的分布区类型划分标准自行划分的。

种子植物属的分布区类型的性质和地理分布范围,以及各个属的分布区类型和亚型均选自于吴征镒先生《中国种子植物属的分布区类型》(1991)一文中有关东北植物的部分。

各分布区类型和亚型的含义、地理分布范围分述如下。

1. 世界分布 Cosmopolitan

世界分布区类型包括几乎遍布世界各大洲而没有特殊分布中心的属,或虽有一个或数个分布中心而包含世界分布种的属。

2. 泛热带分布 Pantropic

泛热带分布区类型包括普遍分布于东、西两半球热带,和在全世界热带范围内有一个或数个分布中心,但在其他地区也有一些种类分布的热带属。有不少属广布于热带、亚热带甚至到温带。

2-1. 热带亚洲、大洋洲(至新西兰)和中、南美(或墨西哥)间断分布Trop. Asia, Australasia(to N. Zeal.)& C. to S. Amer.(or Mexico)disjuncted.

如标题的性质和范围。

2-2. 热带亚洲、非洲和中、南美洲间断分布Trop. Asia, Africa & C. to S. Amer. disjuncted.

如标题的性质和范围。

3. 热带亚洲和热带美洲间断分布 Trop. Asia & Trop. Amer. disjuncted

这一分布区类型包括间断分布于美洲和亚洲温暖地区的热带属,在旧世界(东半球)从亚洲可能延伸到澳大利亚东北部或西南太平洋岛屿。

4. 旧世界热带分布 Old World Tropics

旧世界热带是指亚洲、非洲和大洋洲热带地区及其邻近岛屿(也常称为古热带Paleo tropics),以与美洲新大陆热带相区别。

4-1. 热带亚洲、非洲(或东非、马达加斯加)和大洋洲间断分布 Trop. Asia., Africa(or E. Afr., Madagascar)& Australasia disjuncted.

如标题的性质和范围。

5. 热带亚洲至热带大洋洲分布 Tropical Asia & Trop. Australasia

热带亚洲—大洋洲分布区是旧世界热带分布区的东翼，其西端有时可达马达加斯加，但一般不到非洲大陆。

6. 热带亚洲至热带非洲分布 Trop. Asia to Trop. Africa

这一分布区类型是旧世界热带分布区类型的西翼，即从热带非洲至印度—马来西亚，特别是其西部（西马来西亚），有的属也分布到斐济等南太平洋岛屿，但不见于澳大利亚大陆。

7. 热带亚洲（印度—马来西亚）分布 Trop. Asia (Indo-Malesia)

热带亚洲（印度—马来西亚）是旧世界热带的中心部分。这一类型分布区的范围包括印度、斯里兰卡、缅甸、泰国、中南半岛、印度尼西亚、加里曼丹、菲律宾及新几内亚等。东面可达斐济等南太平洋岛屿，但不到澳大利亚大陆。其中分布区的北部边缘，往往到达我国西南、华南及台湾，甚至更北地区。

8. 北温带分布 North Temperate

北温带分布区类型一般是指那些广泛分布于欧洲、亚洲和北美洲温带地区的属。由于地理和历史的原因，有些属沿山脉向南伸延到热带山区，甚至远达南半球温带，但其原始类型或分布中心仍在北温带。

8–1. 环北极分布 Circumpolar（Circumarctic）

分布于北温带北部及极地周围，个别可延至更低纬度，包括环两极间断分布（Amphipolar disjuncted）.

8–2. 北极—高山分布 Arctic-alpine

在环北极及较高纬度的高山分布，或甚至到亚热带和热带高山区。

8–3. 北温带和南温带间断分布"全温带"N. Temp. & S. Temp. disjuncted.（"Pan-temperate"）

包括北温带和澳大利亚或澳大利亚—南非洲或澳大利亚—南美洲间断分布；北温带和南美洲—南非洲间断分布；北温带和南美洲间断分布；北温带和南部非洲间断分布以及标准型。

8–4. 欧亚和南美温带间断分布 Eurasia & Temp. S. Amer. disjuncted.

如标题的性质和范围。

8–5. 地中海、东亚、新西兰和墨西哥—智利间断分布 Mediterranea, E. Asia, New Zealand and Mexico-Chile disjuncted.

间断分布于地中海区欧洲和北非，喜马拉雅至温带、亚热带东亚和菲律宾及伊利安，新西兰及南太平洋诸岛，墨西哥至智利（沿安第斯山）。

9. 东亚和北美洲间断分布 E. Asia & N. Amer. disjuncted

间断分布于东亚和北美洲温带及亚热带地区。

9–1. 东亚和墨西哥间断分布 E. Asia and Mexico disjuncted.

如标题的性质和范围，从墨西哥可延至巴拿马和西印度群岛。

10. 旧世界温带分布 Old World Temperate

这一分布区类型一般是指广泛分布于欧洲、亚洲中—高纬度的温带和寒温带，或最多有个别种延伸到亚洲—非洲热带山地或甚至澳大利亚的属。

10-1. 地中海区、西亚（或中亚）和东亚间断分布 Mediterranea. W. Asia（or C. Asia）& E. Asia disjuncted.

分布中心多偏于东亚、个别则偏于地中海—西亚。

10-2. 地中海区和喜马拉雅间断分布 Mediterranea & Himalaya disjuncted.

个别从喜马拉雅延伸到印度尼西亚或爪哇。

10-3. 欧亚和南部非洲（有时也在大洋洲）间断分布 Eurasia & S. Africa（Sometimes also Australasia）disjuncted.

如标题的性质和范围。

11. 温带亚洲分布 Temp. Asia

这一分布区类型是指主要局限于亚洲温带地区的属。它们分布区的范围一般包括从中亚（或南俄罗斯）至东西伯利亚和亚洲东北部，南部界线至喜马拉雅山区，我国西南，华北至东北，朝鲜和日本北部。也有一些属种分布到亚热带，个别属种到达亚洲热带，甚至到新几内亚。

12. 地中海区、西亚至中亚分布 Mediterranea, W. Asia to C. Asia

这一分布区类型是指分布于现代地中海周围，经过西亚或西南亚至苏联中亚和我国新疆、青藏高原及蒙古高原一带的属。中亚乃指亚洲内陆整个干旱中心地区，包括中亚五国（中亚西部），我国新疆、青藏高原至内蒙古西部和蒙古国南部（中亚东部），亦即古地中海区的大部分。

12-1. 地中海区至中亚和南非洲、大洋洲间断分布 Mediterranea to C. Asia & S. Africa, Australasia disjuncted.

如标题的性质和范围。

12-2. 地中海区至中亚和墨西哥至美国南部间断分布 Mediterranea to C. Asia & Mexico to S. USA. disjuncted.

如标题的性质和范围。

12-3. 地中海区至温带—热带亚洲、大洋洲和南美洲间断分布 Mediterranea to Temp. -Trop. Asia, Australasia & S. Amer. disjuncted.

如标题的性质和范围。

13. 中亚分布 C. Asia

这一分布区类型是指只分布于中亚（特别是山地）而不见于西亚及地中海周围的属，即约位于古地中海的东半部

13-1. 中亚东部（亚洲中部）分布 East C. Asia (or Asia Media), In Sinkiang (especially Kaschgaria),

Kansu, Qinghai to Mongolia.

在我国新疆（特别是南疆）、甘肃、青海至内蒙古。

13–2. 中亚至喜马拉雅和中国西南分布 C. Asia to Himalaya & S. W. China.

如标题的性质和范围。

13–3. 中亚至喜马拉雅—阿尔泰和太平洋北美洲间断分布 C. Asia to Himalaya Altai & Pacific N. Amer. disjuncted.

如标题的性质和范围。

14. 东亚分布 E.Asia

这里指的是从东喜马拉雅一直分布到日本的一些属。其分布区向东北一般不超过俄罗斯境内的阿穆尔州，并从日本北部至萨哈林，向西南不超过越南北部和喜马拉雅东部，向南最远达菲律宾、苏门答腊和爪哇，向西北一般以我国各类森林边界为界。它们和温带亚洲的一些属有时难以区分，但本类型一般分布区较小，几乎都是森林区系成分，并且分布中心不超过喜马拉雅至日本的范围。

14–1. 中国—喜马拉雅分布 Sino-Himalaya（SH）. 主要分布于喜马拉雅山区诸国至我国西南诸省，有的达到陕西、甘肃、华东或台湾省，向南延伸到中南半岛，但不见于日本。有时与热带亚洲分布的变型不易区别。但一般均达到亚热带或温带。

14–2. 中国—日本分布 Sino-Japan（SJ）. 分布于我国云南、四川金沙江河谷以东地区直至日本和琉球，但不见于喜马拉雅。

15. 中国特有分布 Endemic to China

以云南或西南诸省为中心，向东北、向东或向西北方向辐射并逐渐减少，而主要分布于秦岭—山东以南的亚热带和热带地区，个别可以突破国界到邻近各国如缅甸、中南半岛、朝鲜、俄罗斯远东、蒙古国等，极个别还可以间断分布到菲律宾或甚至斐济，总之，以中国整体的自然植物区（Floristic Region）为中心而分布界线不越出国境很远。

表2　东北维管束植物属的分布区类型系统排列

分布区类型及亚型	区内属数
1. 世界分布	93
2. 泛热带分布	81
2–1. 热带亚洲、大洋洲（至新西兰）和中、南美（或墨西哥）间断分布	1
2–2. 热带亚洲、非洲和中、南美洲间断分布	1
3. 热带亚洲和热带美洲间断分布	2
4. 旧世界热带分布	16
4–1. 热带亚洲、非洲（或东非、马达加斯加）和大洋洲间断分布	3

分布区类型及亚型	区内属数
5. 热带亚洲至热带大洋洲分布	9
6. 热带亚洲至热带非洲分布	10
7. 热带亚洲（印度—马来西亚）分布	10
8. 北温带分布	190
8-1. 环北极分布	11
8-2. 北极—高山分布	6
8-3. 北温带和南温带间断分布	49
8-4. 欧亚和南美温带间断分布	5
8-5. 地中海、东亚、新西兰和墨西哥—智利间断分布	1
9. 东亚和北美洲间断分布	59
9-1. 东亚和墨西哥间断分布	1
10. 旧世界温带分布	73
10-1. 地中海区、西亚（或中亚）和东亚间断分布	12
10-2. 地中海区和喜马拉雅间断分布	1
10-3. 欧亚和南部非洲（有时也在大洋洲）间断分布	9
11. 温带亚洲分布	39
12. 地中海区、西亚至中亚分布	14
12-1. 地中海区至中亚和南非洲、大洋洲间断分布	1
12-2. 地中海区至中亚和墨西哥至美国南部间断分布	2
12-3. 地中海区至温带—热带亚洲、大洋洲和南美洲间断分布	2
13. 中亚分布	7
13-1. 中亚东部（亚洲中部）分布	3
13-2. 中亚至喜马拉雅和中国西南分布	2
13-3. 中亚至喜马拉雅—阿尔泰和太平洋北美洲间断分布	1
14. 东亚分布	29
14-1. 中国—喜马拉雅分布	6
14-2. 中国—日本分布	23
15. 中国特有分布	14
合计	786

东北维管束植物属的分布区类型分述如下。

1. 世界分布（93属）

1. 铁线蕨属	**Adiantum** L.
2. 剪股颖属	**Agrostis** L.
3. 苋属	**Amaranthus** L.
4. 水苋菜属	**Ammannia** L.
5. 银莲花属	**Anemone** L.
6. 铁角蕨属	**Asplenium** L.
7. 黄耆属	**Astragalus** L.
8. 蹄盖蕨属	**Athyrium** Roth.
9. 滨藜属	**Atriplex** L.
10. 满江红属	**Azolla** Lam.
11. 鬼针草属	**Bidens** L.
12. 水马齿属	**Callitriche** L.
13. 碎米荠属	**Cardamine** L.
14. 薹草属	**Carex** L.
15. 金鱼藻属	**Ceratophyllum** L.
16. 藜属	**Chenopodium** L.
17. 铁线莲属	**Clematis** L.
18. 旋花属	**Convolvulus** L.
19. 莎草属	**Cyperus** L.
20. 马唐属	**Digitaria** Hall.
21. 扁枝石松属	**Diphasiastrum** Holub
22. 荸荠属	**Eleocharis** R.Br.
23. 飞蓬属	**Erigeron** L.
24. 拉拉藤属	**Galium** L.
25. 龙胆属	**Gentiana** L.
26. 老鹳草属	**Geranium** L.
27. 甜茅属	**Glyceria** R.Br.
28. 鼠曲草属	**Gnaphalium** L.
29. 斑叶兰属	**Goodyera** R.Br.
30. 水八角属	**Gratiola** L.
31. 木贼属	**Hippochaete** Miled

32. 杉叶藻属   **Hippuris** L.

33. 金丝桃属   **Hypericum** L.

34. 水莎草属   **Juncellus** (Kunth) C. B. Clarke

35. 灯心草属   **Juncus** L.

36. 浮萍属   **Lemna** L.

37. 独行菜属   **Lepidium** L.

38. 补血草属   **Limonium** Mill.

39. 水茫草属   **Limosella** L.

40. 羊耳蒜属   **Liparis** L. C. Rich.

41. 半边莲属   **Lobelia** L.

42. 地杨梅属   **Luzula** DC.

43. 珍珠菜属   **Lysimachia** L.

44. 千屈菜属   **Lythrum** L.

45. 沼兰属   **Malaxis** Soland ex Swartz

46. 沟酸浆属   **Mimulus** L.

47. 狐尾藻属   **Myriophyllum** L.

48. 茨藻属   **Najas** L.

49. 睡莲属   **Nymphaea** L.

50. 荇菜属   **Nymphoides** Seguier

51. 酢浆草属   **Oxalis** L.

52. 黍属   **Panicum** L.

53. 墙草属   **Parietaria** L.

54. 芦苇属   **Phragmites** Trin.

55. 酸浆属   **Physalis** L.

56. 茴芹属   **Pimpinella** L.

57. 车前属   **Plantago** L.

58. 早熟禾属   **Poa** L.

59. 远志属   **Polygala** L.

60. 蓼属   **Polygonum** L.

61. 眼子菜属   **Potamogeton** L.

62. 毛茛属   **Ranunculus** L.

63. 鼠李属   **Rhamnus** L.

64. 刺子莞属   **Rhynchospora** Vahl

65. 蔊菜属   **Rorippa** Scop.

66. 悬钩子属	**Rubus** L.
67. 酸模属	**Rumex** L.
68. 川蔓藻属	**Ruppia** L.
69. 猪毛菜属	**Salsola** L.
70. 鼠尾草属	**Salvia** L.
71. 变豆菜属	**Sanicula** L.
72. 藨草属	**Scirpus** L.
73. 黄芩属	**Scutellaria** L.
74. 卷柏属	**Selaginella** Beauv.
75. 千里光属	**Senecio** L.
76. 泽芹属	**Sium** L.
77. 茄属	**Solanum** L.
78. 槐属	**Sophora** L.
79. 拟漆姑属	**Spergularia** (Pers.) J. et C. Presl
80. 紫萍属	**Spirodela** Schleid.
81. 大叶芹属	**Spuriopimpinella** Kitag.
82. 水苏属	**Stachys** L.
83. 繁缕属	**Stellaria** L.
84. 碱蓬属	**Suaeda** Forsk. ex Scop.
85. 香科科属	**Teucrium** L.
86. 东爪草属	**Tillaea** L.
87. 水麦冬属	**Triglochin** L.
88. 香蒲属	**Typha** L.
89. 狸藻属	**Utricularia** L.
90. 堇菜属	**Viola** L.
91. 苍耳属	**Xanthium** L.
92. 角果藻属	**Zannichellia** L.
93. 大叶藻属	**Zostera** L.

2.泛热带分布（81属）

1. 苘麻属	**Abutilon** Mill.
2. 铁苋菜属	**Acalypha** L.
3. 田皂角属	**Aeschynomene** L.
4. 粉背蕨属	**Aleuritopteris** Fee

5. 短肠蕨属　　　　**Allantodia** R. Br.

6. 三芒草属　　　　**Aristida** L.

7. 马兜铃属　　　　**Aristolochia** L.

8. 秋海棠属　　　　**Begonia** L.

9. 苎麻属　　　　　**Boehmeria** Jaeq.

10. 孔颖草属　　　　**Bothriochloa** Kuntze

11. 球柱草属　　　　**Bulbostylis** Kunth

12. 紫珠属　　　　　**Callicarpa** L.

13. 打碗花属　　　　**Calystegia** R.Br.

14. 决明属　　　　　**Cassia** L.

15. 南蛇藤属　　　　**Celastrus** L.

16. 朴属　　　　　　**Celtis** L.

17. 金粟兰属　　　　**Chloranthus** Swartz

18. 虎尾草属　　　　**Chloris** Swartz

19. 赪桐属　　　　　**Clerodendron** L.

20. 木防己属　　　　**Cocculus** DC.

21. 鸭跖草属　　　　**Commelina** L.

22. 野百合属　　　　**Crotalaria** L.

23. 菟丝子属　　　　**Cuscuta** L.

24. 曼陀罗属　　　　**Datura** L.

25. 碗蕨属　　　　　**Dennstaedtia** Bernh.

26. 薯蓣属　　　　　**Dioscorea** L.

27. 双稃草属　　　　**Diplachne** Beauv.

28. 茅膏菜属　　　　**Drosera** L.

29. 鳢肠属　　　　　**Eclipta** L.

30. 沟繁缕属　　　　**Elatine** L.

31. 穇属　　　　　　**Eleusine** Gaertn.

32. 麻黄属　　　　　**Ephedra** Tourn ex L.

33. 画眉草属　　　　**Eragrostis** Wolf

34. 谷精草属　　　　**Eriocaulon** L.

35. 野黍属　　　　　**Eriochloa** Kunth

36. 卫矛属　　　　　**Euonymus** L.

37. 泽兰属　　　　　**Eupatorium** L.

38. 大戟属　　　　　**Euphorbia** L.

39. 飘拂草属   **Fimbristylis** Vahl

40. 牛鞭草属   **Hemarthria** R.Br.

41. 木槿属   **Hibiscus** L.

42. 石杉属   **Huperzia** Bernh.

43. 凤仙花属   **Impatiens** L.

44. 白茅属   **Imperata** Cyr.

45. 木蓝属   **Indigofera** L.

46. 番薯属   **Ipomaea** L.

47. 柳叶箬属   **Isachne** R.Br.

48. 鸭嘴草属   **Ischaemum** L.

49. 水蜈蚣属   **Kyllinga** Rottb.

50. 艾麻属   **Laportea** Gaudich.

51. 假稻属   **Leersia** Soland. et Swartz

52. 母草属   **Lindernia** All.

53. 丁香蓼属   **Ludwigia** L.

54. 苹属   **Marsilea** L.

55. 求米草属   **Oplismenus** Beauv.

56. 水车前属   **Ottelia** Pers.

57. 金毛裸蕨属   **Paraceterach** Bernh.

58. 金星蕨属   **Parathelypteris** (H. Ito) Ching

59. 狼尾草属   **Pennisetum** Rich.

60. 菜豆属   **Phaseolus** L.

61. 叶下珠属   **Phyllanthus** L.

62. 冷水花属   **Pilea** Lindl.

63. 马齿苋属   **Portulaca** L.

64. 蕨属   **Pteridium** Scop.

65. 扁莎属   **Pycreus** P. Beauv.

66. 节节菜属   **Rotala** L.

67. 囊颖草属   **Sacciolepis** Nash

68. 槐叶苹属   **Salvinia** Adans.

69. 裂稃草属   **Schizachyrium** Ness

70. 叶底珠属   **Securinega** Juss.

71. 狗尾草属   **Setaria** Beauv.

72. 豨莶属   **Sigesbeckia** L.

73. 菝葜属	**Smilax** L.
74. 安息香属	**Styrax** L.
75. 山矾属	**Symplocos** Jacq.
76. 锋芒草属	**Tragus** Hall.
77. 蒺藜属	**Tribulus** L.
78. 苦草属	**Vallisneria** L.
79. 黄荆属	**Vitex** L.
80. 蟛蜞菊属	**Wedelia** Jacq.
81. 花椒属	**Zanthoxylum** L.

2-1. 热带亚洲、大洋洲（至新西兰）和中、南美（或墨西哥）间断分布（1属）

1. 石胡荽属	**Centipeda** Lour.

2-2. 热带亚洲、非洲和中、南美洲间断分布（1属）

1. 湖瓜草属	**Lipocarpha** R.Br.

3. 热带亚洲和热带美洲间断分布（2属）

1. 砂引草属	**Messerschmidia** L. ex Hebenst.
2. 苦木属	**Picrasma** Blume

4. 旧世界热带分布（16属）

1. 八角枫属	**Alangium** Lain.
2. 合欢属	**Albizzia** Durazz.
3. 天门冬属	**Asparagus** L.
4. 簀藻属	**Blyxa** Noronha ex Thou
5. 泽苔草属	**Caldesia** Parl.
6. 细柄草属	**Capillipedium** Stapf
7. 虎舌兰属	**Epipogium** Gruel.
8. 蝎子草属	**Girardinia** Gaudich.
9. 扁担杆属	**Grewia** L.
10. 石龙尾属	**Limnophila** R.Br.
11. 桑寄生属	**Loranthus** L.
12. 雨久花属	**Monochoria** Presl
13. 水竹叶属	**Murdannia** Royle

14. 束尾草属   **Phacelurus** Griseb.

15. 香茶菜属   **Plectranthus** L' Her.

16. 槲寄生属   **Viscum** L.

4–1. 热带亚洲、非洲（或东非、马达加斯加）和大洋洲间断分布（3属）

1. 团扇蕨属   **Gonocormus** V.D.Bosch

2. 水鳖属   **Hydrocharis** L.

3. 百蕊草属   **Thesium** L.

5. 热带亚洲至热带大洋洲分布（9属）

1. 臭椿属   **Ailanthus** Desf.

2. 旋蒴苣苔属   **Boea** Comm. ex Lain.

3. 水蜡烛属   **Dysophylla** Blume ex El-Gazzar et Watsan

4. 天麻属   **Gastrodia** R.Br.

5. 黑藻属   **Hydrilla** Rich.

6. 雀儿舌头属   **Leptopus** Decne.

7. 通泉草属   **Mazus** Lour.

8. 荛花属   **Wikstroemia** Endl.

9. 结缕草属   **Zoysia** Willd.

6. 热带亚洲至热带非洲分布（10属）

1. 荩草属   **Arthraxon** Beauv.

2. 雾冰藜属   **Bassia** All.

3. 香茅属   **Cymbopogon** Spreng.

4. 大豆属   **Glycine** L.

5. 莠竹属   **Microstegium** Ness

6. 芒属   **Miscanthus** Anderss.

7. 杠柳属   **Periploca** L.

8. 菅属   **Themeda** Forssk.

9. 赤瓟属   **Thladiantha** Bunge

10. 草沙蚕属   **Tripogon** Roem. et Schult.

7. 热带亚洲（印度—马来西亚）分布（10属）

1. 构树属   **Broussonetia** L' Heit. ex Vent.

2. 假水晶兰属	**Cheilotheca** Hook.f.	
3. 凤丫蕨属	**Coniogramme** Fee	
4. 骨碎补属	**Davallia** Smith	
5. 蛇莓属	**Duchesnea** L.	
6. 苦荬菜属	**Ixeris** Cass.	
7. 山胡椒属	**Lindera** Thunb.	
8. 假瘤蕨属	**Phymatopsis** J. Smith	
9. 葛属	**Pueraria** DC.	
10. 石韦属	**Pyrrosia** Mirbel	

8. 北温带分布（190属）

1. 冷杉属	**Abies** Mill.	
2. 槭属	**Acer** L.	
3. 蓍属	**Achillea** L.	
4. 乌头属	**Aconitum** L.	
5. 类叶升麻属	**Actaea** L.	
6. 五福花属	**Adoxa** L.	
7. 龙牙草属	**Agrimonia** L.	
8. 泽泻属	**Alisma** L.	
9. 葱属	**Allium** L.	
10. 赤杨属	**Alnus** L.	
11. 香青属	**Anaphalis** DC.	
12. 点地梅属	**Androsace** L.	
13. 蝶须属	**Antennaria** Gaertn.	
14. 黄花茅属	**Anthoxanthum** L.	
15. 楼斗菜属	**Aquilegia** L.	
16. 南芥属	**Arabis** L.	
17. 天南星属	**Arisaema** Mart.	
18. 蒿属	**Artemisia** L.	
19. 假升麻属	**Aruncus** L.	
20. 野古草属	**Arundinella** Raddi	
21. 细辛属	**Asarum** L.	
22. 紫菀属	**Aster** L.	
23. 燕麦属	**Avena** L.	

24. 山芥属   **Barbarea** R.Br.

25. 菵草属   **Beckmannia** Host

26. 小檗属   **Berberis** L.

27. 桦木属   **Betula** L.

28. 阴地蕨属   **Botrychium** Lyons

29. 短柄草属   **Brachypodium** Beauv.

30. 拂子茅属   **Calamagrostis** Adans.

31. 风铃草属   **Campanula** L.

32. 荠属   **Capsella** Medic.

33. 鹅耳枥属   **Carpinus** L.

34. 葛蒿属   **Carum** L.

35. 头蕊兰属   **Cephalanthera** Rich

36. 柳兰属   **Chamaenerion** Adans.

37. 喜冬草属   **Chimaphila** Pursh.

38. 毒芹属   **Cicuta** Linn.

39. 升麻属   **Cimicifuga** L.

40. 露珠草属   **Circaea** L.

41. 蓟属   **Cirsium** Mill.

42. 风轮菜属   **Clinopodium** Linn.

43. 凹舌兰属   **Coeloglossum** Hartm

44. 铃兰属   **Convallaria** L.

45. 珊瑚兰属   **Corallorhiza** Gagnebin

46. 虫实属   **Corispermum** L.

47. 梾木属   **Cornus** L.

48. 紫堇属   **Corydalis** Vent.

49. 榛属   **Corylus** L.

50. 黄栌属   **Cotinus** (Tourn.) Mill.

51. 栒子属   **Cotoneaster** B. Ehrh.

52. 山楂属   **Crataegus** L.

53. 还阳参属   **Crepis** L.

54. 鸭儿芹属   **Cryptotaenia** DC.

55. 琉璃草属   **Cynogiossum** L.

56. 杓兰属   **Cypripedium** L.

57. 冷蕨属   **Cystopteris** Bernh.

58. 鸭茅属	**Dactylis** L.
59. 翠雀属	**Delphinium** L.
60. 发草属	**Deschampsia** Beauv.
61. 播娘蒿属	**Descurainia** Webb. et Berthel.
62. 葶苈属	**Draba** L.
63. 稗属	**Echinochloa** Beauv.
64. 胡颓子属	**Elaeagnus** L.
65. 披碱草属	**Elymus** L.
66. 火烧兰属	**Epipactis** Zinn
67. 问荆属	**Equisetum** L.
68. 齿缘草属	**Eritrichium** Schrad.
69. 猪牙花属	**Erythronium** L.
70. 蔓蓼属	**Fallopia** Adans.
71. 羊茅属	**Festuca** L.
72. 蚊子草属	**Filipendula** Adans.
73. 草莓属	**Fragaria** L.
74. 梣属	**Fraxinus** L.
75. 贝母属	**Fritillaria** L.
76. 扁蕾属	**Gentianopsis** Ma.
77. 海乳草属	**Glaux** L.
78. 连钱草属	**Glechoma** L.
79. 珊瑚菜属	**Glehnia** Fr.Schmidt ex Miq.
80. 手参属	**Gymnadenia** R.Br.
81. 羽节蕨属	**Gymnocarpium** Newm.
82. 玉凤花属	**Habenaria** Willd.
83. 假鹤虱属	**Hackelia** Opiz
84. 岩黄耆属	**Hedysarum** L.
85. 牛防风属	**Heracleum** L.
86. 茅香属	**Hierochloe** R.Br.
87. 大麦属	**Hordeum** L.
88. 葎草属	**Humulus** L.
89. 八宝属	**Hylotelephium** H.Ohba
90. 鸢尾属	**Iris** L.
91. 胡桃属	**Juglans** L.

92. 刺柏属	**Juniperus** L.
93. 嵩草属	**Kobresia** Willd.
94. 落叶松属	**Larix** Mill.
95. 藁本属	**Ligusticum** L.
96. 百合属	**Lilium** L.
97. 柳穿鱼属	**Linaria** Mill.
98. 对叶兰属	**Listera** R.Br.
99. 紫草属	**Lithospermum** L.
100. 洼瓣花属	**Lloydia** Salisb.
101. 肋柱花属	**Lomatogonium** A.Br.
102. 忍冬属	**Lonicera** L.
103. 石松属	**Lycopodium** L.
104. 地瓜苗属	**Lycopus** L.
105. 舞鹤草属	**Maianthemum** web.
106. 苹果属	**Malus** Mill.
107. 锦葵属	**Malva** L.
108. 荚果蕨属	**Matteuccia** Todaro
109. 山萝花属	**Melampyrum** L.
110. 薄荷属	**Mentha** L.
111. 睡菜属	**Menyanthes** L.
112. 滨紫草属	**Mertensia** Roth.
113. 粟草属	**Milium** L.
114. 米努草属	**Minuartia** L.
115. 莫石竹属	**Moehringia** L.
116. 独丽花属	**Moneses** Salisb.
117. 水晶兰属	**Monotropa** L.
118. 桑属	**Morus** L.
119. 兜被兰属	**Neottianthe** Schltr.
120. 萍蓬草属	**Nuphar** Smith.
121. 红门兰属	**Orchis** L.
122. 假鳞毛蕨属	**Oreopteris** Holub
123. 列当属	**Orobanche** L.
124. 紫萁蕨属	**Osmunda** L.
125. 棘豆属	**Oxytropis** DC.

126. 芍药属	**Paeonia** L.
127. 罂粟属	**Papaver** L.
128. 梅花草属	**Parnassia** L.
129. 马先蒿属	**Pedicularis** L.
130. 蜂斗菜属	**Petasites** Mill.
131. 卵果蕨属	**Phegopteris** Fee
132. 山梅花属	**Philadelphus** L.
133. 对开蕨属	**Phyllitis** Hill
134. 云杉属	**Picea** Dietr.
135. 捕虫堇属	**Pinguicula** L.
136. 松属	**Pinus** L.
137. 舌唇兰属	**Platanthera** L.C.Rich.
138. 花葱属	**Polemonium** L.
139. 黄精属	**Polygonatum** Mill.
140. 多足蕨属	**Polypodium** L.
141. 耳蕨属	**Polystichum** Roth.
142. 杨属	**Populus** L.
143. 委陵菜属	**Potentilla** L.
144. 报春花属	**Primula** L.
145. 夏枯草属	**Prunella** L.
146. 李属	**Prunus** L.
147. 白头翁属	**Pulsatilla** Adans.
148. 鹿蹄草属	**Pyrola** L.
149. 栎属	**Quercus** L.
150. 鼻花属	**Rhinanthus** L.
151. 杜鹃花属	**Rhododendron** L.
152. 盐肤木属	**Rhus** (Tourn.) L.
153. 茶藨属	**Ribes** L.
154. 蔷薇属	**Rosa** L.
155. 圆柏属	**Sabina** Mill.
156. 漆姑草属	**Sagina** L.
157. 柳属	**Salix** L.
158. 地榆属	**Sanguisorba** L.
159. 风毛菊属	**Saussurea** DC.

160. 虎耳草属　　　　**Saxifraga** L.

161. 水茅属　　　　　**Scolochloa** Link.

162. 玄参属　　　　　**Scrophularia** L.

163. 绢蒿属　　　　　**Seriphidium** (Bess.) Poljak.

164. 一枝黄花属　　　**Solidago** L.

165. 苦苣菜属　　　　**Sonchus** L.

166. 花楸属　　　　　**Sorbus** L.

167. 大爪草属　　　　**Spergula** L.

168. 绣线菊属　　　　**Spiraea** L.

169. 绶草属　　　　　**Spiranthes** L.C.Rich.

170. 省沽油属　　　　**Staphylea** L.

171. 针茅属　　　　　**Stipa** L.

172. 扭柄花属　　　　**Streptopus** Michx.

173. 菊蒿属　　　　　**Tanacetum** Linn.

174. 蒲公英属　　　　**Taraxacum** Wigg.

175. 红豆杉属　　　　**Taxus** L.

176. 狗舌草属　　　　**Tephroseris** (Rchb.) Rehb.

177. 沼泽蕨属　　　　**Thelypteris** Schmid.

178. 菥蓂属　　　　　**Thlaspi** L.

179. 椴树属　　　　　**Tilia** L.

180. 岩茴香属　　　　**Tilingia** Regel

181. 岩菖蒲属　　　　**Tofieldia** Huds.

182. 七瓣莲属　　　　**Trientalis** L.

183. 车轴草属　　　　**Trifolium** L.

184. 三肋果属　　　　**Tripleurospermum** Sch. -Bip.

185. 碱菀属　　　　　**Tripolium** Nees

186. 榆属　　　　　　**Ulmus** L.

187. 藜芦属　　　　　**Veratrum** L.

188. 荚蒾属　　　　　**Viburnum** Linn.

189. 葡萄属　　　　　**Vitis** L.

190. 林石草属　　　　**Waldsteinia** Willd.

8-1. 环北极分布（11属）

1. 水芋属　　　　　**Calla** L.

2. 甸杜属	**Chamaedaphne** Moench
3. 草茱萸属	**Chamaepericlymenum** Graebn.
4. 岩高兰属	**Empetrum** L.
5. 杜香属	**Ledum** L.
6. 北极花属	**Linnaea** Gronov ex L.
7. 瓶尔小草属	**Ophioglossum** L.
8. 单侧花属	**Orthilia** Raf.
9. 松毛翠属	**Phyllodoce** Salisb.
10. 芝菜属	**Scheuchzeria** L.
11. 岩蕨属	**Woodsia** R.Br.

8-2. 北极－高山分布（6属）

1. 天栌属	**Arctous** (A. Gray) Niedenzu
2. 仙女木属	**Dryas** L.
3. 山蓼属	**Oxyria** Hill.
4. 红景天属	**Rhodiola** L.
5. 裂稃茅属	**Schizachne** Hack.
6. 金莲花属	**Trollius** L.

8-3. 北温带和南温带间断分布（49属）

1. 腺梗菜属	**Adenocaulon** Hook.
2. 当归属	**Angelica** L.
3. 鹅不食属	**Arenaria** L.
4. 雀麦属	**Bromus** L.
5. 柴胡属	**Bupleurum** L.
6. 驴蹄草属	**Caltha** L.
7. 布袋兰属	**Calypso** Salisb
8. 火焰草属	**Castilleja** Mutis ex L. f.
9. 百金花属	**Centaurium** Hill
10. 卷耳属	**Cerastium** L.
11. 金腰属	**Chrysosplenium** L.
12. 冠芒草属	**Enneapogon** Desv.ex Beauv.
13. 柳叶菜属	**Epilobium** L.
14. 羊胡子草属	**Eriophorum** L.

15. 小米草属   **Euphrasia** L.

16. 假龙胆属   **Gentianella** Moench

17. 水杨梅属   **Geum** L.

18. 花锚属   **Halenia** Borkh.

19. 异燕麦属   **Helictotrichon** Bess.

20. 山柳菊属   **Hieracium** L.

21. 地肤属   **Kochia** Roth.

22. 落草属   **Koeleria** Pers.

23. 鹤虱属   **Lappula** Gilib.

24. 山黧豆属   **Lathyrus** L.

25. 亚麻属   **Linum** L.

26. 枸杞属   **Lycium** L.

27. 母菊属   **Matricaria** L.

28. 臭草属   **Melica** L.

29. 勿忘草属   **Myosotis** L.

30. 毛蒿豆属   **Oxycoccus** Hill.

31. 鹝草属   **Phalaris** L.

32. 梯牧草属   **Phleum** L.

33. 碱茅属   **Puccinellia** Parl.

34. 茜草属   **Rubia** L.

35. 慈菇属   **Sagittaria** L.

36. 盐角草属   **Salicornia** L.

37. 接骨木属   **Sambucus** L.

38. 景天属   **Sedum** L.

39. 麦瓶草属   **Silene** L.

40. 大蒜芥属   **Sisymbrium** L.

41. 黑三棱属   **Sparganium** L.

42. 獐牙菜属   **Swertia** L.

43. 唐松草属   **Thalictrum** L.

44. 三毛草属   **Trisetum** Pers.

45. 荨麻属   **Urtica** L.

46. 越桔属   **Vaccinium** L.

47. 缬草属   **Valeriana** L.

48. 婆婆纳属   **Veronica** L.

49. 野豌豆属　　　　　　　**Vicia** L.

8-4. 欧亚和南美温带间断分布（5属）

1. 猫儿菊属　　　　　　　**Achyrophorus** Adans.
2. 看麦娘属　　　　　　　**Alopecurus** L.
3. 单蕊草属　　　　　　　**Cinna** L.
4. 火绒草属　　　　　　　**Leontopodium** R.Br.
5. 赖草属　　　　　　　　**Leymus** Hochst.

8-5. 地中海、东亚、新西兰和墨西哥—智利间断分布（1属）

1. 冰草属　　　　　　　　**Agropyron** Gaertn.

9. 东亚和北美洲间断分布（59属）

1. 菖蒲属　　　　　　　　**Acorus** L.
2. 合瓣花属　　　　　　　**Adlumia** Raf.
3. 藿香属　　　　　　　　**Agastache** Clayt. et Gronov
4. 唐棣属　　　　　　　　**Amelanchier** Medic
5. 蛇葡萄属　　　　　　　**Ampelopsis** Michx.
6. 两型豆属　　　　　　　**Amphicarpaea** Ell.
7. 罗布麻属　　　　　　　**Apocynum** L.
8. 楤木属　　　　　　　　**Aralia** L.
9. 落新妇属　　　　　　　**Astilbe** Buch. -Ham.
10. 草苁蓉属　　　　　　　**Boschniakia** C. A. Mey.
11. 短星菊属　　　　　　　**Brachyactis** Ledeb.
12. 蟹甲草属　　　　　　　**Cacalia** L.
13. 过山蕨属　　　　　　　**Camptosorus** Link.
14. 类叶牡丹属　　　　　　**Caulophyllum** Michx.
15. 地蔷薇属　　　　　　　**Chamaerhodos** Bunge
16. 流苏树属　　　　　　　**Chionanthus** L.
17. 七筋姑属　　　　　　　**Clintonia** Raf.
18. 山蚂蝗属　　　　　　　**Desmodium** Desv.
19. 龙常草属　　　　　　　**Diarrhena** Beauv.
20. 草瑞香属　　　　　　　**Diarthron** Turcz.
21. 万寿竹属　　　　　　　**Disporum** Salisb.

22. 拟扁果草属　　　**Enemion** Raf.

23. 皂荚属　　　　　**Gleditsia** L.

24. 绣球属　　　　　**Hydrangea** L.

25. 猬草属　　　　　**Hystrix** Moench

26. 鲜黄连属　　　　**Jeffersonia** Barton

27. 鸡眼草属　　　　**Kummerowia** Schindl.

28. 大丁草属　　　　**Leibnitzia** Cass.

29. 胡枝子属　　　　**Lespedeza** Michx.

30. 木兰属　　　　　**Magnolia** L.

31. 龙头草属　　　　**Meehania** Britt. ex Small. et Vaill.

32. 蝙蝠葛属　　　　**Menispermum** L.

33. 唢呐草属　　　　**Mitella** L.

34. 乱子草属　　　　**Muhlenbergia** Schreb.

35. 莲属　　　　　　**Nelumbo** Adans.

36. 球子蕨属　　　　**Onoclea** L.

37. 刺参属　　　　　**Opiopanax** Miq.

38. 香根芹属　　　　**Osmorhiza** Raf.

39. 人参属　　　　　**Panax** L.

40. 爬山虎属　　　　**Parthenocissus** Planch.

41. 扯根菜属　　　　**Penthorum** L.

42. 透骨草属　　　　**Phryma** L.

43. 虾海藻属　　　　**Phyllospadix** Hook.

44. 风箱果属　　　　**Physocarpus** (Cambess.) Maxim.

45. 朱兰属　　　　　**Pogonia** Juss.

46. 五味子属　　　　**Schisandra** Michx.

47. 鹿药属　　　　　**Smilacina** Desf.

48. 珍珠梅属　　　　**Sorbaria** (Ser.) A. Br. ex Ascherss

49. 臭菘属　　　　　**Symplocarpus** Salisb.

50. 野决明属　　　　**Thermopsis** R. Br.

51. 崖柏属　　　　　**Thuja** L.

52. 漆属　　　　　　**Toxicodendron** (Tourn.) Mill.

53. 地耳草属　　　　**Triadenum** Raf.

54. 延龄草属　　　　**Trillium** L.

55. 莛子藨属　　　　**Triosteum** L.

56. 蜻蜓兰属	**Tulotis** Raf.
57. 腹水草属	**Veronicastrum** Heist. ex Farbic.
58. 棋盘花属	**Zigadenus** Michx.
59. 菰属	**Zizania** L.

9-1. 东亚和墨西哥间断分布（1属）

1. 六道木属	**Abelia** R.Br.

10. 旧世界温带分布（73属）

1. 芨芨草属	**Achnatherum** Beauv.
2. 沙参属	**Adenophora** Fisch
3. 侧金盏花属	**Adonis** L.
4. 羊角芹属	**Aegopodium** L.
5. 麦毒草属	**Agrostemma** L.
6. 筋骨草属	**Ajuga** L.
7. 水棘针属	**Amethystea** L.
8. 峨参属	**Anthriscus** (Pers.) Hoffm.
9. 牛蒡属	**Arctium** L.
10. 团扇荠属	**Berteroa** DC.
11. 扁穗莞属	**Blysmus** Panzer ex Schult.
12. 花蔺属	**Butomus** L.
13. 飞廉属	**Carduus** L.
14. 天名精属	**Carpesium** L.
15. 白屈菜属	**Chelidonium** L.
16. 膀胱蕨属	**Protowoodsia** Ching
17. 菊属	**Chrysanthemum** L.
18. 隐子草属	**Cleistogenes** Keng
19. 莎禾属	**Coleanthus** Seidl.
20. 沼委陵菜属	**Comarum** L.
21. 假报春属	**Cortusa** L.
22. 隐花草属	**Crypsis** Ait.
23. 狗筋蔓属	**Cucubalus** L.
24. 瑞香属	**Daphne** L.
25. 石竹属	**Dianthus** L.

26. 白鲜属	**Dictamnus** L.
27. 川续断属	**Dipsacus** L.
28. 青兰属	**Dracocephalum** L.
29. 蓝刺头属	**Echinops** L.
30. 香薷属	**Elsholtzia** Willd.
31. 偃麦草属	**Elytrigia** Desv.
32. 淫羊藿属	**Epimedium** L.
33. 菟葵属	**Eranthis** Salisb.
34. 顶冰花属	**Gagea** Salisb.
35. 乳菀属	**Galatella** Cass.
36. 鼬瓣花属	**Galeopsis** L.
37. 萱草属	**Hemerocallis** L.
38. 獐耳细辛属	**Hepatica** Mill.
39. 角盘兰属	**Herminium** L.
40. 沙棘属	**Hippophae** L.
41. 旋覆花属	**Inula** L.
42. 菘蓝属	**Isatis** L.
43. 扁果草属	**Isopyrum** L.
44. 夏至草属	**Lagopsis** Bunge ex Benth.
45. 野芝麻属	**Lamium** L.
46. 牡丹草属	**Leontice** L.
47. 益母草属	**Leonurus** L.
48. 香芹属	**Libanotis** Zinn.
49. 橐吾属	**Ligularia** Cass.
50. 剪秋萝属	**Lychnis** L.
51. 鹅肠菜属	**Malachium** Fries
52. 女娄菜属	**Melandrium** Roehl.
53. 草木犀属	**Melilotus** Adans.
54. 鸟巢兰属	**Neottia** Guett.
55. 荆芥属	**Nepeta** L.
56. 球果芥属	**Neslia** Desv.
57. 水芹属	**Oenanthe** L.
58. 山芹属	**Ostericum** Hoffm.
59. 重楼属	**Paris** L.

60. 糙苏属	**Phlomis** L.
61. 毛连菜属	**Picris** L.
62. 棱子芹属	**Pleurospermum** Hoffm.
63. 福王草属	**Prenanthes** L.
64. 梨属	**Pyrus** L.
65. 鹅观草属	**Roegneria** C. Koch
66. 麻花头属	**Serratula** L.
67. 邪蒿属	**Seseli** L.
68. 山莓草属	**Sibbaldia** L.
69. 丁香属	**Syringa** L.
70. 柽柳属	**Tamarix** L.
71. 百里香属	**Thymus** L.
72. 菱属	**Trapa** L.
73. 郁金香属	**Tulipa** L.

10-1. 地中海区、西亚（或中亚）和东亚间断分布（12属）

1. 牧根草属	**Asyneuma** Griseb. et Schenk.
2. 木蓼属	**Atraphaxis** L.
3. 雪柳属	**Fontanesia** Labill.
4. 连翘属	**Forsythia** Vahl.
5. 芸香草属	**Haplophyllum** A.Juss.
6. 香花芥属	**Hesperis** L.
7. 天仙子属	**Hyoscyamus** L.
8. 女贞属	**Ligustrum** L.
9. 泡囊草属	**Physochlaina** G.Don
10. 祁州漏芦属	**Rhaponticum** Ludw.
11. 鸦葱属	**Scorzonera** L.
12. 窃衣属	**Torilis** Adans.

10-2. 地中海区和喜马拉雅间断分布（1属）

1. 鹅绒藤属	**Cynanchum** L.

10-3. 欧亚和南部非洲（有时也在大洋洲）间断分布（9属）

1. 貉藻属	**Aldrovanda** L.

2. 蛇床属   **Cnidium** Cuss.

3. 莴苣属   **Lactuca** L.

4. 苜蓿属   **Medicago** L.

5. 石防风属   **Peucedanum** L.

6. 前胡属   **Peucedanum** Linn.

7. 蓝盆花属   **Scabiosa** L.

8. 绵枣儿属   **Scilla** L.

9. 婆罗门参属   **Tragopogon** L.

11. 温带亚洲分布（39属）

1. 亚菊属   **Ajania** Poljak.

2. 钝背草属   **Amblynotus** Johnst.

3. 莎菀属   **Arctogeron** DC.

4. 轴藜属   **Axyris** L.

5. 山茄子属   **Brachybotrys** Maxim. ex Oliv.

6. 锦鸡儿属   **Caragana** Fabr.

7. 驼绒藜属   **Ceratoides** (Tourn.) Gagnebin

8. 钻天柳属   **Chosenia** Nakai

9. 香芥属   **Clausia** Korn. -Tr.

10. 高山芹属   **Coelopleurum** Ledeb.

11. 颅果草属   **Craniospermum** Lehm.

12. 芯芭属   **Cymbaria** L.

13. 柳叶芹属   **Czernaevia** Turcz.

14. 栉叶荠属   **Dimorphostemon** Kitag.

15. 滇羌活属   **Eriocycla** Lindl.

16. 白鹃梅属   **Exochorda** Lindl.

17. 线叶菊属   **Filifolium** Kitam.

18. 米口袋属   **Gueldenstaedtia** Fisch.

19. 马兰属   **Kalimeris** Cass.

20. 薄鳞蕨属   **Leptolepidium** Hsing et S.K.Wu

21. 蛾眉蕨属   **Lunathyrium** Koidz.

22. 蝟菊属   **Olgaea** Iljin

23. 脐草属   **Omphalothrix** Maxim.

24. 瓦松属   **Orostachys** (DC.) Fisch.

25. 燥芹属	**Phlojodicarpus** Turcz.ex Bess.
26. 假繁缕属	**Pseudostellaria** Pax
27. 翼萼蔓属	**Pterygocalyx** Maxim.
28. 细柄茅属	**Ptilagrostis** Griseb.
29. 大黄属	**Rheum** L.
30. 防风属	**Saposhnikovia** Schischk.
31. 裂叶荆芥属	**Schizonepeta** Briq.
32. 大油芒属	**Spodiopogon** Trin.
33. 狼毒属	**Stellera** L.
34. 曙南芥属	**Stevenia** Adams
35. 苦马豆属	**Swainsonia** Sailsb.
36. 合苞菊属	**Symphyllocarpus** Maxim.
37. 山牛蒡属	**Synurus** Iljin
38. 附地菜属	**Trigonotis** Stev.
39. 女菀属	**Turczaninowia** DC.

12. 地中海区、西亚至中亚分布（14属）

1. 獐毛属	**Aeluropus** Trin.
2. 庭荠属	**Alyssum** L.
3. 糙草属	**Asperugo** L.
4. 匙荠属	**Bunias** L.
5. 亚麻荠属	**Camelina** Crantz
6. 菊苣属	**Cichorium** L.
7. 糖芥属	**Erysimum** L.
8. 阿魏属	**Ferula** L.
9. 驼舌草属	**Goniolimon** Boiss.
10. 角茴香属	**Hypecoum** L.
11. 盐爪爪属	**Kalidium** Moq.
12. 白刺属	**Nitraria** L.
13. 疗齿草属	**Odontites** Ludwig
14. 燥原荠属	**Ptilotrichum** C. A. Mey.

12-1. 地中海区至中亚和南非洲、大洋洲间断分布（1属）

1. 车叶草属	**Asperula** L.

12-2. 地中海区至中亚和墨西哥至美国南部间断分布（2属）

1. 丝石竹属   **Gypsophila** L.
2. 骆驼蓬属   **Peganum** L.

12-3. 地中海区至温带—热带亚洲、大洋洲和南美洲间断分布（2属）

1. 甘草属   **Glycyrrhiza** L.
2. 牻牛儿苗属   **Erodium** L' Her

13. 中亚分布（7属）

1. 腺鳞草属   **Anagailidium** Griseb.
2. 花旗竿属   **Dontostemon** Andrz.
3. 蓝堇草属   **Leptopyrum** Rchb.
4. 扁蓿豆属   **Melissitus** Medic.
5. 诸葛菜属   **Orychophragmus** Bunge
6. 迷果芹属   **Sphallerocarpus** Bess. ex DC.
7. 紫筒草属   **Stenosolenium** Turcz.

13-1. 中亚东部（亚洲中部）分布（3属）

1. 沙蓬属   **Agriophyllum** Bieb.
2. 沙芥属   **Pugionium** Gaertn.
3. 栉叶蒿属   **Neopallasia** Poljak.

13-2. 中亚至喜马拉雅和中国西南分布（2属）

1. 角蒿属   **Incarvillea** Juss.
2. 银穗草属   **Leucopoa** Griseb.

13-3. 中亚至喜马拉雅—阿尔泰和太平洋北美洲间断分布（1属）

1. 裂叶芥属   **Smelowskia** C. A. Mey.

14. 东亚分布（29属）

1. 五加属   **Acanthopanax** Miq.
2. 猕猴桃属   **Actinidia** Lindl.
3. 盒子草属   **Actinostemma** Griff.

4. 兔儿风属   **Ainsliaea** DC.

5. 无柱兰属   **Amitostigma** Schltr.

6. 斑种草属   **Bothriospermum** Bunge

7. 党参属   **Codonopsis** Wall.

8. 贯众属   **Cyrtomium** Presl

9. 溲疏属   **Deutzia** Thunb.

10. 东风菜属   **Doellingeria** Nees

11. 介蕨属   **Dryoathyrium** Ching

12. 鳞毛蕨属   **Dryopteris** Adans.

13. 芡属   **Euryale** Salisb.

14. 泥胡菜属   **Hemistepta** Bunge

15. 狗娃花属   **Heteropappus** Less.

16. 栾树属   **Koelreuteria** Laxm.

17. 瓦韦属   **Lepisorus** (J. Smith) Ching

18. 山麦冬属   **Liriope** Lour.

19. 马鞍树属   **Maackia** Rupr. et Maxim.

20. 荠苎属   **Mosla** Bueh. -Ham. ex Maxim.

21. 绣线梅属   **Neillia** D.Don

22. 山兰属   **Oreorchis** Lindl.

23. 败酱属   **Patrinia** Juss.

24. 松蒿属   **Phtheirospermum** Bunge

25. 散血丹属   **Physaliastrum** Makino

26. 假冷蕨属   **Pseudocystopteris** Ching

27. 地黄属   **Rehmannia** Libosch ex Fisch. et C. A. Mey.

28. 华千里光属   **Sinosenecio** B. Nord.

29. 黄鹌菜属   **Youngia** Cass.

14-1. 中国—喜马拉雅分布（6属）

1. 射干属   **Belamcanda** Adans.

2. 扁核木属   **Prinsepia** Royle

3. 裂瓜属   **Schizopepon** Maxim.

4. 阴行草属   **Siphonostegia** Benth.

5. 竹叶子属   **Streptolirion** Edgew.

6. 兔儿伞属   **Syneilesis** Maxim.

14-2. 中国—日本分布（23属）

1. 苍术属	**Atractylodes** DC.
2. 扁穗草属	**Brylkinia** Fr. Schmidt
3. 翠菊属	**Callistephus** Cass.
4. 田麻属	**Corchoropsis** Sieb. et Zucc.
5. 泽番椒属	**Deinostema** Yamaz.
6. 刺榆属	**Hemiptelea** Planch.
7. 玉簪属	**Hosta** Tratt.
8. 荷青花属	**Hylomecon** Maxim.
9. 刺楸属	**Kalopanax** Miq.
10. 萝藦属	**Metaplexis** R.Br.
11. 新蹄盖蕨属	**Neoathyrium** Ching et Z. R. Wang
12. 黄筒花属	**Phacellanthus** Sieb. et Zucc.
13. 黄檗属	**Phellodendron** Rupr.
14. 半夏属	**Pinellia** Tenore
15. 桔梗属	**Platycodon** DC.
16. 睫毛蕨属	**Pleurosoriopsis** Fomin
17. 枫杨属	**Pterocarya** Kunth
18. 鸡麻属	**Rhodotypos** Sieb. et Zucc.
19. 鬼灯檠属	**Rodgersia** A. Gray
20. 小米空木属	**Stephanandra** Sieb. et Zucc.
21. 茶菱属	**Trapella** Oliv.
22. 雷公藤属	**Tripterygium** Hook. f.
23. 锦带花属	**Weigela** Thunb.

15. 中国特有分布（14属）

1. 知母属	**Anemarrhena** Bunge
2. 无喙兰属	**Archineottia** S.C.Chen
3. 山荷叶属	**Astilboides** Engler
4. 星毛芥属	**Berteroella** O.E.Schulz
5. 假贝母属	**Bolbostemma** Franquet
6. 山茴香属	**Carlesia** Dunn
7. 双蕊兰属	**Diplandrorchis** S.C.Chen

8. 槭叶草属　　　　　　**Mukdenia** Koidz.

9. 蚂蚱腿子属　　　　　**Myripnois** Bunge

10. 独根草属　　　　　　**Oresitrophe** Bunge

11. 虎榛子属　　　　　　**Ostryopsis** Decne.

12. 青檀属　　　　　　　**Pteroceltis** Maxim.

13. 地构叶属　　　　　　**Speranskia** Baill.

14. 盾果草属　　　　　　**Thyrocarpus** Hance

第三章 科的分布区类型

中国东北153科野生维管束植物划分为9个分布区类型和9个亚型，见表3。

蕨类植物科的分布区类型是作者根据各类群的地理分布范围和自然分布规律，并借鉴吴征镒先生种子植物科的分布区类型划分标准自行划分的。

种子植物科的分布区类型的性质和地理分布范围，以及各个科的分布区类型和亚型均选自吴征镒先生《世界种子植物科的分布区类型系统》（2003）一文中有关东北植物的部分。

东北植物科的分布区类型如下：

1. 世界广布 Widespread（Cosnxrpolitan）

2. 泛热带分布 Pantmpic

2s. 以南半球为主的泛热带分布 Pantropic especially S.Hemisphere

2–1. 热带亚洲—大洋洲和热带美洲（南美洲及墨西哥）Trop.Asia-Australasia and Trop.Amer.（S.Amer.or/and Mexico）

2–2. 热带亚洲—热带非洲—热带美洲（南美洲）Trop.Asia-Trop.Afr.Trop.Amer.（S.Amer.）

3. 东亚（热带、亚热带）及热带南美间断分布Trop. & Subtr.E.Asia &（S.）Trop. Amer. disjuncted

4. 旧世界热带分布Old World Tropics

5. 热带亚洲（热带东南亚至印度—马来，太平洋诸岛）分布 Trop.Asia=Trop. SE.Asia + Indo-Malaya + Trop. S. SW. Pacific Isl.

6. 北温带分布N. Temp.

6–1. 环极（环北极，环两极）Circumpolar,Circumarctic & Amphipolar

6–2. 北温带和南温带间断分布 N. Temp.& S.Temp.disjuncted

6–3. 欧亚和南美洲温带间断分布 Eurasia & Tamp.S.Amer.disjuncted

7. 东亚及北美间断 E. Asia & N. Amer. disjuncted

8. 旧世界温带 Old World Temp.

8–1. 欧亚和南非（有时也在澳大利亚）分布 Eurasia & S. Afr.（sometimes also Australia）disjnacted

9. 地中海区、西亚至中亚分布 Mediterranea, W. Asia to C. Asia

9–1. 地中海区至西亚或中亚和墨西哥或古巴间断 Mediterranea to W. or C. Asia &Mexico or

Cuba disjuneted

10. 东亚分布 E. Asia

10-1. 中国—日本分布 Sino-Japan

由于吴征镒先生的中国区域科的分布区类型和属的分布区类型天然相合，因此上述科的分布区类型的含义与地理分布范围可参见第二章相关内容，亚型含义与地理分布范围如其标题所示。

表3　东北维管束植物科的分布区类型系统排列

分布区类型及亚型	区内科数
1. 世界广布	60
2. 泛热带分布	37
2s. 以南半球为主的泛热带分布	1
2-1. 热带亚洲—大洋洲和热带美洲（南美洲及墨西哥）分布	1
2-2. 热带亚洲—热带非洲—热带美洲（南美洲）分布	1
3. 东亚（热带、亚热带）及热带南美间断分布	5
4. 旧世界热带分布	2
5. 热带亚洲（热带东南亚至印度—马来，太平洋诸岛）分布	1
6. 北温带分布	14
6-1. 环极（环北极，环两极）分布	2
6-2. 北温带和南温带间断分布	18
6-3. 欧亚和南美洲温带间断分布	2
7. 东亚及北美间断分布	3
8. 旧世界温带分布	2
8-1. 欧亚和南非（有时也在澳大利亚）分布	1
9. 地中海区、西亚至中亚分布	
9-1. 地中海区至西亚或中亚和墨西哥或古巴间断分布	1
10. 东亚分布	1
10-1. 中国—日本分布	1
合计	153

123

东北维管束植物科的分布区类型分述如下。

1. 世界分布（60科）

1. 泽泻科	**Alismataceae**
2. 苋科	**Amaranthaceae**
3. 伞形科	**Apiaceae**
4. 铁角蕨科	**Aspleniaceae**
5. 蹄盖蕨科	**Athyriaceae**
6. 满江红科	**Azollaceae**
7. 紫草科	**Boraginaceae**
8. 十字花科	**Brassicaceae**
9. 水马齿科	**Callitrichaceae**
10. 桔梗科	**Campanulaceae**
11. 石竹科	**Caryophyllaceae**
12. 金鱼藻科	**Ceratophyllaceae**
13. 藜科	**Chenopodiaceae**
14. 菊科	**Compositae**
15. 旋花科	**Convolvulaceae**
16. 景天科	**Crassulaceae**
17. 莎草科	**Cyperaceae**
18. 木贼科	**Equisetaceae**
19. 杜鹃花科*	**Ericaceae**
20. 龙胆科	**Gentianaceae**
21. 禾本科	**Gramineae**
22. 小二仙草科	**Haloragidaceae**
23. 水鳖科	**Hydrocharitaceae**
24. 水麦冬科	**Juncaginaceae**
25. 唇形科	**Lamiaceae**
26. 豆科*	**Leguminosae**
27. 浮萍科	**Lemnaceae**
28. 狸藻科	**Lentibulariaceae**
29. 石松科	**Lycopodiaceae**

注：*该科的分布区类型是由本书作者自行划分的。

30. 千屈菜科	Lythraceae
31. 睡菜科	Menyanthaceae
32. 桑科	Moraceae
33. 茨藻科	Najadaceae
34. 睡莲科	Nymphaeaceae
35. 木犀科	Oleaceae
36. 柳叶菜科	Onagraceae
37. 瓶尔小草科	Ophioglossaceae
38. 兰科	Orchidaceae
39. 酢浆草科	Oxalidaceae
40. 车前科	Plantaginaceae
41. 白花丹科	Plumbaginaceae
42. 远志科	Polygalaceae
43. 蓼科	Polygonaceae
44. 马齿苋科	Portulacaceae
45. 眼子菜科	Potamogetonaceae
46. 报春花科	Primulaceae
47. 毛茛科	Ranunculaceae
48. 鼠李科	Rhamnaceae
49. 蔷薇科	Rosaceae
50. 茜草科	Rubiaceae
51. 虎耳草科	Saxifragaceae
52. 玄参科	Scrophulariaceae
53. 卷柏科	Selaginellaceae
54. 铁线蕨科	Sinopteridaceae
55. 茄科	Solanaceae
56. 瑞香科	Thymelaeaceae
57. 香蒲科	Typhaceae
58. 榆科	Ulmaceae
59. 败酱科	Valerianaceae
60. 堇菜科	Violaceae

2. 泛热带分布（37科）

| 1. 漆树科 | Anacardiaceae |

2. 夹竹桃科　　　　　　　Apocynaceae

3. 天南星科　　　　　　　Araceae

4. 马兜铃科　　　　　　　Aristolochiaceae

5. 萝藦科　　　　　　　　Asclepiadaceae

6. 凤仙花科　　　　　　　Balsaminaceae

7. 秋海棠科　　　　　　　Begoniaceae

8. 紫葳科　　　　　　　　Bignoniaceae

9. 卫矛科　　　　　　　　Celastraceae

10. 金粟兰科　　　　　　　Chloranthaceae

11. 鸭跖草科　　　　　　　Commelinaceae

12. 葫芦科　　　　　　　　Cucurbitaceae

13. 碗蕨科　　　　　　　　Dennstaedtiaceae

14. 薯蓣科　　　　　　　　Dioscoreaceae

15. 沟繁缕科　　　　　　　Elatinaceae

16. 谷精草科　　　　　　　Eriocaulaceae

17. 大戟科　　　　　　　　Euphorbiaceae

18. 裸子蕨科　　　　　　　Hemionitidaceae

19. 石杉科　　　　　　　　Huperziaceae

20. 膜蕨科　　　　　　　　Hymenophyllaceae

21. 樟科　　　　　　　　　Lauraceae

22. 锦葵科　　　　　　　　Malvaceae

23. 苹科　　　　　　　　　Marsileaceae

24. 防己科　　　　　　　　Menispermaceae

25. 水龙骨科　　　　　　　Polypodiaceae

26. 雨久花科　　　　　　　Pontederiaceae

27. 蕨科　　　　　　　　　Pteridiaceae

28. 芸香科　　　　　　　　Rutaceae

29. 槐叶苹科　　　　　　　Sallviniaceae

30. 檀香科　　　　　　　　Santalaceae

31. 无患子科　　　　　　　Sapindaceae

32. 苦木科　　　　　　　　Simaroubaceae

33. 中国蕨科　　　　　　　Sinopteridaceae

34. 金星蕨科　　　　　　　Thelypteridaceae

35. 荨麻科　　　　　　　　Urticaceae

| 36. 葡萄科 | Vitaceae |
| 37. 蒺藜科 | Zygophyllaceae |

2s. 以南半球为主的泛热带分布（1科）

| 1. 桑寄生科 | Loranthaceae |

2-1. 热带亚洲—大洋洲和热带美洲（南美洲及墨西哥）分布（1科）

| 1. 山矾科 | Symplocaceae |

2-2. 热带亚洲—热带非洲—热带美洲（南美洲）分布（1科）

| 1. 鸢尾科 | Iridaceae |

3. 东亚（热带、亚热带）及热带南美间断分布（5科）

1. 五加科	Araliaceae
2. 苦苣苔科	Gesneriaceae
3. 省沽油科	Staphyleaceae
4. 安息香科	Styracaceae
5. 马鞭草科	Verbenaceae

4. 旧世界热带分布（2科）

| 1. 八角枫科 | Alangiaceae |
| 2. 胡麻科 | Pedaliaceae |

5. 热带亚洲（热带东南亚至印度—马来，太平洋诸岛）分布（1科）

| 1. 骨碎补科 | Davalliaceae |

6. 北温带分布（14科）

1. 五福花科	Adoxaceae
2. 阴地蕨科	Botrychiaceae
3. 花蔺科	Butomaceae
4. 忍冬科	Caprifoliaceae
5. 鳞毛蕨科	Dryopteridaceae
6. 杉叶藻科	Hippuridaceae
7. 金丝桃科	Hypericaceae

8. 百合科	Liliaceae
9. 球子蕨科	Onocleaceae
10. 列当科	Orobanchaceae
11. 紫萁蕨科	Osmundaceae
12. 芍药科	Paeoniaceae
13. 松科	Pinaceae
14. 岩蕨科	Woodsiaceae

6-1. 环极（环北极，环两极）分布（2科）

1. 岩高兰科	Empetraceae
2. 芝菜科	Scheuchzeriaceae

6-2. 北温带和南温带间断分布（18科）

1. 槭树科	Aceraceae
2. 桦木科	Betulaceae
3. 山茱萸科	Cornaceae
4. 柏科	Cupressaceae
5. 茅膏菜科	Droseraceae
6. 胡颓子科	Elaeagnaceae
7. 壳斗科	Fagaceae
8. 牻牛儿苗科	Geraniaceae
9. 胡桃科	Juglandaceae
10. 灯心草科	Juncaceae
11. 亚麻科	Linaceae
12. 罂粟科	Papaveraceae
13. 花荵科	Polemoniaceae
14. 鹿蹄草科	Pyrolaceae
15. 杨柳科	Salicaceae
16. 黑三棱科	Sparganiaceae
17. 红豆杉科	Taxaceae
18. 大叶藻科	Zosteraceae

6-3. 欧亚和南美洲温带间断分布（2科）

1. 小檗科	Berberidaceae

2. 麻黄科   Ephedraceae

7. 东亚及北美间断分布（3科）

1. 木兰科   Magnoliaceae
2. 透骨草科   Phrymaceae
3. 五味子科   Schisandraceae

8. 旧世界温带分布（2科）

1. 柽柳科   Tamaricaceae
2. 菱科   Trapaceae

8–1. 欧亚和南非（有时也在澳大利亚）分布（1科）

1. 川续断科   Dipsacaceae

9. 地中海区、西亚至中亚分布（无）

9–1. 地中海区至西亚或中亚和墨西哥或古巴间断分布（1科）

1. 椴树科   Tiliaceae

10. 东亚分布（1科）

1. 猕猴桃科   Actinidiaceae

10–1. 中国—日本分布（1科）

1. 睫毛蕨科   Pleurosoriopsidaceae

第四章　东北植物科属种分布区类型总名录

为方便查询，将前面三章所述的科的分布区类型、属的分布区类型和种的分布区类型按分类系统排列成东北植物科属种分布区类型总名录。

由于分布区类型是根据物种的地理分布范围和自然分布规律进行划分的，因此本书只收录东北地区的野生种，而不包括栽培、逸生种以及近些年来侵入本地区的外来入侵种。

东北地区153科786属2704种野生维管束植物，科的分布区类型有9个分布区类型和9个亚型，属的分布区类型有15个分布区类型和20个亚型，种的分布区类型有26个分布区类型和31个亚型。

每个类群的分布区类型列于最右侧。以f开头的分布区类型号是科的分布区类型，以g开头的是属的分布区类型，以数字开头的是种的分布区类型。

总名录蕨类植物按秦仁昌1978年系统排列，裸子植物按郑万钧1978年系统排列，被子植物按恩格勒1964年系统排列。科内植物种名按拉丁文字母顺序排列。科属种的中文名和拉丁学名主要参考东北植物检索表（傅沛云，1995）。

一、石杉科	**Huperziaceae**	f2.泛热带分布
石杉属	**Huperzia** Bernh.	g2.泛热带分布
1. 长白石杉	**Huperzia lucidula** (Michx.) Trev. var.**asiatica** Ching	14.东北分布
2. 东北石杉	**Huperzia miyoshiana** (Makino) Ching	6–1.东亚—北美分布
3. 石杉	**Huperzia selago** (L.) Bernh. ex Shrank et Mart.	
	var. **appressa** (Desv.) Ching	4.北温带分布
4. 蛇足石杉	**Huperzia serrata** (Thunb.) Trev.	22–2.亚洲—北美—温带至热带分布
二、石松科	**Lycopodiaceae**	f1.世界广布
扁枝石松属	**Diphasiastrum** Holub	g1.世界分布
1. 高山扁枝石松	**Diphasiastrum alpinum** (L.) Holub	2.北温带—北极分布
2. 扁枝石松	**Diphasiastrum complanatum** (L.) Holub	4.北温带分布
石松属	**Lycopodium** L.	g8.北温带分布

3. 杉蔓石松	**Lycopodium annotinum** L. var. **acrifolium** Fernald	4.北温带分布
4. 欧洲石松	**Lycopodium clavatum** L.	22–2.亚洲—北美—温带至热带分布
5. 玉柏石松	**Lycopodium obscurum** L.	6.亚洲—北美分布

三、卷柏科　**Selaginellaceae**　f1.世界广布
　卷柏属　**Selaginella** Beauv.　g1.世界广布

1. 北方卷柏	**Selaginella borealis** (Kaulf.) Rupr	3–1.东部西伯利亚分布
2. 蔓生卷柏	**Selaginella davidii** Franch.	11.中国东部分布
3. 小卷柏	**Selaginella Helvetica** (L.) Link	5.旧世界温带分布
4. 鹿角卷柏	**Selaginella rossii** (Baker) Warbr.	14.东北分布
5. 圆枝卷柏	**Selaginella sanguinolenta** (L.) Spring	7.温带亚洲分布
6. 西伯利亚卷柏	**Selaginella sibirica** (Milde) Hieron.	6–1.东亚—北美分布
7. 中华卷柏	**Selaginella sinensis** (Desv.) Spring	11.中国东部分布
8. 旱生卷柏	**Selaginella stautoniana** Spring	11.中国东部分布
9. 卷柏	**Selaginella tamariscina** (Beauv.) Spring	22–3.亚洲温带—热带分布

四、木贼科　**Equisetaceae**　f1.世界广布
　问荆属　**Equisetum** L.　g8.北温带分布

1. 问荆	**Equisetum arvense** L.	4.北温带分布
2. 犬问荆	**Equisetum palustre** L.	2.北温带—北极分布
3. 草问荆	**Equisetum pratense** Ehrh.	2.北温带—北极分布
4. 水问荆	**Equisetum pratense** Ehrh.	2.北温带—北极分布
5. 林问荆	**Equisetum sylvaticum** L.	2.北温带—北极分布

　木贼属　**Hippochaete** Miled　f1.世界广布

6. 木贼	**Hippochaete hyemale** (L.) Borner	4.北温带分布
7. 多枝木贼	**Hippochaete ramosissimum** (Desf.) Borner	4.北温带分布
8. 小木贼	**Hippochaete scirpoides** (Michx.) Farw.	2.北温带—北极分布
9. 兴安木贼	**Hippochaete variegatum** (Schleich.) Borner	2.北温带—北极分布

五、阴地蕨科　**Botrychiaceae**　f8.北温带分布
　阴地蕨属　**Botrychium** Lyons　g8.北温带分布

1. 北方小阴地蕨	**Botrychium boreale** (Fries) Milde	4.北温带分布
2. 条裂小阴地蕨	**Botrychium lanceolatum** (Gmel.) Angstrom	2.北温带—北极分布
3. 扇羽小阴地蕨	**Botrychium lunaria** (L.) Swartz	1.世界分布

4. 多裂阴地蕨 **Botrychium multifidum** (Gmel.) Nishida ex Tagawa   4.北温带分布

5. 粗壮阴地蕨 **Botrychium robustum** (Rupr.) Lyon   10.中国—日本分布

6. 劲直假阴地蕨 **Botrychium strictus** (Underw.) Holub   10.中国—日本分布

六、瓶尔小草科 **Ophioglossaceae**   f1.世界广布

瓶尔小草属 **Ophioglossum** L.   g8-1.环北极分布

1. 温泉瓶尔小草 **Ophioglossum thermale** Kom.   10.中国—日本分布

七、紫萁蕨科 **Osmundaceae**   f8.北温带分布

紫萁蕨属 **Osmunda** L.   g8.北温带分布

1. 分株紫萁 **Osmunda cinnamomea** L. var.**asiatica** Fernald   22-3.亚洲温带—热带分布

2. 绒紫萁 **Osmunda claytoniana** L.   22-2.亚洲—北美—温带至热带分布

八、膜蕨科 **Hymenophyllaceae**   f2.泛热带分布

团扇蕨属 **Gonocormus** V.D.Bosch

g4-1.热带亚洲、非洲（或东非、马达加斯加）和大洋洲间断分布

1. 团扇蕨 **Gonocormus minutus** (Blume) V. D. Bosch   22-3.亚洲温带—热带分布

九、碗蕨科 **Dennstaedtiaceae**   f2.泛热带分布

碗蕨属 **Dennstaedtia** Bernh.   g2.泛热带分布

1. 细毛碗蕨 **Dennstaedtia hirsuta** (Swartz) Mett. ex Miquel   10.中国—日本分布

2. 溪洞碗蕨 **Dennstaedtia wilfordii** (Moore) Christ   10.中国—日本分布

十、蕨科 **Pteridiaceae**   f2.泛热带分布

蕨属 **Pteridium** Scop.   g2.泛热带分布

1. 蕨 **Pteridium aquilinum** (L.) Kuhn.

var. **latiusculum** (Desv.) Underw. ex Heller   22.北温带—热带分布

十一、中国蕨科 **Sinopteridaceae**   f2.泛热带分布

粉背蕨属 **Aleuritopteris** Fee   g2.泛热带分布

1. 银粉背蕨 **Aleuritopteris argentea** (Gmel.) Fee   22-3.亚洲温带—热带分布

薄鳞蕨属 **Leptolepidium** Hsing et S.K.Wu   g11.温带亚洲分布

2. 华北薄鳞蕨 **Leptolepidium kuhnii** (Milde) Hsing et S.K. Wu   10.中国—日本分布

十二、铁线蕨科　Sinopteridaceae　　　f1.世界广布
铁线蕨属　**Adiantum** L.　　　f1.世界广布
1. 普通铁线蕨　**Adiantum edgeworthii** Hook.　　22–3.亚洲温带—热带分布
2. 掌叶铁线蕨　**Adiantum pedatum** L.　　6.亚洲—北美分布

十三、裸子蕨科　Hemionitidaceae　　　f2.泛热带分布
凤丫蕨属　**Coniogramme** Fee　　g7.热带亚洲（印度—马来西亚）分布
1. 尖齿凤丫蕨　**Coniogramme affinis** (Wall.) Hieron.　　22–3.亚洲温带—热带分布
2. 无毛凤丫蕨　**Coniogramme intermedia** Hieron. var. **glabra** Ching

　　　22–3.亚洲温带—热带分布
金毛裸蕨属　**Paraceterach** Bernh.　　g2.泛热带分布
3. 华北金毛裸蕨　**Gymnopteris borealisinensis** Kitag.　　11.中国东部分布

十四、蹄盖蕨科　Athyriaceae　　　f1.世界广布
短肠蕨属　**Allantodia** R. Br.　　g2.泛热带分布
1. 黑鳞短肠蕨　**Allantodia crenata** (Sommerf.) Ching　　5.旧世界温带分布
2. 东北短肠蕨　**Allantodia taquetii** (C. Chr.) Ching　　13.华北—朝鲜分布
蹄盖蕨属　**Athyrium** Roth.　　f1.世界广布
3. 麦秆蹄盖蕨　**Athyrium fallaciosum** Milde　　11.中国东部分布
4. 猴腿蹄盖蕨　**Athyrium multidentatum** (Doll.) Ching　　10.中国—日本分布
5. 华东蹄盖蕨　**Athyrium niponicum** (Mett.) Hance　　22–3.亚洲温带—热带分布
6. 中华蹄盖蕨　**Athyrium sinense** Rupr.　　10.中国—日本分布
7. 禾秆蹄盖蕨　**Athyrium yokoscense** (Franch. et Sav.) Christ　　10.中国—日本分布
冷蕨属　**Cystopteris** Bernh.　　g8.北温带分布
8. 冷蕨　**Cystopteris fragilis** (L.) Bernh.　　1.世界分布
9. 山冷蕨　**Cystopteris sudetica** A. Braun et Milde　　5.旧世界温带分布
介蕨属　**Dryoathyrium** Ching　　g14.东亚分布
10. 翅轴介蕨　**Dryoathyrium pterorachis** (Christ) Ching　　10–1.中国东北—日本中北部分布
羽节蕨属　**Gymnocarpium** Newm.　　g8.北温带分布
11. 鳞毛羽节蕨　**Gymnocarpium Dryopteris** (L.) Newm.　　4.北温带分布
12. 羽节蕨　**Gymnocarpium jessoense** (Koidz.) Koidz　　6.亚洲—北美分布
蛾眉蕨属　**Lunathyrium** Koidz.　　g11.温带亚洲分布
13. 朝鲜蛾眉蕨　**Lunathyrium coreanum** (Christ) Ching　　10.中国—日本分布
14. 东北蛾眉蕨　**Lunathyrium pycnosorum** (Christ) Koidz.　　10.中国—日本分布

新蹄盖蕨属	**Neoathyrium** Ching et Z. R. Wang	g14–2.中国—日本分布
15. 新蹄盖蕨	**Neoathyrium crenulato-serrulatum** (Makino) Ching et Z.R.Wang	
		10.中国—日本分布
假冷蕨属	**Pseudocystopteris** Ching	g14.东亚分布
16. 假冷蕨	**Pseudocystopteris spinulosa** (Maxim.) Ching	10.中国—日本分布

十五、金星蕨科 Thelypteridaceae f2.泛热带分布

假鳞毛蕨属	**Oreopteris** Holub	g8.北温带分布
1. 东北假鳞毛蕨	**Oreopteris quelpartensis** (Christ) Holub	10–1.中国东北—日本中北部分布
金星蕨属	**Parathelypteris** (H. Ito) Ching	g2.泛热带分布
2. 中日金星蕨	**Parathelypteris nipponica** (Franch. et Sav.) Ching	8.东亚分布
卵果蕨属	**Phegopteris** Fee	g8.北温带分布
3. 卵果蕨	**Phegopteris polypodioides** Fee	4.北温带分布
沼泽蕨属	**Thelypteris** Schmid.	g8.北温带分布
4. 毛叶沼泽蕨	**Thelypteris palustris** (Salisb.) Schott. var. **pubescens** (Lawson) Fernald	
		6–1.东亚—北美分布

十六、铁角蕨科 Aspleniaceae f1.世界广布

铁角蕨属	**Asplenium** L.	f1.世界广布
1. 粟绿铁角蕨	**Asplenium castaneo-viride** Baker	10.中国—日本分布
2. 虎尾铁角蕨	**Asplenium incisum** Thunb.	10.中国—日本分布
3. 西北铁角蕨	**Asplenium nesii** Christ	22–3.亚洲温带—热带分布
4. 北京铁角蕨	**Asplenium pekinense** Hance	10.中国—日本分布
5. 华中铁角蕨	**Asplenium sarelii** Hook.	8.东亚分布
6. 钝尖铁角蕨	**Asplenium subvarians** Ching ex C. Chr.	10.中国—日本分布
过山蕨属	**Camptosorus** Link.	g9.东亚和北美洲间断分布
7. 过山蕨	**Camptosorus sibiricus** Rupr.	8.东亚分布
对开蕨属	**Phyllitis** Hill	g8.北温带分布
8. 对开蕨	**Phyllitis scolopendrium** (L.) Newm.	4.北温带分布

十七、睫毛蕨科 Pleurosoriopsidaceae f14–2.中国—日本分布

睫毛蕨属	**Pleurosoriopsis** Fomin	g14–2.中国—日本分布
1. 睫毛蕨	**Pleurosoriopsis makinoi** (Maxim.) Fomin	10.中国—日本分布

十八、球子蕨科　Onocleaceae　　　　　　　　　　f8.北温带分布

荚果蕨属	**Matteuccia** Todaro	g8.北温带分布
1. 东方荚果蕨	**Matteuccia orientalis** (Hook.) Trev.	22–3.亚洲温带—热带分布
2. 荚果蕨	**Matteuccia struthiopteris** (L.) Todaro	4.北温带分布
球子蕨属	**Onoclea** L.	g9.东亚和北美洲间断分布
3. 球子蕨	**Onoclea sensibilis** L. var. **interrupta** Maxim.	8.东亚分布

十九、岩蕨科　Woodsiaceae　　　　　　　　　　f8.北温带分布

膀胱蕨属	**Protowoodsia** Ching	g10.旧世界温带分布
1. 膀胱蕨	**Protowoodsia manchuriensis** (Hook.) Ching	10.中国—日本分布
岩蕨属	**Woodsia** R.Br.	g8–1.环北极分布
2. 光岩蕨	**Woodsia glabella** R. Br.	2.北温带—北极分布
3. 旱岩蕨	**Woodsia hancockii** Baker	10.中国—日本分布
4. 岩蕨	**Woodsia ilvensis** (L.) R. Br.	2.北温带—北极分布
5. 中岩蕨	**Woodsia intermedia** Tagawa	10.中国—日本分布
6. 大囊岩蕨	**Woodsia macrochlaena** Meet. ex Kuhn.	10.中国—日本分布
7. 耳羽岩蕨	**Woodsia polystichoides** Eaton	10.中国—日本分布
8. 密毛岩蕨	**Woodsia rosthorniana** Diels	11.中国东部分布
9. 心岩蕨	**Woodsia subcordata** Turcz.	10.中国—日本分布

二十、鳞毛蕨科　Dryopteridaceae　　　　　　　　f8.北温带分布

贯众属	**Cyrtomium** Presl	g14.东亚分布
1. 全缘贯众	**Cyrtomium falcatum** (L. f.) Presl	10.中国—日本分布
鳞毛蕨属	**Dryopteris** Adans.	g14.东亚分布
2. 黑水鳞毛蕨	**Dryopteris amurensis** (Milde) Christ	10–1.中国东北—日本中北部分布
3. 中华鳞毛蕨	**Dryopteris chinensis** (Baker) Koidz.	10.中国—日本分布
4. 粗茎鳞毛蕨	**Dryopteris crassirhizoma** Nakai	10.中国—日本分布
5. 广布鳞毛蕨	**Dryopteris expansa** (Presl) Fraser-Jenkins et Jermy	4.北温带分布
6. 香鳞毛蕨	**Dryopteris fragrans** (L.) Schott	2.北温带—北极分布
7. 华北鳞毛蕨	**Dryopteris goeringiana** (Kuntze) Koidz.	10.中国—日本分布
8. 裸叶鳞毛蕨	**Dryopteris gymnophylla** (Baker) C. Chr.	10.中国—日本分布
9. 狭顶鳞毛蕨	**Dryopteris lacera** (Thunb.) O. Kuntze	10.中国—日本分布
10. 山地鳞毛蕨	**Dryopteris monticola** (Makino) C.Chr.	10–1.中国东北—日本中北部分布
11. 半岛鳞毛蕨	**Dryopteris peninsulae** Kitag.	11.中国东部分布

12. 虎耳鳞毛蕨	**Dryopteris saxifrage** (Hayata) H. Ito	10.中国—日本分布
13. 东北亚鳞毛蕨	**Dryopteris sichotensis** Kom.	10–1.中国东北—日本中北部分布
14. 细叶鳞毛蕨	**Dryopteris woodsiisora** Hayata	22–3.亚洲温带—热带分布
耳蕨属	**Polystichum** Roth.	g8.北温带分布
15. 布朗耳蕨	**Polystichum braunii** (Spenn.) Fee	4.北温带分布
16. 华北耳蕨	**Polystichum craspedosorum** (Maxim.) Diels	10.中国—日本分布
17. 三叉耳蕨	**Polystichum tripteron** (Kuntze) Presl	10.中国—日本分布

二十一、骨碎补科　**Davalliaceae**

f7.热带亚洲（即热带东南亚至印度—马来，太平洋诸岛）分布

| 骨碎补属 | **Davallia** Smith | g7.热带亚洲（印度—马来西亚）分布 |
| 1. 骨碎补 | **Davallia mariesii** Moore ex Baker | 10.中国—日本分布 |

二十二、水龙骨科　**Polypodiaceae**　　f2.泛热带分布

瓦韦属	**Lepisorus** (J. Smith) Ching	g14.东亚分布
1. 乌苏里瓦韦	**Lepisorus ussuriensis** (Regel et Maack) Ching	11.中国东部分布
假瘤蕨属	**Phymatopsis** J. Smith	g7.热带亚洲（印度—马来西亚）分布
2. 金鸡脚假瘤蕨	**Phymatopsis hastata** (Thunb.) Kitag. ex H. Ito	8.东亚分布
多足蕨属	**Polypodium** L.	g8.北温带分布
3. 东北多足蕨	**Polypodium virginianum** L.	6.亚洲—北美分布
石韦属	**Pyrrosia** Mirbel	g7.热带亚洲（印度—马来西亚）分布
4. 线叶石韦	**Pyrrosia linearifolia** (Hook.) Ching	10.中国—日本分布
5. 北京石韦	**Pyrrosia pekinensis** (C. Chr.) Ching	11.中国东部分布
6. 有柄石韦	**Pyrrosia petiolosa** (Christ et Bar.) Ching	11.中国东部分布

二十三、苹科　**Marsileaceae**　　f2.泛热带分布

| 苹属 | **Marsilea** L. | g2.泛热带分布 |
| 1. 苹 | **Marsilea quadrifolia** L. | 1.世界分布 |

二十四、槐叶苹科　**Sallviniaceae**　　f2.泛热带分布

| 槐叶苹属 | **Salvinia** Adans. | g2.泛热带分布 |
| 1. 槐叶苹 | **Salvinia natans** (L.) All. | 1.世界分布 |

二十五、满江红科　**Azollaceae**　　f1.世界广布

满江红属	**Azolla** Lam.	f1.世界广布
1. 满江红	**Azolla imbricata** (Roxb.) Nakai	10.中国—日本分布

二十六、松科　Pinaceae

f8.北温带分布

冷杉属	**Abies** Mill.	g8.北温带分布
1. 杉松冷杉	**Abies holophylla** Maxim.	14.东北分布
2. 臭冷杉	**Abies nephrolepis** (Trautv.) Maxim.	12.东北—华北分布
落叶松属	**Larix** Mill.	g8.北温带分布
4. 兴安落叶松	**Larix gmelini** (Rupr.) Rupr.	3-1.东部西伯利亚分布
5. 黄花落叶松	**Larix olgensis** A. Henry	14.东北分布
云杉属	**Picea** Dietr.	g8.北温带分布
6. 鱼鳞云杉	**Picea jezoensis** Carr. var. **microsperma** (Lindl.) Cheng et L. K. Fu	14.东北分布
7. 红皮云杉	**Picea koraiensis** Nakai	14.东北分布
8. 白杆云杉	**Picea meyeri** Rehd. ex Wils.	15-2.华北—蒙古草原分布
松属	**Pinus** L.	g8.北温带分布
9. 赤松	**Pinus densiflora** Sieb. et Zucc.	10.中国—日本分布
10. 红松	**Pinus koraiensis** Sieb.	10-1.中国东北—日本中北部分布
11. 偃松	**Pinus pumila** (Pall.) Regel	2-4.北极—高山分布
12. 西伯利亚红松	**Pinus sibirica** (Loud.) Mayr.	3.西伯利亚分布
13. 长白松	**Pinus sylvestriformis** (Taken.) T. Wang et Cheng	14.东北分布
14. 樟子松	**Pinus sylvestris** L.var. **mongolica** Litv.	16-2.大兴安岭—蒙古草原分布
15. 油松	**Pinus tabulaeformis** Carr.	15.华北分布

二十七、柏科　Cupressaceae

f8-4.北温带和南温带间断分布

刺柏属	**Juniperus** L.	g8.北温带分布
1. 杜松	**Juniperus rigida** Sieb. et Zucc.	10.中国—日本分布
2. 西伯利亚刺柏	**Juniperus sibirica** Burgsd.	2-1.旧世界温带—北极分布
圆柏属	**Sabina** Mill.	g8.北温带分布
3. 兴安圆柏	**Sabina davurica** (Pall.) Ant.	14-2.中国东北—达乌里分布
崖柏属	**Thuja** L.	g9.东亚和北美洲间断分布
4. 朝鲜崖柏	**Thuja koraiensis** Nakai	14.东北分布

二十八、红豆杉科　Taxaceae

f8-4.北温带和南温带间断分布

红豆杉属	**Taxus** L.	g8.北温带分布

1. 东北红豆杉	**Taxus cuspidata** Sieb. et Zucc.	10–1.中国东北—日本中北部分布

二十九、麻黄科 **Ephedraceae** f8–5.欧亚和南美洲温带间断分布

   麻黄属 **Ephedra** Tourn ex L. g2.泛热带分布

1. 木贼麻黄 **Ephedra equisetina** Bunge 7.温带亚洲分布

2. 中麻黄 **Ephedra intermedia** Schrenk ex C. A. Mey. 7.温带亚洲分布

3. 单子麻黄 **Ephedra monosperma** Gmel. ex C. A. Mey. 3–1.东部西伯利亚分布

4. 草麻黄 **Ephedra sinica** Stapf 15–2.华北—蒙古草原分布

三十、胡桃科 **Juglandaceae** f8–4.北温带和南温带间断分布

   胡桃属 **Juglans** L. g8.北温带分布

1. 胡桃楸 **Juglans mandshurica** Maxim. 12.东北—华北分布

   枫杨属 **Pterocarya** Kunth g14–2.中国—日本分布

2. 枫杨 **Pterocarya stenoptera** DC. 11.中国东部分布

三十一、杨柳科 **Salicaceae** f8–4.北温带和南温带间断分布

   钻天柳属 **Chosenia** Nakai g11.温带亚洲分布

1. 钻天柳 **Chosenia arbutifolia** (Pall.) A. Skv. 2–3.亚洲温带—北极分布

   杨属 **Populus** L. g8.北温带分布

2. 黑龙江杨 **Populus amurensis** Kom. 14.东北分布

3. 山杨 **Populus davidiana** Dode 7.温带亚洲分布

4. 兴安杨 **Populus hsinganica** C. Wang et Skv. 16.大兴安岭分布

5. 香杨 **Populus koreana** Rehd. 10–1.中国东北—日本中北部分布

6. 辽杨 **Populus maximowiczii** A. Henry 10.中国—日本分布

7. 小青杨 **Populus pseudosimonii** Kitag 11.中国东部分布

8. 甜杨 **Populus suaveolens** Fisch 2–3.亚洲温带—北极分布

9. 大青杨 **Populus ussuriensis** Kom 14.东北分布

   柳属 **Salix** L. g8.北温带分布

10. 密齿柳 **Salix characta** Schneid 11–1.中国东部—西部分布

11. 毛枝柳 **Salix dasyclados** Wimm 2–1.旧世界温带—北极分布

12. 长圆叶柳 **Salix divaricata** Pall.var. **meta-formosa** (Nakai) Kitag. 14–3.东北—大兴安岭分布

13. 东沟柳 **Salix donggouxianica** C. F.Fang 15.华北分布

14. 长柱柳 **Salix eriocarpa** Franch. et Sav. 14–1.中国东北—俄罗斯远东区分布

15. 崖柳 **Salix floderusii** Nakai 2–1.旧世界温带—北极分布

16. 黄柳	**Salix gordejevii** Y. L. Chang et Skv.	20.蒙古草原分布
17. 细柱柳	**Salix gracilistyla** Miq.	10–1.中国东北—日本中北部分布
18. 细枝柳	**Salix gracilior** (Siuz.) Nakai	12–1.东北—华北—蒙古草原分布
19. 兴安柳	**Salix hsinganica** Y. L. Chang et Skv.	14–3.东北—大兴安岭分布
20. 呼玛柳	**Salix humaensis** Y. L. Chou et R. C. Chou	16.大兴安岭分布
21. 杞柳	**Salix integra** Thunb.	10.中国—日本分布
22. 江界柳	**Salix kangensis** Nakai	14.东北分布
23. 沙杞柳	**Salix kochiana** Trautv.	3–1.东部西伯利亚分布
24. 朝鲜柳	**Salix koreensis** Anderss.	10.中国—日本分布
25. 尖叶紫柳	**Salix koriyanagi** Kimura	10–1.中国东北—日本中北部分布
26. 筐柳	**Salix linearistipularis** Hao	15–2.华北—蒙古草原分布
27. 旱柳	**Salix matsudana** Koidz.	7.温带亚洲分布
28. 大白柳	**Salix maximowiczii** Kom.	14.东北分布
29. 小穗柳	**Salix microstachya** Turcz.	19.达乌里—蒙古分布
30. 越桔柳	**Salix myrtilloides** L.	2.北温带—北极分布
31. 五蕊柳	**Salix pentandra** L.	5.旧世界温带分布
32. 白皮柳	**Salix pierotii** Miq.	10–1.中国东北—日本中北部分布
33. 多腺柳	**Salix polyadenia** Hand.-Mazz.	14.东北分布
34. 鹿蹄柳	**Salix pyrolaefolia** Ledeb.	2–3.亚洲温带—北极分布
35. 大黄柳	**Salix raddeana** Laksch.	14–3.东北—大兴安岭分布
36. 粉枝柳	**Salix rorida** Laksch.	3.西伯利亚分布
37. 细叶沼柳	**Salix rosmarinifolia** L.	5.旧世界温带分布
38. 圆叶柳	**Salix rotundifolia** Trautv.	2–4.北极—高山分布
39. 龙江柳	**Salix sachalinensis** Fr. Schmidt	2–3.亚洲温带—北极分布
40. 卷边柳	**Salix siuzevii** Seemen	3–1.东部西伯利亚分布
41. 司氏柳	**Salix skvortzovii** Y. L. Chang et Y. L. Chou	14.东北分布
42. 松江柳	**Salix sungkianica** Y. L. Chou et Skv.	14–3.东北—大兴安岭分布
43. 谷柳	**Salix taraikensis** Kimura	7.温带亚洲分布
44. 三蕊柳	**Salix triandra** L.	5.旧世界温带分布
45. 蒿柳	**Salix schwerinii** E. L. Wolf	22–1.旧世界温带—热带分布
46. 白河柳	**Salix yanbianica** C. F. Fang et Ch. Y. Yang	14.东北分布

三十二、桦木科 **Betulaceae** f8-4.北温带和南温带间断分布
赤杨属 **Alnus** L. g8.北温带分布

1. 日本赤杨	**Alnus japonica** (Thunb.) Steud.	10.中国—日本分布
2. 东北赤杨	**Alnus mandshurica** (Call.) Hand.-Mazz.	14-3.东北—大兴安岭分布
3. 水冬瓜赤杨	**Alnus sibirica** Fisch. et Turcz.	3-1.东部西伯利亚分布
4. 色赤杨	**Alnus tinctori**a Sarg.	10-1.中国东北—日本中北部分布
桦木属	**Betula** L.	g8.北温带分布
5. 红桦	**Betula albo-sinensis** Burk.	11-1.中国东部—西部分布
6. 角翅桦	**Betula ceratoptera** G. H. Liu et Ma	15.华北分布
7. 坚桦	**Betula chinensis** Maxim	15.华北分布
8. 风桦	**Betula costata** Trautv.	12.东北—华北分布
9. 黑桦	**Betula davurica** Pall.	10.中国—日本分布
10. 岳桦	**Betula ermanii** Cham.	3-1.东部西伯利亚分布
11. 瘦桦	**Betula exilis** Suk.	2-4.北极—高山分布
12. 柴桦	**Betula fruticosa** Pall.	3-1.东部西伯利亚分布
13. 砂生桦	**Betula gmelinii** Bunge	19.达乌里—蒙古分布
14. 甸生桦	**Betula humilis** Schrank	5.旧世界温带分布
15. 扇叶桦	**Betula middendorffii** Trautv. et C. A. Mey.	2-3.亚洲温带—北极分布
16. 白桦	**Betula platyphylla** Suk.	8.东亚分布
17. 赛黑桦	**Betula schmidt**ii Regel	10-1.中国东北—日本中北部分布
18. 糙皮桦	**Betula utilis** D. Don	7.温带亚洲分布
鹅耳枥属	**Carpinus** L.	g8.北温带分布
19. 千金榆	**Carpinus cordata** Blume	22-3.亚洲温带—热带分布
20. 鹅耳枥	**Carpinus turczaninovii** Hance	10.中国—日本分布
榛属	**Corylus** L.	g8.北温带分布
21. 榛	**Corylus heterophylla** Fisch. ex Trautv.	10.中国—日本分布
22. 毛榛	**Corylus mandshurica** Maxim. et Rupr.	10.中国—日本分布
虎榛子属	**Ostryopsis** Decne.	g15.中国特有分布
23. 虎榛子	**Ostryopsis davidiana** Decne.	15.华北分布

三十三、壳斗科 Fagaceae

		f8-4.北温带和南温带间断分布
栎属	**Quercus** L.	g8.北温带分布
1. 麻栎	**Quercus acutissima** Carr.	22-3.亚洲温带—热带分布
2. 槲栎	**Quercus aliena** Blume	10.中国—日本分布
3. 槲树	**Quercus dentata** Thunb.	10.中国—日本分布
4. 凤城栎	**Quercus fenchengensis** H. W. Jen et L. M. Wang	15.华北分布

5. 辽东栎	**Quercus liaotungensis** Koidz.	11-1.中国东部—西部分布
6. 金州栎	**Quercus mccormickii** Carr.	13.华北—朝鲜分布
7. 蒙古栎	**Quercus mongolica** Fisch. ex Turcz.	10.中国—日本分布
8. 柞槲栎	**Quercus mongolico-dentata** Nakai	13.华北—朝鲜分布
9. 枹栎	**Quercus serrata** Thunb.	10.中国—日本分布
10. 栓皮栎	**Quercus variabilis** Blume	10.中国—日本分布

三十四、榆科 **Ulmaceae**

		f1.世界广布
朴属	**Celtis** L.	g2.泛热带分布
1. 小叶朴	**Celtis bungeana** Blume	11.中国东部分布
2. 大叶朴	**Celtis koraiensis** Nakai	13.华北—朝鲜分布
刺榆属	**Hemiptelea** Planch.	g14-2.中国—日本分布
3. 刺榆	**Hemiptelea davidii** (Hance) Planch.	11.中国东部分布
青檀属	**Pteroceltis** Maxim.	g15.中国特有分布
4. 青檀	**Pteroceltis tatarinowii** Maxim.	11.中国东部分布
榆属	**Ulmus** L.	g8.北温带分布
5. 黑榆	**Ulmus davidiana** Planch.	13.华北—朝鲜分布
6. 旱榆	**Ulmus glaucescens** Franch.	11-1.中国东部—西部分布
7. 春榆	**Ulmus japonica** (Rehd.) Sarg.	10.中国—日本分布
8. 裂叶榆	**Ulmus laciniata** (Trautv.) Mayr.	10.中国—日本分布
9. 大果榆	**Ulmus macrocarpa** Hance	11-1.中国东部—西部分布
10. 榆树	**Ulmus pumila** L.	7.温带亚洲分布

三十五、桑科 **Moraceae**

		f1.世界广布
构树属	**Broussonetia** L' Heit. ex Vent.	g7.热带亚洲（印度—马来西亚）分布
1. 构树	**Broussonetia papirifera** Vent.	22-3.亚洲温带—热带分布
葎草属	**Humulus** L.	g8.北温带分布
2. 葎草	**Humulus scandens** (Lour.) Merr.	10.中国—日本分布
桑属	**Morus** L.	g8.北温带分布
3. 桑	**Morus alba** L.	5.旧世界温带分布
4. 鸡桑	**Morus australis** Poir.	22-3.亚洲温带—热带分布
5. 蒙桑	**Morus mongolica** Schneid.	11.中国东部分布

三十六、荨麻科 **Urticaceae**

	f2.泛热带分布

苎麻属	**Boehmeria** Jaeq.	g2.泛热带分布
1. 细穗苎	**Boehmeria gracilis** C. H. Wrig.	10.中国—日本分布
2. 三裂苎	**Boehmeria silvestris** (Pamp.) W. T. Wang	10.中国—日本分布
蝎子草属	**Girardinia** Gaudich.	g4.旧世界热带分布
3. 蝎子草	**Girardinia cuspidata** Wedd.	12.东北—华北分布
艾麻属	**Laportea** Gaudich.	g2.泛热带分布
4. 珠芽艾麻	**Laportea bulbifera** (Sieb. et Zucc.) Wedd.	22-3.亚洲温带—热带分布
墙草属	**Parietaria** L.	g1.世界分布
5. 墙草	**Parietaria micrantha** Ledeb.	1.世界分布
冷水花属	**Pilea** Lindl.	g2.泛热带分布
6. 荫地冷水花	**Pilea hamaoi** Makino	10.中国—日本分布
7. 山冷水花	**Pilea japonica** (Maxim.) Hand.-Mazz.	10-1.中国东北—日本中北部分布
8. 透茎冷水花	**Pilea mongolica** Wedd.	10.中国—日本分布
9. 矮冷水花	**Pilea peploides** Hook. et Arn.	22-3.亚洲温带—热带分布
荨麻属	**Urtica** L.	g8-4.北温带和南温带间断分布
10. 狭叶荨麻	**Urtica angustifolia** Fisch. ex Hornem.	3-1.东部西伯利亚分布
11. 麻叶荨麻	**Urtica cannabina** L.	5.旧世界温带分布
12. 乌苏里荨麻	**Urtica cyanescens** Kom.	14.东北分布
13. 宽叶荨麻	**Urtica laetevirens** Maxim.	8.东亚分布

三十七、檀香科 Santalaceae   f2.泛热带分布

百蕊草属	**Thesium** L. g4-1.热带亚洲、非洲（或东非、马达加斯加）和大洋洲间断分布
1. 百蕊草	**Thesium chinense** Turcz.	8.东亚分布
2. 长叶百蕊草	**Thesium longifolium** Turcz.	11-2.中国东部—蒙古草原分布
3. 急折百蕊草	**Thesium refractum** C. A. Mey.	3.西伯利亚分布

三十八、桑寄生科 Loranthaceae   f2.以南半球为主的泛热带分布

桑寄生属	**Loranthus** L.	g4.旧世界热带分布
1. 北桑寄生	**Loranthus tanakae** Franch. et Sav.	10.中国—日本分布
槲寄生属	**Viscum** L.	g4.旧世界热带分布
2. 槲寄生	**Viscum coloratum** (Kom.) Nakai	10.中国—日本分布

三十九、蓼科 Polygonaceae   f1.世界广布

| 木蓼属 | **Atraphaxis** L. | g10-1.地中海区、西亚（或中亚）和东亚间断分布 |

1. 兴安木蓼	**Atraphaxis frutescens** (L.) C. Koch	5.旧世界温带分布
2. 木蓼	**Atraphaxis manshurica** Kitag.	20.蒙古草原分布
3. 锐枝木蓼	**Atraphaxis pungens** (Bieb.) Jaub. et Spach.	7.温带亚洲分布
蔓蓼属	**Fallopia** Adans.	g8.北温带分布
4. 卷茎蓼	**Fallopia convolvulus** (L.) A. Love	22.北温带—热带分布
5. 齿翅蓼	**Fallopia dentato-alatum** (Fr. Schmidt)	22-3.亚洲温带—热带分布
6. 篱蓼	**Fallopia dumetosum** (L.) Holub.	5.旧世界温带分布
7. 毛脉蓼	**Fallopia multiflora** (Thunb.) Harald.var. **ciliinerve** (Nakai) A. J. Li	
		11-1.中国东部—西部分布
8. 疏花蓼	**Fallopia pauciflorum** (Maxim.) Kitag.	11.中国东部分布
山蓼属	**Oxyria** Hill.	g8-2.北极—高山分布
9. 肾叶高山蓼	**Oxyria digyna** (L.) Hill.	2.北温带—北极分布
蓼属	**Polygonum** L.	g1.世界分布
10. 高山蓼	**Polygonum ajanense** (Nakai) Grig.	3-1.东部西伯利亚分布
11. 狐尾蓼	**Polygonum alopecuroides** Turcz. ex Bess.	3-1.东部西伯利亚分布
12. 兴安蓼	**Polygonum alpinum** All.	5.旧世界温带分布
13. 两栖蓼	**Polygonum amphibium** L.	22.北温带—热带分布
14. 细叶蓼	**Polygonum angustifolium** Pall.	19.达乌里—蒙古分布
15. 萹蓄蓼	**Polygonum aviculare** L.	4.北温带分布
16. 本氏蓼	**Polygonum bungeanum** Turcz.	12.东北—华北分布
17. 伏地蓼	**Polygonum calcatum** Lindm.	5.旧世界温带分布
18. 稀花蓼	**Polygonum dissitiflorum** Hemsl.	11.中国东部分布
19. 分叉蓼	**Polygonum divaricatum** L.	19.达乌里—蒙古分布
20. 多叶蓼	**Polygonum foliosum** Lindb.	3.西伯利亚分布
21. 褐鞘蓼	**Polygonum fusco-ochreatum** Kom.	14-4.东北—蒙古草原分布
22. 碱蓼	**Polygonum gracilius** (Ledeb.) Klok.	5.旧世界温带分布
23. 普通蓼	**Polygonum humifusum** Pall. ex Ledeb.	3-1.东部西伯利亚分布
24. 水蓼	**Polygonum hydropiper** L.	22.北温带—热带分布
25. 矮蓼	**Polygonum kirinense** Chang et Li	14.东北分布
26. 朝鲜蓼	**Polygonum koreense** Nakai	12.东北—华北分布
27. 乌苏里蓼	**Polygonum korshinskianum** Nakai	14.东北分布
28. 酸模叶蓼	**Polygonum lapathifolium** L.	22-1.旧世界温带—热带分布
29. 石生蓼	**Polygonum lapidosum** Kitag.	15.华北分布
30. 白山蓼	**Polygonum laxmanni** Lepech.	2-3.亚洲温带—北极分布

31. 辽东蓼	**Polygonum liaotungense** Kitag.	14.东北分布
32. 谷地蓼	**Polygonum limosum** Kom.	14.东北分布
33. 假长尾叶蓼	**Polygonum longisetum** De Bruyn	22-3.亚洲温带—热带分布
34. 马氏蓼	**Polygonum maackianum** Regel	10.中国—日本分布
35. 中轴蓼	**Polygonum makinoi** Nakai	10.中国—日本分布
36. 耳叶蓼	**Polygonum manshuriense** V. Petr. ex Kom.	14-3.东北—大兴安岭分布
37. 小蓼	**Polygonum minus** Huds.	5.旧世界温带分布
38. 异叶蓼	**Polygonum monspetiense** Thieb.	5.旧世界温带分布
39. 头状蓼	**Polygonum nepalense** Meisn.	22-3.亚洲温带—热带分布
40. 倒根蓼	**Polygonum ochotense** V. Petr.	14-1.中国东北—俄罗斯远东区分布
41. 东方蓼	**Polygonum orientale** L.	22-1.旧世界温带—热带分布
42. 太平洋蓼	**Polygonum pacificum** V. Petr.	14.东北分布
43. 穿叶蓼	**Polygonum perfoliatum** L.	22-3.亚洲温带—热带分布
44. 桃叶蓼	**Polygonum persicaria** L.	4.北温带分布
45. 宽叶蓼	**Polygonum platyphyllum** Li et Chang	12.东北—华北分布
46. 小果蓼	**Polygonum plebeium** R. Br.	22-1.旧世界温带—热带分布
47. 长尾叶蓼	**Polygonum posumbu** Buch.-Ham.	22-3.亚洲温带—热带分布
48. 匍枝蓼	**Polygonum pronum** C. F. Fang	14.东北分布
49. 紧穗蓼	**Polygonum rigidum** Skv.	12-1.东北—华北—蒙古草原分布
50. 两色蓼	**Polygonum roseoviride** (Kitag.) Li et Chang	14.东北分布
51. 刺蓼	**Polygonum senticosum** Franch. et Sav.	10.中国—日本分布
52. 西伯利亚蓼	**Polygonum sibiricum** Laxm.	7.温带亚洲分布
53. 箭蓼	**Polygonum sieboldi** Meisn.	10.中国—日本分布
54. 水湿蓼	**Polygonum strigosum** R. Br.	22-3.亚洲温带—热带分布
55. 松江蓼	**Polygonum sungareense** Kitag.	14.东北分布
56. 戟叶蓼	**Polygonum thunbergii** Sieb. et Zucc.	8.东亚分布
57. 香蓼	**Polygonum viscosum** Hamilt.	22-3.亚洲温带—热带分布
58. 珠芽蓼	**Polygonum viviparum** L.	2.北温带—北极分布
59. 毛叶耳蓼	**Polygonum vladimiri** Czer.	14-2.中国东北—达乌里分布
大黄属	**Rheum** L.	g11.温带亚洲分布
60. 波叶大黄	**Rheum franzenbuchii** Munt.	15-2.华北—蒙古草原分布
酸模属	**Rumex** L.	g1.世界分布
61. 酸模	**Rumex acetosa** L.	4.北温带分布
62. 小酸模	**Rumex acetosella** L.	4.北温带分布

63. 黑水酸模	**Rumex amurensis** Fr. Schmidt	11.中国东部分布
64. 水生酸模	**Rumex aquaticus** L.	5.旧世界温带分布
65. 密穗酸模	**Rumex confertus** Willd.	5.旧世界温带分布
66. 皱叶酸模	**Rumex crispus** L.	4.北温带分布
67. 毛脉酸模	**Rumex gmelini** Turcz.	2–3.亚洲温带—北极分布
68. 直穗酸模	**Rumex longifolius** DC.	2.北温带—北极分布
69. 长刺酸模	**Rumex maritimus** L.	2.北温带—北极分布
70. 马氏酸模	**Rumex marschallianus** Rchb.	5.旧世界温带分布
71. 巴天酸模	**Rumex patientia** L.	5.旧世界温带分布
72. 乌苏里酸模	**Rumex stenophyllus** Ledeb.var. **ussuriensis** (A. Los.) Kitag.	5.旧世界温带分布
73. 东北酸模	**Rumex thyrsiflorus** Fingerh.var. **mandshurica** Bar. et Skv.	20.蒙古草原分布

四十、马齿苋科　Portulacaceae

		f1.世界广布
马齿苋属	**Portulaca** L.	g2.泛热带分布
1. 马齿苋	**Portulaca oleracea** L.	1.世界分布

四十一、石竹科　Caryophyllaceae

		f1.世界广布
麦毒草属	**Agrostemma** L.	g10.旧世界温带分布
1. 麦毒草	**Agrostemma githago** L.	4.北温带分布
鹅不食属	**Arenaria** L.	g8-4.北温带和南温带间断分布
2. 兴安鹅不食	**Arenaria capillaris** Poiret	2–3.亚洲温带—北极分布
3. 毛轴鹅不食	**Arenaria juncea** Bieb.	10-2.中国—日本—蒙古草原分布
5. 鹅不食草	**Arenaria serpyllifolia** L.	4.北温带分布
卷耳属	**Cerastium** L.	g8-4.北温带和南温带间断分布
6. 细叶卷耳	**Cerastium arvense** L.	2.北温带—北极分布
7. 长白卷耳	**Cerastium baischanense** Y. C. Chu	14.东北分布
8. 六齿卷耳	**Cerastium cerastoides** (L.) Britton	2.北温带—北极分布
9. 卷耳	**Cerastium holosteoides** Fries	4.北温带分布
10. 毛蕊卷耳	**Cerastium pauciflorum** Stev.ex Ser.var. **amurense** (Regel) Mizushima	
		10-1.中国东北—日本中北部分布
11. 高山卷耳	**Cerastium rubescens** Marrfeld var. **ovatum** (Miyabe) Mizushima	
		3–1.东部西伯利亚分布
狗筋蔓属	**Cucubalus** L.	g10.旧世界温带分布
12. 狗筋蔓	**Cucubalus baccifer** L. var. **japonicus** Miq.	8.东亚分布

石竹属	**Dianthus** L.	g10.旧世界温带分布
13. 头石竹	**Dianthus barbatus** L.var. **asiaticus** Nakai	14.东北分布
14. 石竹	**Dianthus chinensis** L.	7.温带亚洲分布
15. 簇茎石竹	**Dianthus repens** Willd.	2-2.亚洲—北美—北极分布
16. 瞿麦	**Dianthus superbus** L.	5.旧世界温带分布
17. 兴安石竹	**Dianthus versicolor** Franch. et Sav.	5.旧世界温带分布
丝石竹属	**Gypsophila** L.	g12-2.地中海区至中亚和墨西哥至美国南部间断分布
18. 北丝石竹	**Gypsophila davurica** Turcz. ex Fenzl	19.达乌里—蒙古分布
19. 兴凯丝石竹	**Gypsophila muralis** L.	5.旧世界温带分布
20. 长蕊丝石竹	**Gypsophila oldhamiana** Miq.	12.东北—华北分布
21. 细梗丝石竹	**Gypsophila pacifica** Kom.	14.东北分布
剪秋萝属	**Lychnis** L.	g10.旧世界温带分布
22. 浅裂剪秋萝	**Lychnis cognata** Maxim.	12.东北—华北分布
23. 大花剪秋萝	**Lychnis fulgens** Fisch.	10.中国—日本分布
24. 狭叶剪秋萝	**Lychnis sibirica** L.	3.西伯利亚分布
25. 丝瓣剪秋萝	**Lychnis wilfordii** (Regel) Maxim.	10-1.中国东北—日本中北部分布
鹅肠菜属	**Malachium** Fries	g10.旧世界温带分布
26. 鹅肠菜	**Malachium aquaticum** (L.) Fries	5.旧世界温带分布
女娄菜属	**Melandrium** Roehl.	g10.旧世界温带分布
27. 女娄菜	**Melandrium apricum** (Turcz. ex Fisch.et C. A. Mey.) Rohrb.	7.温带亚洲分布
28. 兴安女娄菜	**Melandrium brachypetalum** (Horn.) Fenzl	7.温带亚洲分布
29. 光萼女娄菜	**Melandrium firmum** (Sieb. et Zucc.) Rohrb.	10.中国—日本分布
米努草属	**Minuartia** L.	g8.北温带分布
30. 极地米努草	**Minuartia arctica** (Stev. ex Ser.) Asch. et Graeb.	2-2.亚洲—北美—北极分布
31. 石米努草	**Minuartia laricina** (L.) Mattf.	3-1.东部西伯利亚分布
32. 长白米努草	**Minuartia macrocarpa** (Pursh) Ostenf.var. **koreana** (Nakai) Hara	14.东北分布
莫石竹属	**Moehringia** L.	g8.北温带分布
33. 莫石竹	**Moehringia lateriflora** (L.) Fenzl	2-1.旧世界温带—北极分布
假繁缕属	**Pseudostellaria** Pax	g11.温带亚洲分布
34. 蔓假繁缕	**Pseudostellaria davidii** (Franch.) Pax	11.中国东部分布
35. 孩儿参	**Pseudostellaria heterophylla** (Miq.) Pax	10.中国—日本分布
36. 毛假繁缕	**Pseudostellaria japonica** (Korsh.) Pax	10-1.中国东北—日本中北部分布
37. 石假繁缕	**Pseudostellaria rupestris** (Turcz.) Pax	19.达乌里—蒙古分布
38. 森林假繁缕	**Pseudostellaria sylvatica** (Maxim.) Pax	8.东亚分布

漆姑草属	**Sagina** L.	g8.北温带分布
39. 漆姑草	**Sagina japonica** (Swartz) Ohwi	8.东亚分布
40. 根叶漆姑草	**Sagina maxima** A. Gray	6-1.东亚—北美分布
41. 无毛漆姑草	**Sagina saginoides** (L.) Karsten	2.北温带—北极分布
麦瓶草属	**Silene** L.	g8-4.北温带和南温带间断分布
42. 头序麦瓶草	**Silene capitata** Kom.	14.东北分布
43. 叶麦瓶草	**Silene foliosa** Maxim.	10-1.中国东北—日本中北部分布
44. 旱麦瓶草	**Silene jenisseensis** Willd.	19.达乌里—蒙古分布
45. 朝鲜麦瓶草	**Silene koreana** Kom.	10-1.中国东北—日本中北部分布
46. 长柱麦瓶草	**Silene macrostyla** Maxim.	14.东北分布
47. 毛萼麦瓶草	**Silene repens** Part.	5.旧世界温带分布
48. 石生麦瓶草	**Silene tatarinowii** Regel	11.中国东部分布
49. 狗筋麦瓶草	**Silene vulgaris** (Moench.) Garcke	22-1.旧世界温带—热带分布
大爪草属	**Spergula** L.	g8.北温带分布
50. 大爪草	**Spergula arvensis** L.	4.北温带分布
拟漆姑属	**Spergularia** (Pers.) J. et C. Presl	g1.世界分布
51. 拟漆姑	**Spergularia salina** J. et C. Presl.	4-1.北温带—南温带分布
繁缕属	**Stellaria** L.	g1.世界分布
52. 雀舌繁缕	**Stellaria alsine** Grimm.var. **undulata** (Thunb.) Ohwi	22.北温带—热带分布
53. 林繁缕	**Stellaria bungeana** Fenzl var. **stubendorfii** (Regel) Y. C. Chu	3.西伯利亚分布
54. 兴安繁缕	**Stellaria cherleriae** (Fisch. ex Ser.) Will.	19.达乌里—蒙古分布
55. 叶苞繁缕	**Stellaria crassifolia** Ehrh. var. **linearis** Fenzl	2.北温带—北极分布
56. 叉繁缕	**Stellaria dichotoma** L.	3-1.东部西伯利亚分布
57. 翻白繁缕	**Stellaria discolor** Turcz. ex Fenzl	19.达乌里—蒙古分布
58. 细叶繁缕	**Stellaria filicaulis** Makino	10-1.中国东北—日本中北部分布
59. 禾繁缕	**Stellaria graminea** L.	5.旧世界温带分布
60. 伞繁缕	**Stellaria longifolia** Muehl.	4.北温带分布
61. 繁缕	**Stellaria media** (L.) Cyrillus	22.北温带—热带分布
62. 赛繁缕	**Stellaria neglecta** Weihe	5.旧世界温带分布
63. 沼繁缕	**Stellaria palustris** Ehrh. ex Retz.	22-1.旧世界温带—热带分布
64. 垂梗繁缕	**Stellaria radians** L.	3-1.东部西伯利亚分布

四十二、藜科	**Chenopodiaceae**	f1.世界广布
沙蓬属	**Agriophyllum** Bieb.	g13-1.中亚东部（亚洲中部）分布

1. 沙蓬	**Agriophyllum squarrosum** (L.) Moq.	17.中亚分布
滨藜属	**Atriplex** L.	g1.世界分布
2. 中亚滨藜	**Atriplex centralasiatica** Iljin	17.中亚分布
3. 野滨藜	**Atriplex fera** (L.) Bunge	19.达乌里—蒙古分布
4. 滨藜	**Atriplex patens** (Litv.) Iljin	4.北温带分布
5. 西伯利亚滨藜	**Atriplex sibirica** L.	7.温带亚洲分布
轴藜属	**Axyris** L.	g11.温带亚洲分布
6. 轴藜	**Axyris amaranthoides** L.	7.温带亚洲分布
7. 杂配轴藜	**Axyris hybrida** L.	7.温带亚洲分布
雾冰藜属	**Bassia** All.	g6.热带亚洲至热带非洲分布
8. 雾冰藜	**Bassia dasyphylla** (Fisch. et C. A. Mey.) O. Kuntze	7.温带亚洲分布
驼绒藜属	**Ceratoides** (Tourn.) Gagnebin	g11.温带亚洲分布
9. 华北驼绒藜	**Ceratoides arborescens** (Liosinsk.) Tsien et C. G. Ma	15–2.华北—蒙古草原分布
藜属	**Chenopodium** L.	g1.世界分布
10. 尖头叶藜	**Chenopodium acuminatum** Willd.	7.温带亚洲分布
11. 藜	**Chenopodium album** L.	1.世界分布
12. 刺藜	**Chenopodium aristatum** L.	4.北温带分布
13. 菱叶藜	**Chenopodium bryoniaefolium** Bunge	7.温带亚洲分布
14. 灰绿藜	**Chenopodium glaucum** L.	4–1.北温带—南温带分布
15. 大叶藜	**Chenopodium hybridum** L.	22.北温带—热带分布
16. 红叶藜	**Chenopodium rubrum** L.	4.北温带分布
17. 菊叶香藜	**Chenopodium schraderanum** Schult.	22–1.旧世界温带—热带分布
18. 小藜	**Chenopodium serotinum** L.	5.旧世界温带分布
19. 细叶藜	**Chenopodium stenophyllum** Koidz.	12.东北—华北分布
20. 东亚市藜	**Chenopodium urbicum** L.	
	subsp. **sinicum** Kung et G. L. Chu	15–2.华北—蒙古草原分布
虫实属	**Corispermum** L.	g8.北温带分布
21. 烛台虫实	**Corispermum candelabrum** Iljin	15–2.华北—蒙古草原分布
22. 兴安虫实	**Corispermum chinganicum** Iljin	15–2.华北—蒙古草原分布
23. 密穗虫实	**Corispermum confertum** Bunge	21–1.俄罗斯远东区—东北平原分布
24. 绳虫实	**Corispermum declinatum** Steph. ex Stev.	5.旧世界温带分布
25. 辽西虫实	**Corispermum dilutum** (Kitag.) Tsien et Ma	20.蒙古草原分布
26. 长穗虫实	**Corispermum elongatum** Bunge	20.蒙古草原分布
27. 屈枝虫实	**Corispermum flexuosum** Wang-Wei et Fuh	21.东北平原分布

28. 大果虫实	**Corispermum macrocarpum** Bunge	21–1.俄罗斯远东区—东北平原分布
29. 宽翅虫实	**Corispermum platypterum** Kitag.	15–3.华北—东北平原分布
30. 软毛虫实	**Corispermum puberulum** Iljin	15.华北分布
31. 扭果虫实	**Corispermum retortum** Wang-Wei et Fuh	21.东北平原分布
32. 西伯利亚虫实	**Corispermum sibiricum** Iljin	3–1.东部西伯利亚分布
33. 华虫实	**Corispermum stauntonii** Moq.	20.蒙古草原分布
34. 细苞虫实	**Corispermum stenolepis** Kitag.	20.蒙古草原分布
盐爪爪属	**Kalidium** Moq.	g12.地中海区、西亚至中亚分布
35. 盐爪爪	**Kalidium foliatum** (Pall.) Moq.	7.温带亚洲分布
36. 细枝盐爪爪	**Kalidium gracile** Fenzl	17–1.中亚东部分布
地肤属	**Kochia** Roth.	g8–4.北温带和南温带间断分布
37. 木地肤	**Kochia prostrata** (L.) Schrad.	5.旧世界温带分布
38. 地肤	**Kochia scoparia** (L.) Schrad.	22–1.旧世界温带—热带分布
39. 碱地肤	**Kochia sieversiana** (Pall.) C. A. Mey.	18.阿尔泰—蒙古—达乌里分布
盐角草属	**Salicornia** L.	g8–4.北温带和南温带间断分布
40. 盐角草	**Salicornia europaea** L.	1.世界分布
猪毛菜属	**Salsola** L.	g1.世界分布
41. 猪毛菜	**Salsola collina** Pall.	7.温带亚洲分布
42. 无翅猪毛菜	**Salsola komarovii** Iljin	10.中国—日本分布
43. 刺沙蓬	**Salsola ruthenica** Iljin	5.旧世界温带分布
碱蓬属	**Suaeda** Forsk. ex Scop.	g1.世界分布
46. 角果碱蓬	**Suaeda corniculata** (C. A. Mey.) Bunge	7.温带亚洲分布
47. 碱蓬	**Suaeda glauca** Bunge	7.温带亚洲分布
48. 辽宁碱蓬	**Suaeda liaotungensis** Kitag.	15.华北分布
49. 盐地碱蓬	**Suaeda salsa** (L.) Pall.	5.旧世界温带分布

四十三、苋科　**Amaranthaceae**　　　　　　f1.世界广布

苋属	**Amaranthus** L.	g1.世界分布
1. 凹头苋	**Amaranthus lividus** L.	1.世界分布

四十四、木兰科　Magnoliaceae　　　　　f9.东亚及北美间断分布

木兰属	**Magnolia** L.	g9.东亚和北美洲间断分布
1. 天女木兰	**Magnolia sieboldii** K. Koch	10.中国—日本分布

四十五、五味子科　Schisandraceae
五味子属　**Schisandra** Michx.
1. 五味子　**Schisandra chinensis** (Turcz.) Bailey

f9.东亚及北美间断分布
g9.东亚和北美洲间断分布
10.中国—日本分布

四十六、樟科　Lauraceae
山胡椒属　**Lindera** Thunb.
1. 三桠乌药　**Lindera obtusiloba** Blume

f2.泛热带分布
g7.热带亚洲（印度—马来西亚）分布
8.东亚分布

四十七、毛茛科　Ranunculaceae
乌头属　**Aconitum** L.

f1.世界广布
g8.北温带分布

1. 两色乌头	**Aconitum alboviolaceum** Kom.	14.东北分布
2. 兴安乌头	**Aconitum ambiguum** Rchb.	3-1.东部西伯利亚分布
3. 弯枝乌头	**Aconitum arcuatum** Maxim.	14-3.东北—大兴安岭分布
4. 细叶黄乌头	**Aconitum barbatum** Pers.	3.西伯利亚分布
5. 卷毛蔓乌头	**Aconitum ciliare** DC.	14.东北分布
6. 黄花乌头	**Aconitum coreanum** (Levl.) Rap.	14.东北分布
7. 敦化乌头	**Aconitum dunhuaense** S. H. Li	14.东北分布
8. 紫花高乌头	**Aconitum excelsum** Rchb.	2-4.北极—高山分布
9. 蛇岛乌头	**Aconitum fauriei** Levl. et Vant.	15.华北分布
10. 薄叶乌头	**Aconitum fischeri** Rchb.	16-1.大兴安岭—俄罗斯远东区分布
11. 抚松乌头	**Aconitum fusungense** S. H. Li	14.东北分布
12. 鸭绿乌头	**Aconitum jaluense** Kom.	14.东北分布
13. 华北乌头	**Aconitum jeholense** Nakai et Kitag.	15.华北分布
14. 吉林乌头	**Aconitum kirinense** Nakai	14.东北分布
15. 北乌头	**Aconitum kusnezoffii** Rchb.	3-1.东部西伯利亚分布
16. 河北白喉乌头	**Aconitum leucostomum** Worosch. var. **hopeiense** W. T. Wang	15.华北分布
17. 辽东乌头	**Aconitum liaotungense** Nakai	15.华北分布
18. 高帽乌头	**Aconitum longecassidatum** Nakai	13.华北—朝鲜分布
19. 细叶乌头	**Aconitum macrorhynchum** Turcz.	14-2.中国东北—达乌里分布
20. 高山乌头	**Aconitum monanthum** Nakai	14.东北分布
21. 白山乌头	**Aconitum paishanense** Kitag.	14-1.中国东北—俄罗斯远东区分布
22. 大苞乌头	**Aconitum raddeanum** Regel	14.东北分布
23. 毛茛叶乌头	**Aconitum ranunculoides** Turcz.	3-1.东部西伯利亚分布
24. 白毛乌头	**Aconitum villosum** Rchb.	3.西伯利亚分布

25. 蔓乌头	**Aconitum volubile** Pall. ex Koelle	3-1.东部西伯利亚分布
26. 旺业甸乌头	**Aconitum wangyedianense** Y. Z. Zhao	20.蒙古草原分布
27. 五叉沟乌头	**Aconitum wuchagouense** Y. Z. Zhao	16.大兴安岭分布
类叶升麻属	**Actaea** L.	g8.北温带分布
28. 类叶升麻	**Actaea asiatica** Hara	8.东亚分布
29. 红果类叶升麻	**Actaea erythrocarpa** Fisch.	5.旧世界温带分布
侧金盏花属	**Adonis** L.	g10.旧世界温带分布
30. 侧金盏花	**Adonis amurensis** Regel et Radde	14-1.中国东北—俄罗斯远东区分布
31. 辽吉侧金盏花	**Adonis ramosa** Franch.	14.东北分布
32. 北侧金盏花	**Adonis sibirica** Patr. et Ledeb.	3.西伯利亚分布
银莲花属	**Anemone** L.	g1.世界分布
33. 黑水银莲花	**Anemone amurensis** (Korsh.) Kom.	14.东北分布
34. 毛果银莲花	**Anemone baicalensis** Turcz.	11.中国东部分布
35. 银莲花	**Anemone cathayensis** Kitag.	13.华北—朝鲜分布
36. 二歧银莲花	**Anemone dichotoma** L.	3.西伯利亚分布
37. 长毛银莲花	**Anemone narcissiflora** L.	
	var. **crinita** (Juz.) Tamura	18.阿尔泰—蒙古—达乌里分布
38. 多被银莲花	**Anemone raddeana** Regel	14-1.中国东北—俄罗斯远东区分布
39. 反萼银莲花	**Anemone reflexa** Steph.	3.西伯利亚分布
40. 小花银莲花	**Anemone rivularis** Hamilt. ex DC.	
	var. **floremoinore** Maxim.	11-1.中国东部—西部分布
41. 小银莲花	**Anemone rossii** Moore	14.东北分布
42. 大花银莲花	**Anemone silvestris** L.	5.旧世界温带分布
43. 匍枝银莲花	**Anemone stolonifera** Maxim.	10-1.中国东北—日本中北部分布
44. 大叶银莲花	**Anemone udensis** Trautv. et C. A. Mey.	14.东北分布
45. 阴地银莲花	**Anemone umbrosa** C. A. Mey.	14.东北分布
耧斗菜属	**Aquilegia** L.	g8.北温带分布
46. 黑水耧斗菜	**Aquilegia amurensis** Kom.	3-1.东部西伯利亚分布
47. 长白耧斗菜	**Aquilegia flabellata** Sieb. et Zucc.	
	var. **pumila** Kudo	10-1.中国东北—日本中北部分布
48. 细距耧斗菜	**Aquilegia leptoceras** Fisch.	16.大兴安岭分布
49. 尖萼耧斗菜	**Aquilegia oxysepala** Trautv. et C. A. Mey.	14-1.中国东北—俄罗斯远东区分布
50. 小花耧斗菜	**Aquilegia parviflora** Ledeb.	3-1.东部西伯利亚分布
51. 耧斗菜	**Aquilegia viridiflora** Pall.	19.达乌里—蒙古分布

52. 华北楼斗菜	**Aquilegia yabeana** Kitag.	15.华北分布
驴蹄草属	**Caltha** L.	g8-4.北温带和南温带间断分布
53. 薄叶驴蹄草	**Caltha membranacea** (Turcz.) Schipcz.	14-1.中国东北—俄罗斯远东区分布
54. 白花驴蹄草	**Caltha natans** Pall.	3.西伯利亚分布
55. 驴蹄草	**Caltha palustris** L. var. **sibirica** Regel	14-1.中国东北—俄罗斯远东区分布
升麻属	**Cimicifuga** L.	g8.北温带分布
56. 兴安升麻	**Cimicifuga dahurica** (Turcz.) Maxim.	14-2.中国东北—达乌里分布
57. 大三叶升麻	**Cimicifuga heracleifolia** Kom.	14.东北分布
58. 单穗升麻	**Cimicifuga simplex** Wormsk.	7.温带亚洲分布
铁线莲属	**Clematis** L.	g1.世界分布
60. 芹叶铁线莲	**Clematis aethusifolia** Turcz.	11-1.中国东部—西部分布
61. 林地铁线莲	**Clematis brevicaudata** DC.	8.东亚分布
62. 褐毛铁线莲	**Clematis fusca** Turcz.	14-1.中国东北—俄罗斯远东区分布
63. 大叶铁线莲	**Clematis heracleifolia** DC.	10.中国—日本分布
64. 棉团铁线莲	**Clematis hexapetala** Pall.	19.达乌里—蒙古分布
65. 黄花铁线莲	**Clematis intricata** Bunge	15.华北分布
66. 朝鲜铁线莲	**Clematis koreana** Kom.	14.东北分布
67. 长瓣铁线莲	**Clematis macropetala** Ledeb.	19.达乌里—蒙古分布
68. 辣蓼铁线莲	**Clematis mandshurica** Rupr.	14.东北分布
69. 高山铁线莲	**Clematis nobilis** Nakai	14.东北分布
70. 半钟铁线莲	**Clematis ochotensis** (Pall.) Poir.	3-1.东部西伯利亚分布
71. 大花铁线莲	**Clematis patens** Morr. et Decne.	10.中国—日本分布
72. 齿叶铁线莲	**Clematis serratifolia** Rehd.	14.东北分布
73. 西伯利亚铁线莲	**Clematis sibirica** (L.) Mill.	3.西伯利亚分布
翠雀属	**Delphinium** L.	g8.北温带分布
74. 唇花翠雀	**Delphinium cheilanthum** Fisch. ex DC.	2-3.亚洲温带—北极分布
75. 基叶翠雀	**Delphinium crassifolium** Schrad. ex Spreng.	3-1.东部西伯利亚分布
76. 翠雀	**Delphinium grandiflorum** L.	7.温带亚洲分布
77. 兴安翠雀	**Delphinium hsinganense** S. H. Li et Z. F. Fang	16.大兴安岭分布
78. 东北高翠雀	**Delphinium korshinskyanum** Nevski	16-1.大兴安岭—俄罗斯远东区分布
79. 宽苞翠雀	**Delphinium maackianum** Regel	14.东北分布
拟扁果草属	**Enemion** Raf.	g9.东亚和北美洲间断分布
80. 拟扁果草	**Enemion raddeanum** Regel	10-1.中国东北—日本中北部分布
菟葵属	**Eranthis** Salisb.	g10.旧世界温带分布

81. 菟葵	**Eranthis stellata** Maxim.	14.东北分布
獐耳细辛属	**Hepatica** Mill.	g10.旧世界温带分布
82. 獐耳细辛	**Hepatica asiatica** Nakai	11.中国东部分布
扁果草属	**Isopyrum** L.	g10.旧世界温带分布
83. 东北扁果草	**Isopyrum manshuricum** Kom.	14.东北分布
蓝堇草属	**Leptopyrum** Rchb.	g 13.中亚分布
84. 蓝堇草	**Leptopyrum fumarioides** (L.) Rchb.	3.西伯利亚分布
白头翁属	**Pulsatilla** Adans.	g8.北温带分布
85. 北白头翁	**Pulsatilla ambigua** Turcz. ex Pritz.	18.阿尔泰—蒙古—达乌里分布
86. 朝鲜白头翁	**Pulsatilla cernua** (Thunb.) Bercht. et Opiz	10-1.中国东北—日本中北部分布
87. 白头翁	**Pulsatilla chinensis** (Bunge) Regel	11.中国东部分布
88. 兴安白头翁	**Pulsatilla dahurica** (Fisch. ex DC.) Spreng.	14-2.中国东北—达乌里分布
89. 掌叶白头翁	**Pulsatilla patens** (L.) Mill. var. **multifida** (Pritz.) S. H. Li et Y. H. Huang	2-3.亚洲温带—北极分布
90. 黄花白头翁	**Pulsatilla sukaczewii** Juz.	20.蒙古草原分布
91. 细裂白头翁	**Pulsatilla tenuiloba** (Hayek) Juz.	19.达乌里—蒙古分布
92. 细叶白头翁	**Pulsatilla turczaninovii** Kryl. et Serg.	3.西伯利亚分布
毛茛属	**Ranunculus** L.	g1.世界分布
93. 披针毛茛	**Ranunculus amurensis** Kom.	21-1.俄罗斯远东区—东北平原分布
94. 水毛茛	**Ranunculus bungei** Steud.	11-1.中国东部—西部分布
95. 回回蒜毛茛	**Ranunculus chinensis** Bunge	22-3.亚洲温带—热带分布
96. 楔叶毛茛	**Ranunculus cuneifolius** Maxim.	21.东北平原分布
97. 圆叶碱毛茛	**Ranunculus cymbalaria** Pursh	6.亚洲—北美分布
98. 小水毛茛	**Ranunculus eradicatus** (Laest.) F. Johans.	5.旧世界温带分布
99. 硬叶水毛茛	**Ranunculus foeniculaceus** Gilib.	5.旧世界温带分布
100. 深山毛茛	**Ranunculus franchetii** H. Boiss.	10-1.中国东北—日本中北部分布
101. 小叶毛茛	**Ranunculus gmelinii** DC.	2-3.亚洲温带—北极分布
102. 东北大叶毛茛	**Ranunculus grandis** Honda var. **manshurica** Hara	14.东北分布
103. 兴安毛茛	**Ranunculus hsinganensis** Kitag.	16-2.大兴安岭—蒙古草原分布
104. 毛茛	**Ranunculus japonicus** Thunb.	7.温带亚洲分布
105. 长叶水毛茛	**Ranunculus kauffmannii** Clerc	5.旧世界温带分布
106. 长茎毛茛	**Ranunculus longicaulis** C. A. Mey.	17.中亚分布
107. 单叶毛茛	**Ranunculus monophyllus** Ovcz.	2-3.亚洲温带—北极分布
108. 浮毛茛	**Ranunculus natans** C. A. Mey.	17.中亚分布

109. 美丽毛茛	**Ranunculus pulchellus** C. A. Mey.	19.达乌里—蒙古分布
110. 沼地毛茛	**Ranunculus radicans** C. A. Mey.	19.达乌里—蒙古分布
111. 匍枝毛茛	**Ranunculus repens** L.	5.旧世界温带分布
112. 松叶毛茛	**Ranunculus reptans** L.	2.北温带—北极分布
113. 掌裂毛茛	**Ranunculus rigescens** Turcz. ex Ovcz.	19.达乌里—蒙古分布
114. 长叶碱毛茛	**Ranunculus ruthenicus** Jacq.	7.温带亚洲分布
115. 石龙芮毛茛	**Ranunculus sceleratus** L.	22.北温带—热带分布
116. 褐毛毛茛	**Ranunculus smirnovii** Ovcz.	19.达乌里—蒙古分布
117. 棱边毛茛	**Ranunculus submarginatus** Ovcz.	16.大兴安岭分布
118. 长嘴毛茛	**Ranunculus tachiroei** Franch. et Sav.	10-1.中国东北—日本中北部分布
119. 毛柄水毛茛	**Ranunculus trichophyllus** Chaix.	4.北温带分布
唐松草属	**Thalictrum** L.	g8-4.北温带和南温带间断分布
120. 翼果唐松草	**Thalictrum aquilegifolium** L.var. **sibiricum** Regel et Tiling	3.西伯利亚分布
121. 球果唐松草	**Thalictrum baicalense** Turcz.	11.中国东部分布
122. 花唐松草	**Thalictrum filamentosum** Maxim.	14.东北分布
123. 丝叶唐松草	**Thalictrum foeniculaceum** Bunge	15.华北分布
124. 腺毛唐松草	**Thalictrum foetidum** L.	5.旧世界温带分布
125. 朝鲜唐松草	**Thalictrum ichangense** Lecoy. ex Oliv. var. **coreanum** (Levl.) Levl. ex Tamura	14.东北分布
126. 亚欧唐松草	**Thalictrum minus** L.	4.北温带分布
127. 肾叶唐松草	**Thalictrum petaloideum** L.	7.温带亚洲分布
128. 箭头唐松草	**Thalictrum simplex** L.	5.旧世界温带分布
129. 散花唐松草	**Thalictrum sparsiflorum** Turcz. ex Fisch. et C. A. Mey.	2-2.亚洲—北美—北极分布
130. 展枝唐松草	**Thalictrum squarrosum** Steph. ex Willd.	19.达乌里—蒙古分布
131. 深山唐松草	**Thalictrum tuberiferum** Maxim.	10-1.中国东北—日本中北部分布
金莲花属	**Trollius** L.	g8-2.北极—高山分布
132. 宽瓣金莲花	**Trollius asiaticus** L.	2-3.亚洲温带—北极分布
133. 金莲花	**Trollius chinensis** (Bunge) Maxim.	15.华北分布
134. 长白金莲花	**Trollius japonicus** Miq.	14.东北分布
135. 短瓣金莲花	**Trollius ledebouri** Rchb.	14-2.中国东北—达乌里分布
136. 长瓣金莲花	**Trollius macropetalus** Fr. Schmidt	14.东北分布

四十八、小檗科 Berberidaceae

		f8-5.欧亚和南美洲温带间断分布
小檗属	**Berberis** L.	g8.北温带分布

1. 大叶小檗	**Berberis amurensis** Rupr.	10.中国—日本分布
2. 掌刺小檗	**Berberis koreana** Palib.	13.华北—朝鲜分布
3. 细叶小檗	**Berberis poiretii** Schneid.	12-1.东北—华北—蒙古草原分布
4. 刺叶小檗	**Berberis sibirica** Pall.	18.阿尔泰—蒙古—达乌里分布
类叶牡丹属	**Caulophyllum** Michx.	g9.东亚和北美洲间断分布
5. 类叶牡丹	**Caulophyllum robustum** Maxim.	8.东亚分布
淫羊藿属	**Epimedium** L.	g10.旧世界温带分布
6. 朝鲜淫羊藿	**Epimedium koreanum** Nakai	14.东北分布
鲜黄连属	**Jeffersonia** Barton	g9.东亚和北美洲间断分布
7. 鲜黄连	**Jeffersonia dubia** (Maxim.) Benth. et Hook.	14.东北分布
牡丹草属	**Leontice** L.	g10.旧世界温带分布
8. 牡丹草	**Leontice microrrhyncha** S. Moore	14.东北分布

四十九、防己科 **Menispermaceae**		f2.泛热带分布
木防己属	**Cocculus** DC.	g2.泛热带分布
1. 木防己	**Cocculus trilobus** (Thunb.) DC.	10.中国—日本分布
蝙蝠葛属	**Menispermum** L.	g9.东亚和北美洲间断分布
2. 蝙蝠葛	**Menispermum dauricum** DC.	10.中国—日本分布

五十、睡莲科 **Nymphaeaceae**		f1.世界广布
芡属	**Euryale** Salisb.	g14. 东亚分布
1. 芡	**Euryale ferox** Salisb.	22-3.亚洲温带—热带分布
莲属	**Nelumbo** Adans.	g9.东亚和北美洲间断分布
2. 莲	**Nelumbo nucifera** Gaertn.	25.热带亚洲—热带大洋洲分布
萍蓬草属	**Nuphar** Smith.	g8.北温带分布
3. 萍蓬草	**Nuphar pumilum** (Timm) DC.	5.旧世界温带分布
睡莲属	**Nymphaea** L.	g1.世界分布
4. 睡莲	**Nymphaea tetragona** Georgi	22.北温带—热带分布

五十一、金鱼藻科 **Ceratophyllaceae**		f1.世界广布
金鱼藻属	**Ceratophyllum** L.	g1.世界分布
1. 金鱼藻	**Ceratophyllum demersum** L.	1.世界分布
2. 东北金鱼藻	**Ceratophyllum manshuricum** (Miki) Kitag.	15-3.华北—东北平原分布
3. 五针金鱼藻	**Ceratophyllum oryzetorum** Kom.	10.中国—日本分布

五十二、金粟兰科　Chloranthaceae

		f2.泛热带分布
金粟兰属	**Chloranthus** Swartz	g2.泛热带分布
1. 银线草	**Chloranthus japonicus** Sieb.	10.中国—日本分布

五十三、马兜铃科　Aristolochiaceae

		f2.泛热带分布
马兜铃属	**Aristolochia** L.	g2.泛热带分布
1. 北马兜铃	**Aristolochia contorta** Bunge	10.中国—日本分布
2. 木通马兜铃	**Aristolochia manshuriensis** Kom.	11.中国东部分布
细辛属	**Asarum** L.	g8.北温带分布
3. 辽细辛	**Asarum heterotropoides** Fr. Schmidt var. **mandshuricum** (Maxim.) Kitag.	14.东北分布
4. 汉城细辛	**Asarum sieboldii** Miq. var. **seoulense** Nakai	14.东北分布

五十四、芍药科　Paeoniaceae

		f8.北温带分布
芍药属	**Paeonia** L.	g8.北温带分布
1. 山芍药	**Paeonia japonica** (Makino) Miyabe et Takeda	10–1.中国东北—日本中北部分布
2. 芍药	**Paeonia lactiflora** Pall.	19.达乌里—蒙古分布
3. 草芍药	**Paeonia obovata** Maxim.	10.中国—日本分布

五十五、猕猴桃科　Actinidiaceae

		f14.东亚分布
猕猴桃属	**Actinidia** Lindl.	g14.东亚分布
1. 软枣猕猴桃	**Actinidia arguta** (Sieb. et Zucc.) Planch. ex Miq.	10.中国—日本分布
2. 狗枣猕猴桃	**Actinidia kolomikta** (Rupr.) Maxim.	10.中国—日本分布
3. 木天蓼	**Actinidia polygama** (Sieb. et Zucc.) Planch. ex Maxim.	10.中国—日本分布

五十六、金丝桃科　Hypericaceae

		f8.北温带分布
金丝桃属	**Hypericum** L.	g1.世界分布
1. 长柱金丝桃	**Hypericum ascyron** L.	6.亚洲—北美分布
2. 乌腺金丝桃	**Hypericum attenuatum** Choisy	7.温带亚洲分布
3. 短柱金丝桃	**Hypericum gebleri** Ledeb.	7.温带亚洲分布
4. 小金丝桃	**Hypericum laxum** (Blume) Koidz.	13–1.华北—朝鲜—日本分布
地耳草属	**Triadenum** Raf.	g9.东亚和北美洲间断分布
5. 地耳草	**Triadenum japonicum** (Blume) Makino	10–1.中国东北—日本中北部分布

五十七、茅膏菜科　Droseraceae　　　f8-4.北温带和南温带间断分布

貉藻属	**Aldrovanda** L.	g10-3.欧亚和南部非洲（有时也在大洋洲）间断分布
1. 貉藻	**Aldrovanda vesiculosa** L.	22-1.旧世界温带—热带分布
茅膏菜属	**Drosera** L.	g2.泛热带分布
2. 圆叶茅膏菜	**Drosera rotundifolia** L.	4.北温带分布

五十八、罂粟科　Papaveraceae　　　f8-4.北温带和南温带间断分布

合瓣花属	**Adlumia** Raf.	g9.东亚和北美洲间断分布
1. 合瓣花	**Adlumia asiatica** Ohwi	14.东北分布
白屈菜属	**Chelidonium** L.	g10.旧世界温带分布
2. 白屈菜	**Chelidonium majus** L.	5.旧世界温带分布
紫堇属	**Corydalis** Vent.	g8.北温带分布
3. 东北延胡索	**Corydalis ambigua** Cham. et Schltd.	14-1.中国东北—俄罗斯远东区分布
4. 地丁草	**Corydalis bungeana** Turcz.	11-1.中国东部—西部分布
5. 东紫堇	**Corydalis buschii** Nakai	14.东北分布
6. 巨紫堇	**Corydalis gigantea** Trautv. et C. A. Mey.	14.东北分布
7. 黄紫堇	**Corydalis ochotensis** Turcz.	14-1.中国东北—俄罗斯远东区分布
9. 珠果紫堇	**Corydalis pallida** (Thunb.) Pers.	10.中国—日本分布
10. 全叶延胡索	**Corydalis repens** Mandl et Muhl.	14.东北分布
11. 北紫堇	**Corydalis sibirica** (L. f.) Pers.	3.西伯利亚分布
12. 三裂延胡索	**Corydalis ternata** (Nakai) Nakai	14.东北分布
13. 齿瓣延胡索	**Corydalis turtschaninovii** Bess.	14-2.中国东北—达乌里分布
荷青花属	**Hylomecon** Maxim.	g14-2.中国—日本分布
14. 荷青花	**Hylomecon japonica** (Thunb.) Prantl et Kundig	10.中国—日本分布
角茴香属	**Hypecoum** L.	g12.地中海区、西亚至中亚分布
15. 角茴香	**Hypecoum erectum** L.	7.温带亚洲分布
罂粟属	**Papaver** L.	g8.北温带分布
16. 野罂粟	**Papaver nudicaule** L.	3.西伯利亚分布
17. 白山罂粟	**Papaver radicatum** Rottb. var. **pseudo-radicatum** (Kitag.) Kitag.	14.东北分布

五十九、十字花科　Brassicaceae　　　f1.世界广布

庭荠属	**Alyssum** L.	g12.地中海区、西亚至中亚分布
1. 线叶欧庭荠	**Alyssum lenense** Adams	3.西伯利亚分布
2. 西伯利亚庭荠	**Alyssum sibiricum** Willd.	2-3.亚洲温带—北极分布

南芥属	**Arabis** L.	g8.北温带分布
3. 叶芽南芥	**Arabis gemmifera** (Matsum.) Makino	9.俄罗斯远东区—日本分布
4. 赛南芥	**Arabis glabra** (L.) Bernh.	1.世界分布
5. 圆叶南芥	**Arabis halleri** L.	14.东北分布
6. 毛南芥	**Arabis hirsuta** (L.) Scop.	4.北温带分布
7. 琴叶南芥	**Arabis lyrata** L. var. **kamtschatica** Fisch. ex DC.	2-2.亚洲—北美—北极分布
8. 垂果南芥	**Arabis pendula** L.	7.温带亚洲分布
山芥属	**Barbarea** R.Br.	g8.北温带分布
9. 山芥菜	**Barbarea orthoceras** Ledeb.	2-3.亚洲温带—北极分布
团扇荠属	**Berteroa** DC.	g10.旧世界温带分布
10. 团扇荠	**Berteroa incana** (L.) DC.	5.旧世界温带分布
星毛芥属	**Berteroella** O.E.Schulz	g15.中国特有分布
11. 星毛芥	**Berteroella maximowiczii** (Palib.) O. E. Schulz	10.中国—日本分布
匙荠属	**Bunias** L.	g12.地中海区、西亚至中亚分布
12. 匙荠	**Bunias cochlearioides** Murr.	19.达乌里—蒙古分布
13. 瘤果匙荠	**Bunias orientalis** L.	5.旧世界温带分布
亚麻荠属	**Camelina** Crantz	g12.地中海区、西亚至中亚分布
14. 小果亚麻荠	**Camelina microcarpa** Andrz.	5.旧世界温带分布
15. 亚麻荠	**Camelina sativa** (L.) Crantz	4.北温带分布
荠属	**Capsella** Medic.	g8.北温带分布
16. 荠菜	**Capsella bursa-pastoris** (L.) Medic.	1.世界分布
碎米荠属	**Cardamine** L.	g1.世界分布
17. 长白碎米荠	**Cardamine baishanensis** P. Y. Fu	14.东北分布
18. 弯曲碎米荠	**Cardamine flexuosa** With.	4.北温带分布
19. 弹裂碎米荠	**Cardamine impatiens** L.	5.旧世界温带分布
20. 翼柄碎米荠	**Cardamine komarovii** Nakai	14.东北分布
21. 白花碎米荠	**Cardamine leucantha** (Tausch) O. E. Schulz	10.中国—日本分布
22. 水田碎米荠	**Cardamine lyrata** Bunge	10.中国—日本分布
23. 小花碎米荠	**Cardamine parviflora** L.	5.旧世界温带分布
24. 草甸碎米荠	**Cardamine pratensis** L.	4.北温带分布
25. 伏水碎米荠	**Cardamine prorepens** Fisch. ex DC.	3-1.东部西伯利亚分布
26. 天池碎米荠	**Cardamine resedifolia** L. var. **mori** Nakai	14.东北分布
27. 细叶碎米荠	**Cardamine schulziana** Baehne	3.西伯利亚分布
28. 大顶叶碎米荠	**Cardamine scutata** Thunb. var. **longiloba** P. Y. Fu	14.东北分布

香芥属	**Clausia** Korn. -Tr.	g11.温带亚洲分布
29. 香芥	**Clausia trichosepala** (Turcz.) Dvoraky	15–1.华北—大兴安岭分布
播娘蒿属	**Descurainia** Webb. et Berthel.	g8.北温带分布
30. 播娘蒿	**Descurainia sophia** (L.) Webb. ex Prantl	4.北温带分布
栉叶荠属	**Dimorphostemon** Kitag.	g11.温带亚洲分布
31. 栉叶荠	**Dimorphostemon pinnatus** (Pers.) Kitag.	7.温带亚洲分布
花旗竿属	**Dontostemon** Andrz.	g13.中亚分布
32. 花旗竿	**Dontostemon dentatus** (Bunge) Ledeb.	10.中国—日本分布
33. 线叶花旗竿	**Dontostemon integrifolius** (L.) Ledeb.	19.达乌里—蒙古分布
34. 小花花旗竿	**Dontostemon micranthus** C. A. Mey.	3.西伯利亚分布
35. 多年生花旗竿	**Dontostemon perennis** C. A. Mey.	18.阿尔泰—蒙古—达乌里分布
葶苈属	**Draba** L.	g8.北温带分布
36. 扭果葶苈	**Draba kamtschatica** (Ledeb.) N. Busch	2–4.北极—高山分布
37. 蒙古葶苈	**Draba mongolica** Turcz.	7.温带亚洲分布
38. 山葶苈	**Draba multiceps** Kitag.	20.蒙古草原分布
39. 葶苈	**Draba nemorosa** L.	4.北温带分布
糖芥属	**Erysimum** L.	g12.地中海区、西亚至中亚分布
40. 糖芥	**Erysimum amurense** Kitag.	14–2.中国东北—达乌里分布
41. 桂竹糖芥	**Erysimum cheiranthoides** L.	4.北温带分布
42. 蒙古糖芥	**Erysimum flavum** (Georgi) Bobr.	7.温带亚洲分布
43. 草地糖芥	**Erysimum hieracifolium** L.	5.旧世界温带分布
44. 华北糖芥	**Erysimum macilentum** Bunge	15.华北分布
香花芥属	**Hesperis** L.	g10–1.地中海区、西亚（或中亚）和东亚间断分布
45. 雾灵香花芥	**Hesperis oreophila** Kitag.	15.华北分布
菘蓝属	**Isatis** L.	g10.旧世界温带分布
46. 肋果菘蓝	**Isatis costata** C. A. Mey.	7.温带亚洲分布
47. 长圆果菘蓝	**Isatis oblongata** DC.	19.达乌里—蒙古分布
独行菜属	**Lepidium** L.	g1.世界分布
48. 独行菜	**Lepidium apetalum** Willd.	5.旧世界温带分布
49. 碱独行菜	**Lepidium cartilagineum** (J. Mey.) Thell.	5.旧世界温带分布
50. 宽叶独行菜	**Lepidium latifolium** L.	5.旧世界温带分布
51. 柱毛独行菜	**Lepidium ruderale** L.	5.旧世界温带分布
球果芥属	**Neslia** Desv.	g10.旧世界温带分布
52. 球果芥	**Neslia paniculata** (L.) Desv.	4.北温带分布

诸葛菜属	**Orychophragmus** Bunge	g13.中亚分布
53. 诸葛菜	**Orychophragmus violaceus** (L.) O. E. Schulz	11.中国东部分布
燥原荠属	**Ptilotrichum** C. A. Mey.	g12.地中海区、西亚至中亚分布
54. 燥原荠	**Ptilotrichum cretaceum** (Adams) Ledeb.	19.达乌里—蒙古分布
沙芥属	**Pugionium** Gaertn.	g13–1.中亚东部（亚洲中部）分布
55. 沙芥	**Pugionium cornutum** (L.) Gaertn.	15–2.华北—蒙古草原分布
蔊菜属	**Rorippa** Scop.	g1.世界分布
56. 山芥叶蔊菜	**Rorippa barbareifolia** (DC.) Kitag.	6.亚洲—北美分布
57. 苞蔊菜	**Rorippa cantoniensis** (Lour.) Ohwi	22–3.亚洲温带—热带分布
58. 球果蔊菜	**Rorippa globosa** (Turcz.) Thell.	11.中国东部分布
59. 蔊菜	**Rorippa indica** (L.) Hiern	22–3.亚洲温带—热带分布
60. 风花菜	**Rorippa islandica** (Oed.) Borb.	22.北温带—热带分布
61. 辽东蔊菜	**Rorippa liaotungensis** X. D. Cui et Y. L. Chang	15.华北分布
大蒜芥属	**Sisymbrium** L.	g8–4.北温带和南温带间断分布
62. 垂果大蒜芥	**Sisymbrium heteromallum** C. A. Mey.	7.温带亚洲分布
63. 黄花大蒜芥	**Sisymbrium luteum** (Maxim.) O. E. Schulz	8.东亚分布
64. 钻果大蒜芥	**Sisymbrium officinale** (L.) Scop.	5.旧世界温带分布
65. 多型大蒜芥	**Sisymbrium polymorphum** (Murr.) Roth	5.旧世界温带分布
裂叶芥属	**Smelowskia** C. A. Mey.	
	g13–4.中亚至喜马拉雅—阿尔泰和太平洋北美洲间断分布	
66. 裂叶芥	**Smelowskia alba** (Pall.) Regel	18.阿尔泰—蒙古—达乌里分布
曙南芥属	**Stevenia** Adams	g11.温带亚洲分布
67. 曙南芥	**Stevenia cheiranthoides** DC.	18.阿尔泰—蒙古—达乌里分布
菥蓂属	**Thlaspi** L.	g8.北温带分布
68. 菥蓂	**Thlaspi arvense** L.	5.旧世界温带分布
69. 山菥蓂	**Thlaspi thlaspidioides** (Pall.) Kitag.	5.旧世界温带分布

六十、景天科	**Crassulaceae**	f1.世界广布
八宝属	**Hylotelephium** H.Ohba	g8.北温带分布
1. 八宝	**Hylotelephium erythrostictum** (Miq.) H. Ohba	10.中国—日本分布
2. 白八宝	**Hylotelephium pallescens** (Freyn.) H. Ohba	14–2.中国东北—达乌里分布
3. 紫八宝	**Hylotelephium purpureum** (L.) H. Ohba	4.北温带分布
4. 长药八宝	**Hylotelephium spectabile** (Bor.) H. Ohba	12.东北—华北分布
5. 轮叶八宝	**Hylotelephium verticillatum** (L.) H. Ohba	10.中国—日本分布

6. 珠芽八宝	**Hylotelephium viviparum** (Maxim.) H. Ohba	14.东北分布
瓦松属	**Orostachys** (DC.) Fisch.	g11.温带亚洲分布
7. 狼爪瓦松	**Orostachys cartilagienus** A. Boriss.	12.东北—华北分布
8. 瓦松	**Orostachys fimbriatus** (Turcz.) A. Berger	10.中国—日本分布
9. 日本瓦松	**Orostachys japonicus** (Maxim.) A. Berger	13-1.华北—朝鲜—日本分布
10. 钝叶瓦松	**Orostachys malacophyllus** (Pall.) Fisch.	3-1.东部西伯利亚分布
11. 小瓦松	**Orostachys minutus** (Kom.) A. Berber	14.东北分布
12. 黄花瓦松	**Orostachys spinosus** (L.) C. A. Mey.	5.旧世界温带分布
红景天属	**Rhodiola** L.	g8-2.北极—高山分布
13. 长白红景天	**Rhodiola angusta** Nakai	14.东北分布
14. 小丛红景天	**Rhodiola dumulosa** (Franch.) S. H. Fu	11-1.中国东部—西部分布
15. 高山红景天	**Rhodiola sachalinensis** A. Boriss	10-1.中国东北—日本中北部分布
景天属	**Sedum** L.	g8-4.北温带和南温带间断分布
16. 费菜	**Sedum aizoon** L.	7.温带亚洲分布
17. 兴安景天	**Sedum hsinganicum** Chu	16.大兴安岭分布
18. 北景天	**Sedum kamtschaticum** Fisch.	10.中国—日本分布
19. 细叶景天	**Sedum middendorffianum** Maxim.	3-1.东部西伯利亚分布
20. 藓状景天	**Sedum polytrichoides** Hemsl.	10.中国—日本分布
21. 垂盆草	**Sedum sarmentorum** Bunge	10.中国—日本分布
22. 毛景天	**Sedum selskianum** Regel et Maack	14.东北分布
23. 繁缕叶景天	**Sedum stellariifollum** Franch.	11.中国东部分布
东爪草属	**Tillaea** L.	g1.世界分布
24. 东爪草	**Tillaea aquatica** L.	4.北温带分布

六十一、虎耳草科　Saxifragaceae

		f1.世界广布
落新妇属	**Astilbe** Buch. -Ham.	g9.东亚和北美洲间断分布
1. 落新妇	**Astilbe chinensis** (Maxim.) Franch. et Sav.	10.中国—日本分布
2. 朝鲜落新妇	**Astilbe koreana** Nakai	14.东北分布
山荷叶属	**Astilboides** Engler	g15.中国特有分布
3. 山荷叶	**Astilboides tabularis** (Hemsl.) Engler	14.东北分布
金腰属	**Chrysosplenium** L.	g8-4.北温带和南温带间断分布
4. 互叶金腰	**Chrysosplenium alternifolium** L.	2.北温带—北极分布
5. 蔓金腰	**Chrysosplenium flagelliferum** Fr. Schmidt	10-1.中国东北—日本中北部分布
6. 珠芽金腰	**Chrysosplenium japonicum** Makino	10-1.中国东北—日本中北部分布

7. 林金腰	**Chrysosplenium lectus-cochleae** Kitag.	14.东北分布
8. 毛金腰	**Chrysosplenium pilosum** Maxim.	14-3.东北—大兴安岭分布
9. 异叶金腰	**Chrysosplenium pseudofauriei** Levl.	11.中国东部分布
10. 多枝金腰	**Chrysosplenium ramosum** Maxim.	10-1.中国东北—日本中北部分布
溲疏属	**Deutzia** Thunb.	g14.东亚分布
11. 东北溲疏	**Deutzia amurensis** (Regel) Airy-Shaw	14.东北分布
12. 无毛溲疏	**Deutzia glabrata** Kom.	12.东北—华北分布
13. 大花溲疏	**Deutzia grandiflora** Bunge	11.中国东部分布
14. 李叶溲疏	**Deutzia hamata** Koehne	12.东北—华北分布
15. 小花溲疏	**Deutzia parviflora** Bunge	12.东北—华北分布
绣球属	**Hydrangea** L.	g9.东亚和北美洲间断分布
16. 东陵绣球	**Hydrangea bretschneideri** Dipp.	11-1.中国东部—西部分布
唢呐草属	**Mitella** L.	g9.东亚和北美洲间断分布
17. 唢呐草	**Mitella nuda** L.	6.亚洲—北美分布
槭叶草属	**Mukdenia** Koidz.	g15.中国特有分布
18. 岩槭叶草	**Mukdenia acanthifolia** Nakai	14.东北分布
19. 槭叶草	**Mukdenia rossii** (Oliv.) Koidz.	14.东北分布
独根草属	**Oresitrophe** Bunge	g15.中国特有分布
20. 独根草	**Oresitrophe rupifraga** Bunge	15.华北分布
梅花草属	**Parnassia** L.	g8.北温带分布
21. 梅花草	**Parnassia palustris** L.	2.北温带—北极分布
扯根菜属	**Penthorum** L.	g9.东亚和北美洲间断分布
22. 扯根菜	**Penthorum chinense** Pursh.	10.中国—日本分布
山梅花属	**Philadelphus** L.	g8.北温带分布
23. 千山山梅花	**Philadelphus chianshanensis** Wanget Li	14.东北分布
24. 京山梅花	**Philadelphus pekinensis** Rupr.	15.华北分布
25. 东北山梅花	**Philadelphus schrenkii** Rupr.	14.东北分布
26. 堇叶山梅花	**Philadelphus tenuifolius** Rupr.	14.东北分布
茶藨属	**Ribes** L.	g8.北温带分布
27. 紫花茶藨	**Ribes atropurpurea** C. A. Mey.	3.西伯利亚分布
28. 刺果茶藨	**Ribes burejense** Fr. Schmidt	12.东北—华北分布
29. 楔叶茶藨	**Ribes diacantha** Pall.	16-2.大兴安岭—蒙古草原分布
30. 糖茶藨	**Ribes emodense** Rehd.	11-1.中国东部—西部分布
31. 华茶藨	**Ribes fasciculatum** Sieb. et Zucc. var. **chinense** Maxim.	11.中国东部分布

32. 腺毛茶藨	**Ribes giraldii** Jancz.	15.华北分布
33. 刺腺茶藨	**Ribes horridum** Rupr. ex Maxim.	14.东北分布
34. 长白茶藨	**Ribes komarovii** A. Pojark.	14.东北分布
35. 大叶茶藨	**Ribes latifolium** Jancz.	10-1.中国东北—日本中北部分布
36. 密穗茶藨	**Ribes liouanum** Kitag.	16.大兴安岭分布
37. 东北茶藨	**Ribes mandshuricum** (Maxim.) Kom.	12.东北—华北分布
38. 尖叶茶藨	**Ribes maximoviczianum** Kom.	14.东北分布
39. 黑果茶藨	**Ribes nigrum** L.	2-1.旧世界温带—北极分布
40. 英吉里茶藨	**Ribes palczewskii** (Jancz.) Pojark.	3-1.东部西伯利亚分布
41. 兴安茶藨	**Ribes pauciflorum** Turcz. ex Pojark.	3-1.东部西伯利亚分布
42. 水葡萄茶藨	**Ribes procumbens** Pall.	3.西伯利亚分布
43. 美丽茶藨	**Ribes pulchellum** Turcz.	19.达乌里—蒙古分布
44. 毛茶藨	**Ribes spicatum** Robs.	5.旧世界温带分布
45. 矮茶藨	**Ribes triste** Pall.	2-2.亚洲—北美—北极分布
46. 乌苏里茶藨	**Ribes ussuriense** Jancz.	14.东北分布
鬼灯檠属	**Rodgersia** A. Gray	g14-2.中国—日本分布
47. 鬼灯檠	**Rodgersia podophylla** A. Gray	10-1.中国东北—日本中北部分布
虎耳草属	**Saxifraga** L.	g8.北温带分布
48. 刺虎耳草	**Saxifraga bronchialis** L.	2-3.亚洲温带—北极分布
49. 零余虎耳草	**Saxifraga cernua** L.	2-1.旧世界温带—北极分布
50. 镜叶虎耳草	**Saxifraga fortunei** Hook. f. var. **koraiensis** Nakai	14.东北分布
51. 长白虎耳草	**Saxifraga laciniata** Nakai et Takeda	10-1.中国东北—日本中北部分布
52. 腺毛虎耳草	**Saxifraga manshuriensis** (Engler) Kom.	14.东北分布
53. 斑点虎耳草	**Saxifraga punctata** L.	2.北温带—北极分布
54. 兴安虎耳草	**Saxifraga rivularis** L.	2.北温带—北极分布
55. 球茎虎耳草	**Saxifraga sibirica** L.	22-1.旧世界温带—热带分布

六十二、蔷薇科 Rosaceae

		f1.世界广布
龙牙草属	**Agrimonia** L.	g8.北温带分布
1. 龙牙草	**Agrimonia pilosa** Ledeb.	22-1.旧世界温带—热带分布
唐棣属	**Amelanchier** Medic	g9.东亚和北美洲间断分布
2. 东亚唐棣	**Amelanchier asiatica** (Sieb. et Zucc.) Endl. ex Walp.	10.中国—日本分布
假升麻属	**Aruncus** L.	g8.北温带分布
3. 假升麻	**Aruncus sylvester** Kostel. ex Maxim.	7.温带亚洲分布

地蔷薇属	**Chamaerhodos** Bunge	g9.东亚和北美洲间断分布
4. 毛地蔷薇	**Chamaerhodos canescens** J. Krause	15-2.华北—蒙古草原分布
5. 地蔷薇	**Chamaerhodos erecta** (L.) Bunge	3.西伯利亚分布
6. 矮地蔷薇	**Chamaerhodos trifida** Ledeb.	19.达乌里—蒙古分布
沼委陵菜属	**Comarum** L.	g10.旧世界温带分布
7. 东北沼委陵菜	**Comarum palustre** L.	2.北温带—北极分布
栒子属	**Cotoneaster** B. Ehrh.	g8.北温带分布
8. 灰栒子	**Cotoneaster acutifolius** Turcz.	11-1.中国东部—西部分布
9. 细弱栒子	**Cotoneaster gracilis** Rehd.et Wils.	11-1.中国东部—西部分布
10. 全缘栒子	**Cotoneaster integerrimus** Medic.	5.旧世界温带分布
11. 黑果栒子	**Cotoneaster melanocarpus** Lodd.	5.旧世界温带分布
12. 水栒子	**Cotoneaster multiflorus** Bunge	7.温带亚洲分布
山楂属	**Crataegus** L.	g8.北温带分布
13. 光叶山楂	**Crataegus dahurica** Schneid.	3-1.东部西伯利亚分布
14. 毛山楂	**Crataegus maximowiczii** Schneid.	10.中国—日本分布
15. 山楂	**Crataegus pinnatifida** Bunge	10.中国—日本分布
16. 血红山楂	**Crataegus sanguinea** Pall.	3.西伯利亚分布
仙女木属	**Dryas** L.	g8-2.北极—高山分布
17. 宽叶仙女木	**Dryas octopetala** L. var. **asiatica** Nakai	14-1.中国东北—俄罗斯远东区分布
蛇莓属	**Duchesnea** L.	g7.热带亚洲（印度—马来西亚）分布
18. 蛇莓	**Duchesnea indica** (Andr.) Focke	22.北温带—热带分布
白鹃梅属	**Exochorda** Lindl.	g11.温带亚洲分布
19. 齿叶白鹃梅	**Exochorda serratifolia** S. Moore	13.华北—朝鲜分布
蚊子草属	**Filipendula** Adans.	g8.北温带分布
20. 细叶蚊子草	**Filipendula angustiloba** (Turcz.) Maxim.	14-2.中国东北—达乌里分布
21. 翻白蚊子草	**Filipendula intermedia** (Glehn) Juz.	14-2.中国东北—达乌里分布
22. 蚊子草	**Filipendula palmata** (Pall.) Maxim.	3-1.东部西伯利亚分布
23. 槭叶蚊子草	**Filipendula purpurea** Maxim.	10.中国—日本分布
草莓属	**Fragaria** L.	g8.北温带分布
24. 东方草莓	**Fragaria orientalis** Losina-Losinsk.	3-1.东部西伯利亚分布
水杨梅属	**Geum** L.	g8-4.北温带和南温带间断分布
25. 水杨梅	**Geum aleppicum** Jacq.	4.北温带分布
苹果属	**Malus** Mill.	g8.北温带分布
26. 山荆子	**Malus baccata** (L.) Borkh.	14-2.中国东北—达乌里分布

27. 山楂海棠	**Malus komarovii** (Sarg.) Rehd.	14.东北分布
绣线梅属	**Neillia** D.Don	g14.东亚分布
28. 东北绣线梅	**Neillia uekii** Nakai	14.东北分布
风箱果属	**Physocarpus** (Cambess.) Maxim.	g9.东亚和北美洲间断分布
29. 风箱果	**Physocarpus amurensis** (Maxim.) Maxim.	14.东北分布
委陵菜属	**Potentilla** L.	g8.北温带分布
30. 星毛委陵菜	**Potentilla acaulis** L.	7.温带亚洲分布
31. 东北委陵菜	**Potentilla amurensis** Maxim.	8.东亚分布
32. 皱叶委陵菜	**Potentilla ancistrifolia** Bunge	11.中国东部分布
33. 鹅绒委陵菜	**Potentilla anserina** L.	4–1.北温带—南温带分布
34. 刚毛委陵菜	**Potentilla asperrima** Turcz.	3–1.东部西伯利亚分布
35. 光叉叶委陵菜	**Potentilla bifurca** L. var. **glabrata** Lehm.	14–2.中国东北—达乌里分布
36. 蛇莓委陵菜	**Potentilla centigrana** Maxim.	8.东亚分布
37. 委陵菜	**Potentilla chinensis** Ser.	8.东亚分布
38. 黄花委陵菜	**Potentilla chrysantha** Trev.	5.旧世界温带分布
39. 大头委陵菜	**Potentilla conferta** Bunge	7.温带亚洲分布
40. 狼牙委陵菜	**Potentilla cryptotaeniae** Maxim.	10.中国—日本分布
41. 毛叶委陵菜	**Potentilla dasyphylla** Bunge	7.温带亚洲分布
42. 翻白委陵菜	**Potentilla discolor** Bunge	10.中国—日本分布
43. 蔓委陵菜	**Potentilla flagellaris** Willd. ex Schlecht	3.西伯利亚分布
44. 莓叶委陵菜	**Potentilla fragarioides** L.	7.温带亚洲分布
45. 楔叶委陵菜	**Potentilla fragiformis** Willd. ex Schlecht	2–3.亚洲温带—北极分布
46. 三叶委陵菜	**Potentilla freyniana** Bornm.	8.东亚分布
47. 金露梅	**Potentilla fruticosa** L.	2.北温带—北极分布
48. 银露梅	**Potentilla glabra** Lodd.	8.东亚分布
49. 白花委陵菜	**Potentilla inquinans** Turcz.	3–1.东部西伯利亚分布
50. 蛇含委陵菜	**Potentilla kleiniana** Wight et Arn.	22–3.亚洲温带—热带分布
51. 白叶委陵菜	**Potentilla leucophylla** Pall.	19.达乌里—蒙古分布
52. 多茎委陵菜	**Potentilla multicaulis** Bunge	11–1.中国东部—西部分布
53. 细叶委陵菜	**Potentilla multifida** L.	4.北温带分布
54. 假雪委陵菜	**Potentilla nivea** L.	
	var. **camtschatica** Cham. et Schlecht.	14–1.中国东北—俄罗斯远东区分布
55. 红茎委陵菜	**Potentilla nudicaulis** Willd. ex Schlecht.	3–1.东部西伯利亚分布
56. 假翻白委陵菜	**Potentilla pannifolia** Liou et C. Y. Li	21.东北平原分布

57. 伏委陵菜	**Potentilla paradoxa** L.	6.亚洲—北美分布
58. 小叶金老梅	**Potentilla parviflora** Fisch.	7.温带亚洲分布
59. 深齿匍匐委陵菜	**Potentilla reptans** L. var. **incisa** Franch.	11.中国东部分布
60. 北委陵菜	**Potentilla sanguisorba** Willd. ex Schlecht.	19.达乌里—蒙古分布
61. 等齿委陵菜	**Potentilla simulatrix** Wolf	11-1.中国东部—西部分布
62. 灰白委陵菜	**Potentilla strigosa** Pall.	3.西伯利亚分布
63. 蒿叶委陵菜	**Potentilla tanacetifolia** Willd. ex Schlecht.	7.温带亚洲分布
64. 轮叶委陵菜	**Potentilla verticillaris** Steph ex Willd.	19.达乌里—蒙古分布
65. 粘委陵菜	**Potentilla viscosa** J. Don.	7.温带亚洲分布
66. 匍枝委陵菜	**Potentilla yokusaiana** Makino	14.东北分布
扁核木属	**Prinsepia** Royle	g14-1.中国—喜马拉雅分布
67. 东北扁核木	**Prinsepia sinensis** (Oliv.) Oliv. ex Bean	14.东北分布
李属	**Prunus** L.	g8.北温带分布
68. 欧李	**Prunus humilis** Bunge	15-2.华北—蒙古草原分布
69. 郁李	**Prunus japonica** Thunb.	10.中国—日本分布
70. 斑叶稠李	**Prunus maackii** Rupr.	14.东北分布
71. 东北杏	**Prunus mandshurica** (Maxim.) Koehne	14.东北分布
72. 黑樱桃	**Prunus maximowiczii** (Rupr.) Kom.	14-1.中国东北—俄罗斯远东区分布
73. 稠李	**Prunus padus** L.	5.旧世界温带分布
74. 东北李	**Prunus salicina** Lindl. var. **mandshurica** (Skv.) Skv. et Bar.	14.东北分布
75. 西伯利亚杏	**Prunus sibirica** L.	12-1.东北—华北—蒙古草原分布
76. 毛樱桃	**Prunus tomentosa** Thunb.	8.东亚分布
77. 榆叶梅	**Prunus triloba** Lindl.	11.中国东部分布
78. 山樱桃	**Prunus verecunda** (Koidz.) Koehne	14.东北分布
梨属	**Pyrus** L.	g10.旧世界温带分布
79. 杜梨	**Pyrus betulaefolia** Bunge	11.中国东部分布
80. 和尚梨	**Pyrus corymbifera** Nakai	15.华北分布
81. 河北梨	**Pyrus hopeiensis** Yu	15.华北分布
82. 秋子梨	**Pyrus ussuriensis** Maxim.	12.东北—华北分布
鸡麻属	**Rhodotypos** Sieb. et Zucc.	g14-2.中国—日本分布
83. 鸡麻	**Rhodotypos scandens** (Thunb.) Makino	10.中国—日本分布
蔷薇属	**Rosa** L.	g8.北温带分布
84. 刺蔷薇	**Rosa acicularis** Lindl.	4.北温带分布
85. 白玉山蔷薇	**Rosa baiyushanensis** Q. L. Wang	15.华北分布

86. 山刺玫	**Rosa davurica** Pall.	3-1.东部西伯利亚分布
87. 细柄蔷薇	**Rosa gracilipes** Chrshan.	14.东北分布
88. 长白蔷薇	**Rosa koreana** Kom.	14.东北分布
89. 深山蔷薇	**Rosa marretii** Levl.	10-1.中国东北—日本中北部分布
90. 伞花蔷薇	**Rosa maximowicziana** Regel	13.华北—朝鲜分布
91. 玫瑰	**Rosa rugosa** Thunb.	10.中国—日本分布
悬钩子属	**Rubus** L.	g1.世界分布
92. 北悬钩子	**Rubus arcticus** L.	2.北温带—北极分布
93. 兴安悬钩子	**Rubus chamaemorus** L.	2.北温带—北极分布
94. 山楂叶悬钩子	**Rubus crataegifolius** Bunge	10.中国—日本分布
95. 矮悬钩子	**Rubus humilifolius** C. A. Mey.	5.旧世界温带分布
96. 覆盆子	**Rubus idaeus** L.	5.旧世界温带分布
97. 绿叶悬钩子	**Rubus kanayamensis** Levl. et Vant.	14-2.中国东北—达乌里分布
98. 库页悬钩子	**Rubus matsumuranus** Levl. et Vant.	10.中国—日本分布
99. 茅莓悬钩子	**Rubus parvifolius** L.	10.中国—日本分布
100. 石生悬钩子	**Rubus saxatilis** L.	2.北温带—北极分布
地榆属	**Sanguisorba** L.	g8.北温带分布
101. 腺地榆	**Sanguisorba glandulosa** Kom.	14-3.东北—大兴安岭分布
102. 直穗粉花地榆	**Sanguisorba grandiflora** (Maxim.) Makino	10.中国—日本分布
103. 地榆	**Sanguisorba officinalis** L.	4.北温带分布
104. 小白花地榆	**Sanguisorba parviflora** (Maxim.) Takeda	10.中国—日本分布
105. 大白花地榆	**Sanguisorba stipulata** Raf.	6-1.东亚—北美分布
106. 垂穗粉花地榆	**Sanguisorba tenuifolia** Fisch. ex Link	10.中国—日本分布
山莓草属	**Sibbaldia** L.	g10.旧世界温带分布
107. 伏毛山莓草	**Sibbaldia adpressa** Bunge	7.温带亚洲分布
108. 山莓草	**Sibbaldia procumbens** L.	2.北温带—北极分布
109. 绢毛山莓草	**Sibbaldia sericea** (Grub.) Sojok	20.蒙古草原分布
珍珠梅属	**Sorbaria** (Ser.) A. Br. ex Ascherss	g9.东亚和北美洲间断分布
110. 华北珍珠梅	**Sorbaria kirilowii** (Regel) Maxim.	15.华北分布
111. 珍珠梅	**Sorbaria sorbifolia** (L.) A. Br.	3.西伯利亚分布
花楸属	**Sorbus** L.	g8.北温带分布
112. 水榆花楸	**Sorbus alnifolia** (Sieb. et Zucc.) K. Koch	10.中国—日本分布
113. 花楸树	**Sorbus pohuashanensis** (Hance) Hedl.	12.东北—华北分布
绣线菊属	**Spiraea** L.	g8.北温带分布

114. 楼斗叶绣线菊	**Spiraea aquilegifolia** Pall.	19.达乌里—蒙古分布
115. 绣球绣线菊	**Spiraea blumei** G. Don	10.中国—日本分布
116. 石蚕叶绣线菊	**Spiraea chamaedryfolia** L.	5.旧世界温带分布
117. 窄叶绣线菊	**Spiraea dahurica** Maxiim.	19.达乌里—蒙古分布
118. 毛花绣线菊	**Spiraea dasyantha** Bunge	11.中国东部分布
119. 美丽绣线菊	**Spiraea elegans** Pojark.	16-1.大兴安岭—俄罗斯远东区分布
120. 曲萼绣线菊	**Spiraea flexuosa** Camb.	3.西伯利亚分布
121. 华北绣线菊	**Spiraea fritschiana** Schneid.	15.华北分布
122. 海拉尔绣线菊	**Spiraea hailarensis** Liou	20.蒙古草原分布
123. 金丝桃叶绣线菊	**Spiraea hypericifolia** L.	6.亚洲—北美分布
124. 欧亚绣线菊	**Spiraea media** Schmidt	5.旧世界温带分布
125. 金州绣线菊	**Spiraea nishimurae** Kitag	15.华北分布
126. 土庄绣线菊	**Spiraea pubescens** Turcz.	12.东北—华北分布
127. 绣线菊	**Spiraea salicifolia** L.	2-1.旧世界温带—北极分布
128. 绢毛绣线菊	**Spiraea sericea** Turcz.	7.温带亚洲分布
129. 毛果绣线菊	**Spiraea trichocarpa** Nakai	14.东北分布
130. 三裂绣线菊	**Spiraea trilobata** L.	7.温带亚洲分布
小米空木属	**Stephanandra** Sieb. et Zucc.	g14-2.中国—日本分布
131. 小米空木	**Stephanandra incisa** (Thunb.) Zabel	11.中国东部分布
林石草属	**Waldsteinia** Willd.	g8.北温带分布
132. 林石草	**Waldsteinia ternata** (Steph.) Fritsch.	14-1.中国东北—俄罗斯远东区分布

六十三、豆科[*] **Leguminosae**　　f1.世界广布

田皂角属	**Aeschynomene** L.	g2.泛热带分布
1. 田皂角	**Aeschynomene indica** L.	24.旧世界热带分布
合欢属	**Albizzia** Durazz.	g4.旧世界热带分布
2. 合欢	**Albizzia julibrissin** Durazz.	26.热带亚洲—热带非洲分布
两型豆属	**Amphicarpaea** Ell.	g9.东亚和北美洲间断分布
3. 两型豆	**Amphicarpaea trisperma** (Miq.) Baker	10.中国—日本分布
黄耆属	**Astragalus** L.	g1.世界分布
4. 斜茎黄耆	**Astragalus adsurgens** Pall.	7.温带亚洲分布
5. 高山黄耆	**Astragalus alpinus** L.	2.北温带—北极分布

注：*该科的分布区类型是由本书作者自行划分的。

6. 草珠黄耆	**Astragalus capillipes** Fisch. ex Bunge	15.华北分布
7. 华黄耆	**Astragalus chinensis** L.f.	12-1.东北—华北—蒙古草原分布
8. 扁茎黄耆	**Astragalus complanatus** R. Br. ex Bunge	15-3.华北—东北平原分布
9. 兴安黄耆	**Astragalus dahuricus** (Pall.) DC.	3-1.东部西伯利亚分布
10. 草原黄耆	**Astragalus dalaiensis** Kitag.	20.蒙古草原分布
11. 丹黄耆	**Astragalus danicus** Retz.	4.北温带分布
12. 白花黄耆	**Astragalus galactites** Pall.	19.达乌里—蒙古分布
13. 新巴黄耆	**Astragalus hsinbaticus** P.Y. Fu et Y. A. Chen	20.蒙古草原分布
14. 小叶黄耆	**Astragalus hulunensis** P. Y. Fu et Y. A. Chen	20.蒙古草原分布
15. 北黄耆	**Astragalus inopinatus** Boriss.	3-1.东部西伯利亚分布
16. 海滨黄耆	**Astragalus marinus** Boriss.	14.东北分布
17. 草木犀黄耆	**Astragalus melilotoides** Pall.	19.达乌里—蒙古分布
18. 黄耆	**Astragalus membranaceus** Bunge	7.温带亚洲分布
19. 细茎黄耆	**Astragalus miniatus** Bunge	19.达乌里—蒙古分布
20. 小米黄耆	**Astragalus satoi** Kitag.	20.蒙古草原分布
21. 糙叶黄耆	**Astragalus scaberrimus** Bunge	19.达乌里—蒙古分布
22. 伞花黄耆	**Astragalus sciadophorus** Franch.	20.蒙古草原分布
23. 白花高山黄耆	**Astragalus setsureianus** Nakai	14.东北分布
24. 小果黄耆	**Astragalus tataricus** Franch.	15-2.华北—蒙古草原分布
25. 湿地黄耆	**Astragalus uliginosus** L.	3.西伯利亚分布
锦鸡儿属	**Caragana** Fabr.	g11.温带亚洲分布
26. 极东锦鸡儿	**Caragana fruticosa** (Pall.) Bess.	14-1.中国东北—俄罗斯远东区分布
27. 毛掌叶锦鸡儿	**Caragana leveillei** Kom.	15.华北分布
28. 金州锦鸡儿	**Caragana litwinowii** Kom.	15.华北分布
29. 东北锦鸡儿	**Caragana manshurica** Kom.	14.东北分布
30. 小叶锦鸡儿	**Caragana microphylla** Lam.	19.达乌里—蒙古分布
31. 红花锦鸡儿	**Caragana rosea** Turcz.	11.中国东部分布
32. 细叶锦鸡儿	**Caragana stenophylla** Pojark.	19.达乌里—蒙古分布
33. 松东锦鸡儿	**Caragana ussuriensis** (Regel) Pojark.	14.东北分布
决明属	**Cassia** L.	g2.泛热带分布
34. 豆茶决明	**Cassia nomame** (Sieb.) Kitag.	10.中国—日本分布
野百合属	**Crotalaria** L.	g2.泛热带分布
35. 野百合	**Crotalaria sessiliflora** L.	22-3.亚洲温带—热带分布
山马蝗属	**Desmodium** Desv.	g9.东亚和北美洲间断分布

36. 东北山马蝗	**Desmodium fallax** Schindl.	
	var. **mandshuricum** (Maxim.) Nakai	10.中国—日本分布
37. 羽叶山马蝗	**Desmodium oldhamii** Oliver	10.中国—日本分布
皂荚属	**Gleditsia** L.	g9.东亚和北美洲间断分布
38. 山皂荚	**Gleditsia japonica** Miq.	10.中国—日本分布
大豆属	**Glycine** L.	g6.热带亚洲至热带非洲分布
39. 宽叶蔓豆	**Glycine gracilis** Skv.	14-4.东北—蒙古草原分布
40. 野大豆	**Glycine soja** Sieb. et Zucc.	10.中国—日本分布
甘草属	**Glycyrrhiza** L.	g12-3.地中海区至温带—热带亚洲、大洋洲和南美洲间断分布
41. 刺果甘草	**Glycyrrhiza pallidiflora** Maxim.	12-1.东北—华北—蒙古草原分布
42. 甘草	**Glycyrrhiza uralensis** Fisch.	17.中亚分布
米口袋属	**Gueldenstaedtia** Fisch.	g11.温带亚洲分布
43. 海滨米口袋	**Gueldenstaedtia maritima** Maxim.	15.华北分布
44. 米口袋	**Gueldenstaedtia verna** (Georgi) Boiss.	11.中国东部分布
45. 狭叶米口袋	**Gueldenstaedtia stenophylla** Bunge	11.中国东部分布
岩黄耆属	**Hedysarum** L.	g8.北温带分布
46. 山岩黄耆	**Hedysarum alpinum** L.	2-1.旧世界温带—北极分布
47. 刺岩黄耆	**Hedysarum dahuricum** Turcz. ex B. Fedtsch.	19.达乌里—蒙古分布
48. 木岩黄耆	**Hedysarum fruticosum** Pall. var. **lignosum** (Trautv.) Kitag.	20.蒙古草原分布
49. 华北岩黄耆	**Hedysarum gmelinii** Ledeb.	7.温带亚洲分布
50. 长白岩黄耆	**Hedysarum ussuriense** Schischk. et Kom.	14.东北分布
木蓝属	**Indigofera** L.	g2.泛热带分布
51. 铁扫帚	**Indigofera bungeana** Walp.	11.中国东部分布
52. 花木蓝	**Indigofera kirilowii** Maxim. ex Palib.	11.中国东部分布
鸡眼草属	**Kummerowia** Schindl.	g9.东亚和北美洲间断分布
53. 短萼鸡眼草	**Kummerowia stipulacea** (Maxim.) Makino	10.中国—日本分布
54. 鸡眼草	**Kummerowia striata** (Thunb.) Schindl.	8.东亚分布
山黧豆属	**Lathyrus** L.	g8-4.北温带和南温带间断分布
55. 大山黧豆	**Lathyrus davidii** Hance	10.中国—日本分布
56. 矮山黧豆	**Lathyrus humilis** Fisch. ex DC.	3.西伯利亚分布
57. 三脉山黧豆	**Lathyrus komarovii** Ohwi	14-1.中国东北—俄罗斯远东区分布
58. 海滨山黧豆	**Lathyrus maritimus** (L.) Bigelow	2.北温带—北极分布
59. 山黧豆	**Lathyrus palustris** L. var. **pilosus** (Cham.) Ledeb.	2-2.亚洲—北美—北极分布
60. 牧地山黧豆	**Lathyrus pratensis** L.	22-1.旧世界温带—热带分布

61. 五脉山黧豆	**Lathyrus quinquenervius** (Miq.) Litv. ex Kom. et Alis.	10.中国—日本分布
62. 东北山黧豆	**Lathyrus vaniotii** Levl.	14.东北分布
胡枝子属	**Lespedeza** Michx.	g9.东亚和北美洲间断分布
63. 胡枝子	**Lespedeza bicolor** Turcz.	10.中国—日本分布
64. 长叶胡枝子	**Lespedeza caraganae** Bunge	15.华北分布
65. 短梗胡枝子	**Lespedeza cyrtobotrya** Miq.	10.中国—日本分布
66. 兴安胡枝子	**Lespedeza davurica** (Laxm.) Schindl.	8.东亚分布
67. 多花胡枝子	**Lespedeza floribunda** Bunge	11.中国东部分布
68. 阴山胡枝子	**Lespedeza inschanica** (Maxim.) Schindl.	8.东亚分布
69. 尖叶胡枝子	**Lespedeza juncea** (L. f.) Pers.	10.中国—日本分布
70. 宽叶胡枝子	**Lespedeza maximowiczii** Schneid.	10.中国—日本分布
71. 牛枝子	**Lespedeza potaninii** V. Vassil.	7.温带亚洲分布
72. 绒毛胡枝子	**Lespedeza tomentosa** (Thunb.) Sieb. ex Maxim.	10.中国—日本分布
73. 细梗胡枝子	**Lespedeza virgata** (Thunb.) DC.	10.中国—日本分布
马鞍树属	**Maackia** Rupr. et Maxim.	g14.东亚分布
74. 樱槐	**Maackia amurensis** Rupr. et Maxim.	14–1.中国东北—俄罗斯远东区分布
苜蓿属	**Medicago** L.	g10–3.欧亚和南部非洲（有时也在大洋洲）间断分布
75. 野苜蓿	**Medicago falcata** L.	5.旧世界温带分布
76. 天蓝苜蓿	**Medicago lupulina** L.	5.旧世界温带分布
草木犀属	**Melilotus** Adans.	g10.旧世界温带分布
77. 细齿草木犀	**Melilotus dentatus** (Wald. et Kit.) Pers.	5.旧世界温带分布
78. 草木犀	**Melilotus suaveolens** Ledeb.	22–3.亚洲温带—热带分布
扁蓿豆属	**Melissitus** Medic.	g13.中亚分布
79. 辽西扁蓿豆	**Melissitus liaosiensis** (P. Y. Fu et Y. A. Chen) P. Y. Fu et Y. A. Chen 20.蒙古草原分布	
80. 扁蓿豆	**Melissitus rutenica** (L.) C. W. Chang	8.东亚分布
棘豆属	**Oxytropis** DC.	g8.北温带分布
81. 长白棘豆	**Oxytropis anertii** Nakai	14.东北分布
82. 二色棘豆	**Oxytropis bicolor** Bunge	15–2.华北—蒙古草原分布
83. 密丛棘豆	**Oxytropis coerulea** (Pall.) DC. subsp. subfalcata (Hance) Chengf. ex H.C. Fu	15–2.华北—蒙古草原分布
84. 线棘豆	**Oxytropis filiformis** DC.	19.达乌里—蒙古分布
85. 大花棘豆	**Oxytropis grandiflora** (Pall.) DC.	19.达乌里—蒙古分布
86. 山棘豆	**Oxytropis hailarensis** Kitag.	20.蒙古草原分布

87. 硬毛棘豆	**Oxytropis hirta** Bunge	19.达乌里—蒙古分布
88. 山泡泡	**Oxytropis leptophylla** (Pall.) DC.	19.达乌里—蒙古分布
89. 兴南棘豆	**Oxytropis mandshurica** Bunge	14-3.东北—大兴安岭分布
90. 瘤果棘豆	**Oxytropis microphylla** (Pall.) DC.	19.达乌里—蒙古分布
91. 多叶棘豆	**Oxytropis myriophylla** (Pall.) DC.	19.达乌里—蒙古分布
92. 黄毛棘豆	**Oxytropis ochrantha** Turcz.	11-2.中国东部—蒙古草原分布
93. 砂珍棘豆	**Oxytropis psamocharis** Hance	15-2.华北—蒙古草原分布
94. 林棘豆	**Oxytropis sylvatica** (Pall.) DC.	3-1.东部西伯利亚分布
菜豆属	**Phaseolus** L.	g2.泛热带分布
95. 海绿豆	**Phaseolus demissus** Kitag.	15.华北分布
96. 野小豆	**Phaseolus minimus** Roxb.	11.中国东部分布
葛属	**Pueraria** DC.	g7.热带亚洲（印度—马来西亚）分布
97. 野葛	**Pueraria lobata** (Willd.) Ohwi	8.东亚分布
槐属	**Sophora** L.	g1.世界分布
98. 苦参	**Sophora flavescens** Ait.	10.中国—日本分布
苦马豆属	**Swainsonia** Sailsb.	g11.温带亚洲分布
99. 苦马豆	**Swainsonia salsula** (Pall.) Taub.	17.中亚分布
野决明属	**Thermopsis** R. Br.	g9.东亚和北美洲间断分布
100. 牧马豆	**Thermopsis lanceolata** R. Br.	5.旧世界温带分布
车轴草属	**Trifolium** L.	g8.北温带分布
101. 延边车轴草	**Trifolium gordejevi** (Kom.) Z. Wei	14.东北分布
102. 野火球	**Trifolium lupinaster** L.	2-1.旧世界温带—北极分布
野豌豆属	**Vicia** L.	g8-4.北温带和南温带间断分布
103. 山野豌豆	**Vicia amoena** Fisch. ex DC.	7.温带亚洲分布
104. 黑龙江野豌豆	**Vicia amurensis** Oett.	10.中国—日本分布
105. 大花野豌豆	**Vicia bungei** Ohwi	11.中国东部分布
106. 广布野豌豆	**Vicia cracca** L.	2.北温带—北极分布
107. 索伦野豌豆	**Vicia geminiflora** Trautv.	19.达乌里—蒙古分布
108. 东方野豌豆	**Vicia japonica** A. Gray	10.中国—日本分布
109. 多茎野豌豆	**Vicia multicaulis** Ledeb.	2-3.亚洲温带—北极分布
110. 大叶野豌豆	**Vicia pseudorobus** Fisch. et C. A. Mey.	8.东亚分布
111. 北野豌豆	**Vicia ramuliflora** (Maxim.) Ohwi	14-2.中国东北—达乌里分布
112. 细叶野豌豆	**Vicia tenuifolia** Roth	5.旧世界温带分布
113. 歪头菜	**Vicia unijuga** A. Br.	7.温带亚洲分布

114. 柳叶野豌豆   **Vicia venosa** (Willd.) Maxim.   3-1.东部西伯利亚分布

六十四、酢浆草科　Oxalidaceae   f1.世界广布

酢浆草属   **Oxalis** L.   g1.世界分布

1. 山酢浆草   **Oxalis acetosella** L.   4.北温带分布

2. 酢浆草   **Oxalis corniculata** L.   5.旧世界温带分布

3. 三角酢浆草   **Oxalis obtriangulata** Maxim.   14.东北分布

4. 直酢浆草   **Oxalis stricta** L.   4.北温带分布

六十五、牻牛儿苗科　Geraniaceae   f8-4.北温带和南温带间断分布

牻牛儿苗属   **Erodium** L'Her   g12-3.地中海区至温带—热带亚洲、大洋洲和南美洲间断分布

1. 牻牛儿苗   **Erodium stephanianum** Willd.   7.温带亚洲分布

老鹳草属   **Geranium** L.   g1.世界分布

2. 长白老鹳草   **Geranium baishanense** Y. L. Chang   14.东北分布

3. 粗根老鹳草   **Geranium dahuricum** DC.   7.温带亚洲分布

4. 北方老鹳草   **Geranium erianthum** DC.   2-2.亚洲—北美—北极分布

5. 毛蕊老鹳草   **Geranium eriostemon** Fisch. ex DC.   7.温带亚洲分布

6. 朝鲜老鹳草   **Geranium koreanum** Kom.   14.东北分布

7. 突节老鹳草   **Geranium krameri** Franch. et Sav.   10.中国—日本分布

8. 兴安老鹳草   **Geranium maximowiczii** Regel et Maack   3-1.东部西伯利亚分布

9. 草甸老鹳草   **Geranium pratense** L.   2-1.旧世界温带—北极分布

10. 鼠掌老鹳草   **Geranium sibiricum** L.   4.北温带分布

11. 线裂老鹳草   **Geranium soboliferum** Kom.   14.东北分布

12. 大花老鹳草   **Geranium transbaicalicum** Serg.   19.达乌里—蒙古分布

13. 灰背老鹳草   **Geranium vlassowianum** Fisch. ex Link   3-1.东部西伯利亚分布

14. 老鹳草   **Geranium wilfordi** Maxim.   10.中国—日本分布

六十六、蒺藜科　Zygophyllaceae   f2.泛热带分布

白刺属   **Nitraria** L.   g12.地中海区、西亚至中亚分布

1. 白刺   **Nitraria sibirica** Pall.   7.温带亚洲分布

骆驼蓬属   **Peganum** L.   g12-2.地中海区至中亚和墨西哥至美国南部间断分布

2. 多裂骆驼蓬   **Peganum harmala** L.var. **multisecta** Maxim.   17-1.中亚东部分布

蒺藜属   **Tribulus** L.   g2.泛热带分布

3. 蒺藜   **Tribulus terrestris** L.   1.世界分布

六十七、亚麻科 Linaceae　　　　　　　　　　　　　f8-4.北温带和南温带间断分布

亚麻属	**Linum** L.	g8-4.北温带和南温带间断分布
1. 黑水亚麻	**Linum amurense** Alet.	20-1.俄罗斯远东区—蒙古草原分布
2. 贝加尔亚麻	**Linum baicalense** Juz.	19.达乌里—蒙古分布
3. 宿根亚麻	**Linum perenne** L.	5.旧世界温带分布
4. 野亚麻	**Linum stelleroides** Planch	10.中国—日本分布

六十八、大戟科 Euphorbiaceae　　　　　　　　　　　　　f2.泛热带分布

铁苋菜属	**Acalypha** L.	g2.泛热带分布
1. 铁苋菜	**Acalypha australis** L.	22-2.亚洲—北美—温带至热带分布
大戟属	**Euphorbia** L.	g2.泛热带分布
2. 关东大戟	**Euphorbia croizatii** (Hurus.) Kitag.	12.东北—华北分布
3. 乳浆大戟	**Euphorbia esula** L.	5.旧世界温带分布
4. 泽漆	**Euphorbia helioscopia** L.	22-1.旧世界温带—热带分布
5. 地锦	**Euphorbia humifusa** Willd.	5.旧世界温带分布
6. 通奶草	**Euphorbia indica** Lam.	22-3.亚洲温带—热带分布
7. 林大戟	**Euphorbia lucorum** Rupr.	14.东北分布
8. 猫眼大戟	**Euphorbia lunulata** Bunge	15-2.华北—蒙古草原分布
9. 大地锦	**Euphorbia maculata** L.	4.北温带分布
10. 东北大戟	**Euphorbia mandshurica** Maxim.	14-3.东北—大兴安岭分布
11. 狼毒大戟	**Euphorbia pallasii** Turcz.	19.达乌里—蒙古分布
12. 大戟	**Euphorbia pekinensis** Rupr.	10.中国—日本分布
13. 锥腺大戟	**Euphorbia savaryi** Kiss.	14.东北分布
14. 钩腺大戟	**Euphorbia sieboldiana** Morr.	10.中国—日本分布
雀儿舌头属	**Leptopus** Decne.	g5.热带亚洲至热带大洋洲分布
15. 雀儿舌头	**Leptopus chinensis** (Bunge) Pojark.	11.中国东部分布
叶下珠属	**Phyllanthus** L.	g2.泛热带分布
16. 东北油柑	**Phyllanthus ussuriensis** Rupr. et Maxim.	12.东北—华北分布
叶底珠属	**Securinega** Juss.	g2.泛热带分布
17. 叶底珠	**Securinega suffruticosa** (Pall.) Rehd.	7.温带亚洲分布
地构叶属	**Speranskia** Baill.	g15.中国特有分布
18. 地构叶	**Speranskia tuberculata** (Bunge) Baill.	15-2.华北—蒙古草原分布

六十九、芸香科　Rutaceae　　　　　　　　　　　f2.泛热带分布

白鲜属	**Dictamnus** L.	g10.旧世界温带分布
1. 白鲜	**Dictamnus dasycarpus** Turcz.	11.中国东部分布
芸香草属	**Haplophyllum** A.Juss.　g10-1.地中海区、西亚（或中亚）和东亚间断分布	
2. 假芸香	**Haplophyllum dauricum** (L.) G. Don	19.达乌里—蒙古分布
黄檗属	**Phellodendron** Rupr.	g14-2.中国—日本分布
3. 黄檗	**Phellodendron amurense** Rupr.	10.中国—日本分布
花椒属	**Zanthoxylum** L.	g2.泛热带分布
4. 山花椒	**Zanthoxylum schinifolium** Sieb. et Zucc.	10.中国—日本分布

七十、苦木科　Simaroubaceae　　　　　　　　　f2.泛热带分布

臭椿属	**Ailanthus** Desf.	g5.热带亚洲至热带大洋洲分布
1. 臭椿	**Ailanthus altissima** (Mill.) Swingle	8.东亚分布
苦木属	**Picrasma** Blume	g3.热带亚洲和热带美洲间断分布
2. 苦木	**Picrasma quassioides** (D. Don) Benn.	11.中国东部分布

七十一、远志科　Polygalaceae　　　　　　　　　f1.世界广布

远志属	**Polygala** L.	g1.世界分布
1. 瓜子金	**Polygala japonica** Houtt.	22-3.亚洲温带—热带分布
2. 西伯利亚远志	**Polygala sibirica** L.	22-1.旧世界温带—热带分布
3. 小远志	**Polygala tatarinowii** Regel	8.东亚分布
4. 远志	**Polygala tenuifolia** Willd.	7.温带亚洲分布

七十二、漆树科　Anacardiaceae　　　　　　　　　f2.泛热带分布

黄栌属	**Cotinus** (Tourn.) Mill.	g8.北温带分布
1. 毛黄栌	**Cotinus coggygria** Scop. var. **pubescens** Engler	5.旧世界温带分布
盐肤木属	**Rhus** (Tourn.) L.	g8.北温带分布
2. 盐肤木	**Rhus chinensis** Mill.	22-3.亚洲温带—热带分布
漆属	**Toxicodendron** (Tourn.) Mill.	g9.东亚和北美洲间断分布
3. 漆	**Toxicodendron vernicifluum** (Stokes) F. A. Barkl.	8.东亚分布

七十三、槭树科　Aceraceae　　　　　　　f8-4.北温带和南温带间断分布

| 槭属 | **Acer** L. | g8.北温带分布 |
| 1. 簇毛槭 | **Acer barbinerve** Maxim. | 14.东北分布 |

2. 茶条械	**Acer ginnaia** Maxim.	10.中国—日本分布
3. 小楷械	**Acer komarovii** Pojark.	14.东北分布
4. 东北械	**Acer mandshuricum** Maxim.	14.东北分布
5. 色木械	**Acer mono** Maxim.	10.中国—日本分布
6. 紫花械	**Acer pseudo-sieboldianum** (Pax) Kom.	14.东北分布
7. 青楷械	**Acer tegmentosum** Maxim.	14.东北分布
8. 三花械	**Acer triflorum** Kom.	14.东北分布
9. 元宝械	**Acer truncatum** Bunge	15.华北分布
10. 花楷械	**Acer ukurunduense** Trautv. et C. A. Mey.	14–1.中国东北—俄罗斯远东区分布

七十四、无患子科　Sapindaceae　　　　　　f2.泛热带分布

栾树属	**Koelreuteria** Laxm.	g14.东亚分布
1. 栾树	**Koelreuteria paniculata** Laxm.	10.中国—日本分布

七十五、凤仙花科　Balsaminaceae　　　　　f2.泛热带分布

凤仙花属	**Impatiens** L.	g2.泛热带分布
1. 东北凤仙花	**Impatiens furcillata** Hemsl.	12.东北—华北分布
2. 水金风	**Impatiens noli-tangere** L.	4.北温带分布
3. 野凤仙花	**Impatiens textori** Miq.	10–1.中国东北—日本中北部分布

七十六、卫矛科　Celastraceae　　　　　　f2.泛热带分布

南蛇藤属	**Celastrus** L.	g2.泛热带分布
1. 刺南蛇藤	**Celastrus flagellaris** Rupr.	10.中国—日本分布
2. 南蛇藤	**Celastrus orbiculatus** Thunb.	10.中国—日本分布
卫矛属	**Euonymus** L.	g2.泛热带分布
3. 卫矛	**Euonymus alatus** (Thunb.) Sieb.	10.中国—日本分布
4. 白杜卫矛	**Euonymus bungeanus** Maxim.	10.中国—日本分布
5. 胶东卫矛	**Euonymus kiautschovicus** Loes.	11.中国东部分布
6. 华北卫矛	**Euonymus maackii** Rupr.	12.东北—华北分布
7. 翅卫矛	**Euonymus macropterus** Rupr.	10.中国—日本分布
8. 球果卫矛	**Euonymus oxyphyllus** Miq.	10.中国—日本分布
9. 瘤枝卫矛	**Euonymus pauciflorus** Maxim.	14.东北分布
10. 短翅卫矛	**Euonymus planipes** (Koehne) Koehne	10–1.中国东北—日本中北部分布
11. 短柄卫矛	**Euonymus sieboldiana** Blume	10.中国—日本分布

雷公藤属	**Tripterygium** Hook. f.	g14-2.中国—日本分布
12. 东北雷公藤	**Tripterygium regelii** Sprague et Takeda	10-1.中国东北—日本中北部分布

七十七、省沽油科　Staphyleaceae　　f3.东亚（热带、亚热带）及热带南美间断分布

省沽油属	**Staphylea** L.	g8.北温带分布
1. 省沽油	**Staphylea bumalda** DC.	10.中国—日本分布

七十八、鼠李科　Rhamnaceae　　　　　　　　f1.世界广布

鼠李属	**Rhamnus** L.	g1.世界分布
1. 锐齿鼠李	**Rhamnus arguta** Maxim.	15.华北分布
2. 鼠李	**Rhamnus davurica** Pall.	11.中国东部分布
3. 金刚鼠李	**Rhamnus diamantiaca** Nakai	14.东北分布
4. 柳叶鼠李	**Rhamnus erythroxylon** Pall.	7.温带亚洲分布
5. 圆叶鼠李	**Rhamnus globosa** Bunge	11.中国东部分布
6. 朝鲜鼠李	**Rhamnus koraiensis** Schneid.	12.东北—华北分布
7. 小叶鼠李	**Rhamnus parvifolia** Bunge	3-1.东部西伯利亚分布
8. 乌苏里鼠李	**Rhamnus ussuriensis** J. Vass.	12.东北—华北分布
9. 东北鼠李	**Rhamnus yoshinoi** Makino	10.中国—日本分布

七十九、葡萄科　Vitáceae　　　　　　　　　　f2.泛热带分布

蛇葡萄属	**Ampelopsis** Michx.	g9.东亚和北美洲间断分布
1. 乌头叶蛇葡萄	**Ampelopsis aconitifolia** Bunge	15-2.华北—蒙古草原分布
2. 蛇葡萄	**Ampelopsis brevipedunculata** (Maxim.) Trautv.	10.中国—日本分布
3. 葎叶蛇葡萄	**Ampelopsis humulifolia** Bunge	15-2.华北—蒙古草原分布
4. 白蔹	**Ampelopsis japonica** (Thunb.) Makino	10.中国—日本分布
爬山虎属	**Parthenocissus** Planch.	g9.东亚和北美洲间断分布
5. 爬山虎	**Parthenocissus tricuspidata** (Sieb.et Zucc.) Planch.	10.中国—日本分布
葡萄属	**Vitis** L.	g8.北温带分布
6. 山葡萄	**Vitis amurensis** Rupr.	12.东北—华北分布

八十、椴树科　Tiliaceae　　f12-2.地中海区至西亚或中亚和墨西哥或古巴间断分布

田麻属	**Corchoropsis** Sieb. et Zucc.	g14-2.中国—日本分布
1. 光果田麻	**Corchoropsis psilocarpa** Harms. et Loes.	11.中国东部分布
2. 田麻	**Corchoropsis tomentosa** (Thunb.) Makino	10.中国—日本分布

扁担杆属	**Grewia** L.	g4.旧世界热带分布
3. 扁担木	**Grewia parviflora** Bunge	8.东亚分布
椴树属	**Tilia** L.	g8.北温带分布
4. 紫椴	**Tilia amurensis** Rupr.	12.东北—华北分布
5. 糠椴	**Tilia mandshurica** Rupr. et Maxim.	12.东北—华北分布
6. 蒙椴	**Tilia mongolica** Maxim.	15-2.华北—蒙古草原分布
7. 西伯利亚椴	**Tilia sibirica** Fisch. ex Bayer	3.西伯利亚分布

八十一、锦葵科 Malvaceae — f2.泛热带分布

苘麻属	**Abutilon** Mill.	g2.泛热带分布
1. 苘麻	**Abutilon theophrasti** Medic.	1.世界分布
木槿属	**Hibiscus** L.	g2.泛热带分布
2. 野西瓜苗	**Hibiscus trionum** L.	1.世界分布
锦葵属	**Malva** L.	g8.北温带分布
3. 大花葵	**Malva mauritiana** L.	5.旧世界温带分布
4. 北锦葵	**Malva mohileviensis** Dow.	22-1.旧世界温带—热带分布

八十二、瑞香科 Thymelaeaceae — f1.世界广布

瑞香属	**Daphne** L.	g10.旧世界温带分布
1. 芫花	**Daphne genkwa** Nakai	10.中国—日本分布
2. 长白瑞香	**Daphne koreana** Nakai	14.东北分布
草瑞香属	**Diarthron** Turcz.	g9.东亚和北美洲间断分布
3. 草瑞香	**Diarthron linifolium** Turcz.	7.温带亚洲分布
狼毒属	**Stellera** L.	g11.温带亚洲分布
4. 狼毒	**Stellera chamaejasme** L.	22-3.亚洲温带—热带分布
荛花属	**Wikstroemia** Endl.	g5.热带亚洲至热带大洋洲分布
5. 河朔荛花	**Wikstroemia chamaedaphne** Meissn.	11.中国东部分布

八十三、胡颓子科 Elaeagnaceae — f8-4.北温带和南温带间断分布

胡颓子属	**Elaeagnus** L.	g8.北温带分布
1. 沙枣	**Elaeagnus angustifolia** L.	5.旧世界温带分布
2. 木半夏	**Elaeagnus multiflora** Thunb.	10.中国—日本分布
3. 牛奶子	**Elaeagnus umbellata** Thunb.	22-3.亚洲温带—热带分布
沙棘属	**Hippophae** L.	g10.旧世界温带分布

| 4. 沙棘 | **Hippophae rhamnoides** L. subsp. **sinensis** Rousi | 11-1.中国东部—西部分布 |

八十四、堇菜科 **Violaceae** f1.世界广布
　　堇菜属　　**Viola** L. g1.世界分布

1. 鸡腿堇菜	**Viola acuminata** Ledeb.	10.中国—日本分布
2. 朝鲜堇菜	**Viola albida** Palib.	12.东北—华北分布
3. 额穆尔堇菜	**Viola amurica** W. Bckr.	14.东北分布
4. 双花堇菜	**Viola biflora** L.	2.北温带—北极分布
5. 兴安圆叶堇菜	**Viola brachyceras** Turcz.	3.西伯利亚分布
6. 南山堇菜	**Viola chaerophylloides** (Regel) W. Bckr.	10.中国—日本分布
7. 球果堇菜	**Viola collina** Bess.	5.旧世界温带分布
8. 掌叶堇菜	**Viola dactyloides** Roem.	3-1.东部西伯利亚分布
9. 大叶堇菜	**Viola diamantiaca** Nakai	14.东北分布
10. 裂叶堇菜	**Viola dissecta** Ledeb.	3.西伯利亚分布
11. 溪堇菜	**Viola epipsila** Ledeb.	2.北温带—北极分布
12. 总裂叶堇菜	**Viola fissifoli**a Kitag.	15.华北分布
13. 凤凰堇菜	**Viola funghuangensis** P. Y. Fu et Y. C. Teng	14.东北分布
14. 兴安堇菜	**Viola gmeliniana** Roem. et Schult.	3-1.东部西伯利亚分布
15. 毛柄堇菜	**Viola hirtipes** S. Moore	10.中国—日本分布
16. 勘察加堇菜	**Viola kamtschadalorum** W. Bckr.	16-1.大兴安岭—俄罗斯远东区分布
17. 宽叶白花堇菜	**Viola lactiflora** Nakai	13.华北—朝鲜分布
18. 辽西堇菜	**Viola liaosiensis** P. Y. Fu et Y. C. Teng	15.华北分布
19. 裂叶白斑堇菜	**Viola lii** Kitag.	16.大兴安岭分布
20. 东北堇菜	**Viola mandshurica** W. Bckr.	10.中国—日本分布
21. 奇异堇菜	**Viola mirabilis** L.	5.旧世界温带分布
22. 蒙古堇菜	**Viola mongolica** Franch.	12.东北—华北分布
23. 大黄花堇菜	**Viola muehldorfii** Kiss.	14.东北分布
24. 东方堇菜	**Viola orientalis** W. Bckr.	10-1.中国东北—日本中北部分布
25. 白花堇菜	**Viola patrinii** DC. ex Ging.	3-1.东部西伯利亚分布
26. 北京堇菜	**Viola pekinensis** (Regel) W. Bckr.	15-2.华北—蒙古草原分布
27. 茜堇菜	**Viola phalacrocarpa** Maxim.	10.中国—日本分布
28. 早开堇菜	**Viola prionantha** Bunge	12.东北—华北分布
29. 立堇菜	**Viola raddeana** Regel	10.中国—日本分布
30. 红萼堇菜	**Viola rhodosepala** Kitag.	15.华北分布

31. 辽宁堇菜	**Viola rossii** Hemsl.	10.中国—日本分布
32. 库页堇菜	**Viola sacchalinensis** H. Boiss.	3-1.东部西伯利亚分布
33. 辽东堇菜	**Viola savatieri** Makino	10-1.中国东北—日本中北部分布
34. 糙叶堇菜	**Viola scabrida** Nakai	14.东北分布
35. 深山堇菜	**Viola selkirkii** Pursh	4.北温带分布
36. 细距堇菜	**Viola tenuicornis** W. Bckr.	12.东北—华北分布
37. 斑叶堇菜	**Viola variegata** Fisch. ex Link	8.东亚分布
38. 堇菜	**Viola verecunda** A. Gray	10.中国—日本分布
39. 蓼叶堇菜	**Viola websteri** Hemsl.	14.东北分布
40. 菊叶堇菜	**Viola X takahashii** (Nakai) Taken.	14.东北分布
41. 黄花堇菜	**Viola xanthopetala** Nakai	10.中国—日本分布
42. 紫花地丁	**Viola yedoensis** Makino	8.东亚分布
43. 阴地堇菜	**Viola yezoensis** Maxim.	10.中国—日本分布

八十五、柽柳科 Tamaricaceae
f10.旧世界温带分布

柽柳属 **Tamarix** L. g10.旧世界温带分布

1. 柽柳　**Tamarix chinensis** Lour.　11.中国东部分布

八十六、沟繁缕科 Elatinaceae
f2.泛热带分布

沟繁缕属 **Elatine** L. g2.泛热带分布

1. 马蹄沟繁缕　**Elatine hydropiper** L.　5.旧世界温带分布

2. 沟繁缕　**Elatine triandra** Schkuhr　22-1.旧世界温带—热带分布

八十七、秋海棠科 Begoniaceae
f2.泛热带分布

秋海棠属 **Begonia** L. g2.泛热带分布

1. 中华秋海棠　**Begonia sinensis** DC　11.中国东部分布

八十八、葫芦科 Cucurbitaceae
f2.泛热带分布

盒子草属 **Actinostemma** Griff. g14.东亚分布

1. 盒子草　**Actinostemma tenerum** Griff.　22-3.亚洲温带—热带分布

假贝母属 **Bolbostemma** Franquet g15.中国特有分布

2. 假贝母　**Bolbostemma paniculatum** (Maxim.) Franquet　11.中国东部分布

裂瓜属 **Schizopepon** Maxim. g14-1.中国—喜马拉雅分布

3. 裂瓜　**Schizopepon bryoniaefolius** Maxim.　10.中国—日本分布

赤瓟属	**Thladiantha** Bunge	g6.热带亚洲至热带非洲分布
4. 赤瓟	**Thladiantha dubia** Bunge	10.中国—日本分布

八十九、千屈菜科　Lythraceae　　　f1.世界广布

水苋菜属	**Ammannia** L.	g1.世界分布
1. 耳基水苋菜	**Ammannia arenaria** H. B. K.	1.世界分布
2. 多花水苋菜	**Ammannia multiflora** Roxb.	24.旧世界热带分布
千屈菜属	**Lythrum** L.	g1.世界分布
3. 千屈菜	**Lythrum salicaria** L.	1.世界分布
节节菜属	**Rotala** L.	g2.泛热带分布
4. 节节菜	**Rotala indica** (Willd.) Koehne	22–3.亚洲温带—热带分布
5. 轮叶节节菜	**Rotala pusilla** Tulasne	26.热带亚洲—热带非洲分布

九十、菱科　Trapaceae　　　f10.旧世界温带分布

菱属	**Trapa** L.	g10.旧世界温带分布
1. 黑水菱	**Trapa amurensis** Fler.	14–2.中国东北—达乌里分布
2. 弓角菱	**Trapa arcuta** S. H. Li et Y. L. Chang	14.东北分布
3. 锐菱	**Trapa incisa** Sieb. et Zucc.	10–1.中国东北—日本中北部分布
4. 丘角菱	**Trapa japonica** Fler.	10.中国—日本分布
5. 冠菱	**Trapa litwinowii** V. Vassil.	14–4.东北—蒙古草原分布
6. 东北菱	**Trapa mandshurica** Fler.	14.东北分布
7. 细果野菱	**Trapa maximowiczii** Korsh.	11.中国东部分布
8. 耳菱	**Trapa potaninii** V. Vassil.	12.东北—华北分布
9. 格菱	**Trapa pseudoincisa** Nakai	12.东北—华北分布

九十一、柳叶菜科　Onagraceae　　　f1.世界广布

柳兰属	**Chamaenerion** Adans.	g8.北温带分布
1. 柳兰	**Chamaenerion angustifolium** (L.) Scop.	4.北温带分布
露珠草属	**Circaea** L.	g8.北温带分布
1. 高山露珠草	**Circaea alpina** L.	5.旧世界温带分布
3. 露珠草	**Circaea cordata** Royle	22–3.亚洲温带—热带分布
4. 曲毛露珠草	**Circaea hybrida** Hand.-Mazz.	11.中国东部分布
5. 南方露珠草	**Circaea mollis** Sieb. et Zucc.	22–3.亚洲温带—热带分布
6. 水珠草	**Circaea quadrisulcata** (Maxim.) Franch.	10.中国—日本分布

柳叶菜属	**Epilobium** L.	g8–4.北温带和南温带间断分布
7. 毛脉柳叶菜	**Epilobium amurense** Hausskn.	10.中国—日本分布
8. 无毛柳叶菜	**Epilobium angulatum** Kom.	14.东北分布
9. 光华柳叶菜	**Epilobium cephalostigma** Hausskn.	10.中国—日本分布
10. 东北柳叶菜	**Epilobium cylindrostigma** Kom.	14.东北分布
11.多枝柳叶菜	**Epilobium fastigiato-ramosum** Nakai	10.中国—日本分布
12.密叶柳叶菜	**Epilobium glandulosum** Lehm.	14–1.中国东北—俄罗斯远东区分布
13. 柳叶菜	**Epilobium hirsutum** L.	5.旧世界温带分布
14. 小花柳叶菜	**Epilobium nudicarpum** Kom.	10–1.中国东北—日本中北部分布
15. 水湿柳叶菜	**Epilobium palustre** L.	4.北温带分布
16. 异叶柳叶菜	**Epilobium propinquum** Hausskn.	12.东北—华北分布
17. 稀花柳叶菜	**Epilobium tenue** Kom.	14.东北分布
丁香蓼属	**Ludwigia** L.	g2.泛热带分布
18 假柳叶菜	**Ludwigia epilobioides** Maxim.	10.中国—日本分布

九十二、小二仙草科　Haloragidaceae
f1.世界广布

狐尾藻属	**Myriophyllum** L.	g1.世界分布
1. 穗状狐尾藻	**Myriophyllum spicatum** L.	1.世界分布
2. 三裂狐尾藻	**Myriophyllum ussuriense** (Regel) Maxim.	10.中国—日本分布
3. 狐尾藻	**Myriophyllum verticillatum** L.	1.世界分布

九十三、杉叶藻科　Hippuridaceae
f8.北温带分布

杉叶藻属	**Hippuris** L.	g1.世界分布
1.螺旋杉叶藻	**Hippuris spiralis** D. Yu	16.大兴安岭分布
2.四叶杉叶藻	**Hippuris tetraphylla** L.	2.北温带—北极分布
3. 杉叶藻	**Hippuris vulgaris** L.	2.北温带—北极分布

九十四、八角枫科　Alangiaceae
f4.旧世界热带分布

| 八角枫属 | **Alangium** Lain. | g4.旧世界热带分布 |
| **1. 瓜木** | **Alangium platanifolium** (Sieb. et Zucc.) Harms | 10.中国—日本分布 |

九十五、山茱萸科　Cornaceae
f8–4.北温带和南温带间断分布

| 草茱萸属 | **Chamaepericlymenum** Graebn. | g8–1.环北极分布 |
| **1. 草茱萸** | **Chamaepericlymenum canadense** (L.) Asch. et Graebn. | |

		2–2.亚洲—北美—北极分布
2. 紫花草茱萸	**Chamaepericlymenum suecium** (L.) Asch. et Graebn.	2.北温带—北极分布
梾木属	**Cornus** L.	g8.北温带分布
3. 红瑞木	**Cornus alba** L.	5.旧世界温带分布
4. 沙梾	**Cornus bretschneideri** L. Henry.	15–2.华北—蒙古草原分布
5. 灯台树	**Cornus controversa** Hemsl. ex Prain	8.东亚分布
6. 朝鲜山茱萸	**Cornus coreana** Wanger.	14.东北分布
7. 毛梾	**Cornus walteri** Wanger.	11.中国东部分布

九十六、五加科　Araliaceae f3.东亚（热带、亚热带）及热带南美间断分布

五加属	**Acanthopanax** Miq.	g14.东亚分布
1. 刺五加	**Acanthopanax senticosus** (Rupr. et Maxim.)Harms	8.东亚分布
2. 无梗五加	**Acanthopanax sessiliflorus** (Rupr. et Maxim.) Seem.	12.东北—华北分布
楤木属	**Aralia** L.	g9.东亚和北美洲间断分布
3. 东北土当归	**Aralia continentalis** Kitag.	11.中国东部分布
4. 辽东楤木	**Aralia elata** (Miq.) Seem.	14–1.中国东北—俄罗斯远东区分布
刺楸属	**Kalopanax** Miq.	g14–2.中国—日本分布
5. 刺楸	**Kalopanax septemlobum** (Thunb.) Koidz.	10.中国—日本分布
刺参属	**Opiopanax** Miq.	g9.东亚和北美洲间断分布
6. 刺参	**Oplopanax elatus** Nakai	14.东北分布
人参属	**Panax** L.	g9.东亚和北美洲间断分布
7. 人参	**Panax ginseng**C. A. Mey.	14.东北分布

九十七、伞形科　Apiaceae f1.世界广布

羊角芹属	**Aegopodium** L.	g10.旧世界温带分布
1. 东北羊角芹	**Aegopodium alpestre** Ledeb.	3.西伯利亚分布
当归属	**Angelica** L.	g8–4.北温带和南温带间断分布
2. 狭叶当归	**Angelica anomala** Lallem	14–2.中国东北—达乌里分布
3. 东北长鞘当归	**Angelica cartilaginomarginata** (Makino) Nakai var. **matsumurae** (Boiss.) Kitag.	10–1.中国东北—日本中北部分布
4. 黑水当归	**Angelica cincta** Boiss.	14.东北分布
5. 大活	**Angelica dahurica** (Fisch.) Benth. et Hook. ex Franch. et Sav.	3–1.东部西伯利亚分布
6. 朝鲜当归	**Angelica gigas** Nakai	10–1.中国东北—日本中北部分布
7. 拐芹当归	**Angelica polymorpha** Maxim.	10.中国—日本分布

8. 雾灵当归	**Angelica prophyrocaulis** Nakai et Kitag.	15.华北分布
峨参属	**Anthriscus** (Pers.) Hoffm.	g10.旧世界温带分布
9. 峨参	**Anthriscus aemula** (Woron.) Schischk.	4.北温带分布
柴胡属	**Bupleurum** L.	g8-4.北温带和南温带间断分布
10. 线叶柴胡	**Bupleurum angustissimum** (Franch.) Kitag.	11-1.中国东部—西部分布
11. 锥叶柴胡	**Bupleurum bicaule** Helm.	18.阿尔泰—蒙古—达乌里分布
12. 北柴胡	**Bupleurum chinense** DC.	10.中国—日本分布
13. 大苞柴胡	**Bupleurum euphorbioides** Nakai	14.东北分布
14. 柞柴胡	**Bupleurum komarovianum** Lincz.	14.东北分布
15. 大叶柴胡	**Bupleurum longiradiatum** Turcz.	8.东亚分布
16. 红柴胡	**Bupleurum scorzoneraefolium** Willd.	10.中国—日本分布
17. 兴安柴胡	**Bupleurum sibiricum** De Vest	3-1.东部西伯利亚分布
山茴香属	**Carlesia** Dunn	g15.中国特有分布
18. 山茴香	**Carlesia sinensis** Cunn	15.华北分布
葛蒿属	**Carum** L.	g8.北温带分布
19. 丝叶葛蒿	**Carum angustissimum** Kitag	21.东北平原分布
20. 田葛蒿	**Carum buriaticum** Turcz.	3-1.东部西伯利亚分布
21. 葛蒿	**Carum carvi** L.	5.旧世界温带分布
毒芹属	**Cicuta** Linn.	g8.北温带分布
22. 毒芹	**Cicuta virosa** L.	2-1.旧世界温带—北极分布
蛇床属	**Cnidium** Cuss.	g10-3.欧亚和南部非洲（有时也在大洋洲）间断分布
23. 兴安蛇床	**Cnidium dahuricum** (Jacq.) Turcz.	3-1.东部西伯利亚分布
24. 滨蛇床	**Cnidium japonicum** Miq.	13-1.华北—朝鲜—日本分布
25. 蛇床	**Cnidium monnieri** (L.) Cuss.	5.旧世界温带分布
26. 碱蛇床	**Cnidium salinum** Turcz.	19.达乌里—蒙古分布
高山芹属	**Coelopleurum** Ledeb.	g11.温带亚洲分布
27. 长白高山芹	**Coelopleurum nakaianum** (Kitag.) Kitag.	14.东北分布
28. 高山芹	**Coelopleurum saxatile** (Turcz.) Drude	14.东北分布
鸭儿芹属	**Cryptotaenia** DC.	g8.北温带分布
29. 鸭儿芹	**Cryptotaenia japonica** Hasskarl	10.中国—日本分布
柳叶芹属	**Czernaevia** Turcz.	g11.温带亚洲分布
30. 柳叶芹	**Czernaevia laevigata** Turcz.	14-2.中国东北—达乌里分布
滇羌活属	**Eriocycla** Lindl.	g11.温带亚洲分布
31. 滇羌活	**Eriocycla albescens** (Franch.)Wolff var. **latifolia** Shan et Yuan	15.华北分布

阿魏属	**Ferula** L.	g12.地中海区、西亚至中亚分布
32. 硬阿魏	**Ferula bungeana** Kitag.	15-2.华北—蒙古草原分布
珊瑚菜属	**Glehnia** Fr.Schmidt ex Miq.	g8.北温带分布
33. 珊瑚菜	**Glehnia littoralis** (A. Gray) Fr. Schmidt	8.东亚分布
牛防风属	**Heracleum** L.	g8.北温带分布
34. 兴安牛防风	**Heracleum dissectum** Ledeb.	3.西伯利亚分布
35. 东北牛防风	**Heracleum moellendorffii** Hance	12.东北—华北分布
香芹属	**Libanotis** Zinn.	g10.旧世界温带分布
36. 山香芹	**Libanotis amurensis** Schischk.	14.东北分布
37. 密花香芹	**Libanotis condensata** (L.) Crantz	2-3.亚洲温带—北极分布
38. 香芹	**Libanotis seseloides** Turcz.	3-1.东部西伯利亚分布
藁本属	**Ligusticum** L.	g8.北温带分布
39. 辽藁本	**Ligusticum jeholense** (Nakai et Kitag.) Nakai et Kitag.	12.东北—华北分布
40. 细叶藁本	**Ligusticum tenuissimum** (Nakai) Kitag.	13.华北—朝鲜分布
水芹属	**Oenanthe** L.	g10.旧世界温带分布
41. 水芹	**Oenanthe javanica** (Blume) DC.	22-3.亚洲温带—热带分布
香根芹属	**Osmorhiza** Raf.	g9.东亚和北美洲间断分布
42. 香根芹	**Osmorhiza aristata** (Thunb.) Makino et Yabe	10.中国—日本分布
山芹属	**Ostericum** Hoffm.	g10.旧世界温带分布
43. 碎叶山芹	**Ostericum grosseserratum** (Maxim.) Kitag.	10.中国—日本分布
44. 全叶山芹	**Ostericum maximowiczii** (Fr. Schmidt ex Maxim.) Kitag.	14-1.中国东北—俄罗斯远东区分布
45. 狭叶山芹	**Ostericum praeteritum** Kitag.	14.东北分布
46. 山芹	**Ostericum sieboldi** (Miq.) Nakai	10.中国—日本分布
47. 丝叶山芹	**Ostericum tenuifolia** (Pall. ex Spreng) Y. C. Chu	16.大兴安岭分布
48. 绿花山芹	**Ostericum viridiflorum** (Turcz.) Kitag.	14-2.中国东北—达乌里分布
石防风属	**Peucedanum** L.	g10-3.欧亚和南部非洲（有时也在大洋洲）间断分布
49. 兴安石防风	**Peucedanum baicalense** (Redow.) Koch	3.西伯利亚分布
50. 刺尖石防风	**Peucedanum elegans** Kom.	14.东北分布
51. 丝叶石防风	**Peucedanum giraldii** Diels	15.华北分布
52. 毛白花前胡	**Peucedanum praeruptorum** Dunn subsp. **Hirsutiusculum** Ma	11-1.中国东部—西部分布
53. 石防风	**Peucedanum terebinthaceum** (Fisch.) Fisch. ex Turcz.	3-1.东部西伯利亚分布
燥芹属	**Phlojodicarpus** Turcz.ex Bess.	g11.温带亚洲分布

54. 燥芹	**Phlojodicarpus sibiricus** (Fisch. ex Spreng.) K.-Pol.	
		16–1.大兴安岭—俄罗斯远东区分布
茴芹属	**Pimpinella** L.	g1.世界分布
55. 蛇床茴芹	**Pimpinella cnidioides** Pearson ex Wolff	15–1.华北—大兴安岭分布
56. 东北茴芹	**Pimpinella thellungiana** Wolff	19.达乌里—蒙古分布
棱子芹属	**Pleurospermum** Hoffm.	g10.旧世界温带分布
57. 棱子芹	**Pleurospermum uralense** Hoffm.	3.西伯利亚分布
前胡属	**Peucedanum** Linn. g10–3.欧亚和南部非洲（有时也在大洋洲）间断分布	
58. 前胡	**Porphyroscias decursiva** Miq.	10.中国—日本分布
变豆菜属	**Sanicula** L.	g1.世界分布
59. 变豆菜	**Sanicula chinensis** Bunge	10.中国—日本分布
60. 紫花变豆菜	**Sanicula rubriflora** Fr. Schmidt	10–1.中国东北—日本中北部分布
61. 瘤果变豆菜	**Sanicula tuberculata** Maxim.	10–1.中国东北—日本中北部分布
防风属	**Saposhnikovia** Schischk.	g11.温带亚洲分布
62. 防风	**Saposhnikovia divaricata** (Turcz.) Schischk.	19.达乌里—蒙古分布
邪蒿属	**Seseli** L.	g10.旧世界温带分布
63. 山东邪蒿	**Seseli wawrae** Wolff	15.华北分布
泽芹属	**Sium** L.	g1.世界分布
64. 泽芹	**Sium suave** Walt.	6.亚洲—北美分布
65. 乌苏里泽芹	**Sium tenue** (Kom.) Kom.	14.东北分布
迷果芹属	**Sphallerocarpus** Bess. ex DC.	g13.中亚分布
66. 迷果芹	**Sphallerocarpus gracilis** (Bess.) K.-Pol.	3–1.东部西伯利亚分布
大叶芹属	**Spuriopimpinella** Kitag.	g1.世界分布
67. 大叶芹	**Spuriopimpinella brachycarpa** (Kom.) Kitag.	14.东北分布
68. 短柱大叶芹	**Spuriopimpinella brachystyla** (Hand.-Mazz.) Kitag.	12.东北—华北分布
69. 吉林大叶芹	**Spuriopimpinella calycina** (Maxim.) Kitag.	10.中国—日本分布
70. 辽冀大叶芹	**Spuriopimpinella komarovii** Kitag.	13.华北—朝鲜分布
岩茴香属	**Tilingia** Regel	g8.北温带分布
71. 黑水岩茴香	**Tilingia ajanensis** Regel	2–3.亚洲温带—北极分布
72. 大岩茴香	**Tilingia filisecta** (Nakai et Kitag.) Nakai et Kitag.	15.华北分布
73. 岩茴香	**Tilingia tachiroei** (Franch. et Sav.) Kitag.	10.中国—日本分布
窃衣属	**Torilis** Adans. g10–1.地中海区、西亚（或中亚）和东亚间断分布	
74. 窃衣	**Torilis japonica** (Houtt.) DC.	5.旧世界温带分布

九十八、鹿蹄草科　Pyrolaceae

		f8-4.北温带和南温带间断分布
假水晶兰属	**Cheilotheca** Hook.f.	g7.热带亚洲（印度—马来西亚）分布
1. 球果假水晶兰	**Cheilotheca humilis** (D. Don) H. Kengin	10.中国—日本分布
喜冬草属	**Chimaphila** Pursh.	g8.北温带分布
2. 喜冬草	**Chimaphila japonica** Miq.	8.东亚分布
3. 伞形喜冬草	**Chimaphila umbellata** (L.) Barton	4.北温带分布
独丽花属	**Moneses** Salisb.	g8.北温带分布
4. 独丽花	**Moneses uniflora** (L.) A. Gray	2.北温带—北极分布
水晶兰属	**Monotropa** L.	g8.北温带分布
5. 松下兰	**Monotropa hypopitys** L.	4.北温带分布
单侧花属	**Orthilia** Raf.	g8-1.环北极分布
6. 团叶单侧花	**Orthilia obtusata** (Turcz.) Hara	2.北温带—北极分布
7. 单侧花	**Orthilia secunda** (L.) House	4.北温带分布
鹿蹄草属	**Pyrola** L.	g8.北温带分布
8. 绿花鹿蹄草	**Pyrola chlorantha** Sw.	2.北温带—北极分布
9. 兴安鹿蹄草	**Pyrola dahurica** (H. Andr.) Kom.	14-2.中国东北—达乌里分布
10. 红花鹿蹄草	**Pyrola incarnata** Fisch. ex DC.	2-3.亚洲温带—北极分布
11. 日本鹿蹄草	**Pyrola japonica** Klenze ex Alef.	10.中国—日本分布
12. 长萼鹿蹄草	**Pyrola macrocalyx** Ohwi	14.东北分布
13. 小叶鹿蹄草	**Pyrola media** Sw.	5.旧世界温带分布
14. 短柱鹿蹄草	**Pyrola minor** L.	2.北温带—北极分布
15. 肾叶鹿蹄草	**Pyrola renifolia** Maxim.	10.中国—日本分布
16. 鳞叶鹿蹄草	**Pyrola subaphylla** Maxim.	14.东北分布
17. 长白鹿蹄草	**Pyrola tschanbaischanica** Y. L. Chou et Y. L. Chang	14.东北分布

九十九、杜鹃花科[*]　Ericaceae

		f1.世界广布
天栌属	**Arctous** (A. Gray) Niedenzu	g8-2.北极—高山分布
1. 黑果天栌	**Arctous japonicus** Nakai	2-4.北极—高山分布
2. 天栌	**Arctous ruber** (Rehd. et Wils.) Nakai	2-4.北极—高山分布
甸杜属	**Chamaedaphne** Moench	g8-1.环北极分布
3. 甸杜	**Chamaedaphne calyculata** (L.) Moench	2.北温带—北极分布
杜香属	**Ledum** L.	g8-1.环北极分布

注：*该科的分布区类型是由本书作者自行划分的。

4. 细叶杜香	**Ledum palustre** L.	2.北温带—北极分布
毛蒿豆属	**Oxycoccus** Hill.	g8-4.北温带和南温带间断分布
5. 毛蒿豆	**Oxycoccus microcarpus** Turcz.	2-1.旧世界温带—北极分布
6. 大果毛蒿豆	**Oxycoccus palustris** Pers.	4.北温带分布
松毛翠属	**Phyllodoce** Salisb.	g8-1.环北极分布
7. 松毛翠	**Phyllodoce caerulea** (L.) Bab.	2.北温带—北极分布
杜鹃花属	**Rhododendron** L.	g8.北温带分布
8. 短果杜鹃	**Rhododendron brachycarpum** D. Don	10-1.中国东北—日本中北部分布
9. 牛皮杜鹃	**Rhododendron chrysanthum** Pall.	2-3.亚洲温带—北极分布
10. 毛毡杜鹃	**Rhododendron confertissimum** Nakai	14.东北分布
11. 兴安杜鹃	**Rhododendron dauricum** L.	3-1.东部西伯利亚分布
12. 照白杜鹃	**Rhododendron miranthum** Turcz.	11.中国东部分布
13. 迎红杜鹃	**Rhododendron mucronulatum** Turcz.	12.东北—华北分布
14. 小叶杜鹃	**Rhododendron parvifolium** Adams	2-2.亚洲—北美—北极分布
15. 苞叶杜鹃	**Rhododendron redowskianum** Maxim.	3-1.东部西伯利亚分布
16. 大字杜鹃	**Rhododendron schlippenbachii** Maxim.	12.东北—华北分布
越桔属	**Vaccinium** L.	g8-4.北温带和南温带间断分布
17. 朝鲜越桔	**Vaccinium koreanum** Nakai	14.东北分布
18. 笃斯越桔	**Vaccinium uliginosum** L.	2.北温带—北极分布
19. 越桔	**Vaccinium vitis-idaea** L.	2.北温带—北极分布

一○○、岩高兰科　**Empetraceae**　　　f8-1.环极（环北极，环两极）分布
| 岩高兰属 | **Empetrum** L. | g8-1.环北极分布 |
| 1. 东亚岩高兰 | **Empetrum nigrum** L. var. **japonicum** K. Koch | 2-4.北极—高山分布 |

一○一、报春花科　**Primulaceae**　　　f1.世界广布
点地梅属	**Androsace** L.	g8.北温带分布
1. 东北点地梅	**Androsace filiformis** Retz.	2-1.旧世界温带—北极分布
2. 小点地梅	**Androsace gmelinii** (L.) Gaer.	7.温带亚洲分布
3. 白花点地梅	**Androsace incana** Lam.	7.温带亚洲分布
4. 旱生点地梅	**Androsace lehmanniana** Spreng	2-4.北极—高山分布
5. 长叶点地梅	**Androsace longifolia** Turcz.	20.蒙古草原分布
6. 大苞点地梅	**Androsace maxima** L.	5.旧世界温带分布
7. 雪山点地梅	**Androsace septentrionalis** L.	2.北温带—北极分布

8. 点地梅	**Androsace umbellata** (Lour.) Merr.	22-3.亚洲温带—热带分布
假报春属	**Cortusa** L.	g10.旧世界温带分布
9. 假报春	**Cortusa matthioli** L.	5.旧世界温带分布
海乳草属	**Glaux** L.	g8.北温带分布
10. 海乳草	**Glaux maritima** L.	4.北温带分布
珍珠菜属	**Lysimachia** L.	g1.世界分布
11. 狼尾花	**Lysimachia barystachys** Bunge	10.中国—日本分布
12. 珍珠菜	**Lysimachia clethroides** Duby.	10.中国—日本分布
13. 黄连花	**Lysimachia davurica** Ledeb.	7.温带亚洲分布
14. 滨海珍珠叶	**Lysimachia mauritiana** Lam.	22-3.亚洲温带—热带分布
15. 狭叶珍珠菜	**Lysimachia pentapetala** Bunge	11.中国东部分布
16. 珠尾花	**Lysimachia thyrsiflora** L.	2.北温带—北极分布
报春花属	**Primula** L.	g8.北温带分布
17. 粉报春	**Primula farinosa** L.	2-1.旧世界温带—北极分布
18. 箭报春	**Primula fistulosa** Turkev.	20-1.俄罗斯远东区—蒙古草原分布
19. 肾叶报春	**Primula loeseneri** Kitag.	12.东北—华北分布
20. 胭脂花	**Primula maximowiczii** Regel	11-1.中国东部—西部分布
21. 岩生报春	**Primula saxatilis** Kom.	14.东北分布
22. 樱草	**Primula sieboldii** E. Morren	10-1.中国东北—日本中北部分布
23. 天山报春	**Primula nutans** Georgi	6.亚洲—北美分布
七瓣莲属	**Trientalis** L.	g8.北温带分布
24. 七瓣莲	**Trientalis europaea** L.	2.北温带—北极分布

一〇二、白花丹科　Plumbaginaceae

		f1.世界广布
驼舌草属	**Goniolimon** Boiss.	g12.地中海区、西亚至中亚分布
1. 驼舌草	**Goniolimon speciosum** (L.) Boiss.	7.温带亚洲分布
补血草属	**Limonium** Mill.	g1.世界分布
2. 黄花补血草	**Limonium aureum** (L.) Hill	7.温带亚洲分布
3. 二色补血草	**Limonium bicolor** (Bunge) Kuntze	15-2.华北—蒙古草原分布
4. 曲枝补血草	**Limonium flexuosum** (L.) Kuntze	19.达乌里—蒙古分布
5. 烟台补血草	**Limonium franchetii** (Debeaux) Kuntze	15.华北分布
6. 补血草	**Limonium sinense** (Girard) Kuntze	11.中国东部分布

一〇三、安息香科　Styracaceae

f3.东亚（热带、亚热带）及热带南美间断分布

安息香属	**Styrax** L.	g2.泛热带分布
1. 玉铃花	**Styrax obassia** Sieb. et Zucc.	10.中国—日本分布

一〇四、山矾科 Symplocaceae f2.1.热带亚洲—大洋洲和热带美洲（南美洲及墨西哥）分布

山矾属	**Symplocos** Jacq.	g2.泛热带分布
1. 白檀	**Symplocos paniculata** (Thunb.) Miq.	10.中国—日本分布

一〇五、木犀科 Oleaceae f1.世界广布

流苏树属	**Chionanthus** L.	g9.东亚和北美洲间断分布
1. 流苏树	**Chionanthus retusa** Lindl. et Paxton	10.中国—日本分布
雪柳属	**Fontanesia** Labill.	g10–1.地中海区、西亚（或中亚）和东亚间断分布
2. 雪柳	**Fontanesia fortunei** Carr.	11.中国东部分布
连翘属	**Forsythia** Vahl.	g10–1.地中海区、西亚（或中亚）和东亚间断分布
3. 东北连翘	**Forsythia mandshurica** Uyeki	14.东北分布
梣属	**Fraxinus** L.	g8.北温带分布
4. 小叶白蜡树	**Fraxinus bungeana** DC.	12.东北—华北分布
5. 梣	**Fraxinus chinensis** Roxb.	11–1.中国东部—西部分布
6. 水曲柳	**Fraxinus mandshurica** Rupr.	10.中国—日本分布
7. 花曲柳	**Fraxinus rhynchophylla** Hance	12.东北—华北分布
女贞属	**Ligustrum** L.	g10–1.地中海区、西亚（或中亚）和东亚间断分布
8. 辽东水蜡树	**Ligustrum suave** (Kitag.) Kitag.	12.东北—华北分布
丁香属	**Syringa** L.	g10.旧世界温带分布
9. 朝鲜丁香	**Syringa dilatata** Nakai	12.东北—华北分布
10. 四季丁香	**Syringa meyeri** Schneid. var. **spontanea** M. C. Chang	15.华北分布
11. 紫丁香	**Syringa oblata** Lindl.	11.中国东部分布
12. 北京丁香	**Syringa pekinensis** Rupr.	15.华北分布
13. 毛叶丁香	**Syringa pubescens** Turcz. subsp. **patula** (palibin) M. C. Chang	11.中国东部分布
14. 暴马丁香	**Syringa reticulata** (Blume) Hara var. **mandshurica** (Maxim.) Hara	8.东亚分布
15. 关东丁香	**Syringa velutina** Kom.	12.东北—华北分布
16. 红丁香	**Syringa villosa** Vahl.	12.东北—华北分布
17. 辽东丁香	**Syringa wolfi** Schneid.	12.东北—华北分布

一〇六、龙胆科 Gentianaceae f1.世界广布

腺鳞草属	**Anagailidium** Griseb.	g13.中亚分布

1. 腺鳞草	**Anagallidium dichotomum** (L.) Griseb.	7.温带亚洲分布
百金花属	**Centaurium** Hill	g8-4.北温带和南温带间断分布
2. 百金花	**Centaurium meyeri** (Bunge) Druce	5.旧世界温带分布
龙胆属	**Gentiana** L.	g1.世界分布
3. 高山龙胆	**Gentiana algida** Pall.	7.温带亚洲分布
4. 达乌里龙胆	**Gentiana dahurica** Fisch.	7.温带亚洲分布
5. 白山龙胆	**Gentiana jamesii** Hemsl.	10-1.中国东北—日本中北部分布
6. 大叶龙胆	**Gentiana macrophylla** Pall.	3.西伯利亚分布
7. 东北龙胆	**Gentiana manshurica** Kitag.	11.中国东部分布
8. 假水生龙胆	**Gentiana pseudoaquatica** Kusn.	7.温带亚洲分布
9. 龙胆	**Gentiana scabra** Bunge	7.温带亚洲分布
10. 鳞叶龙胆	**Gentiana squarrosa** Ledeb.	7.温带亚洲分布
11. 春龙胆	**Gentiana thunbergii** Griseb.	10.中国—日本分布
12. 三花龙胆	**Gentiana triflora** Pall.	3-1.东部西伯利亚分布
13. 金刚龙胆	**Gentiana uchiyamai** Nakai	14.东北分布
14. 笔龙胆	**Gentiana zollingeri** Fawc.	10.中国—日本分布
假龙胆属	**Gentianella** Moench	g8-4.北温带和南温带间断分布
15. 尖叶假龙胆	**Gentianella acuta** (Michx.) Hut	6.亚洲—北美分布
16. 假龙胆	**Gentianella auriculata** Pall.	2-3.亚洲温带—北极分布
扁蕾属	**Gentianopsis** Ma.	g8.北温带分布
17. 扁蕾	**Gentianopsis barbata** (Froel) Ma	2-3.亚洲温带—北极分布
18. 回旋扁蕾	**Gentianopsis contorta** (Royle) Ma	11-1.中国东部—西部分布
19. 乌苏里扁蕾	**Gentianopsis komarovii** Grossh.	14-1.中国东北—俄罗斯远东区分布
花锚属	**Halenia** Borkh.	g8-4.北温带和南温带间断分布
20. 花锚	**Halenia corniculata** (L.) Cornaz	6.亚洲—北美分布
肋柱花属	**Lomatogonium** A.Br.	g8.北温带分布
21. 卵叶肋柱花	**Lomatogonium carinthiacum** (Wulf.) A. Br.	4.北温带分布
22. 肋柱花	**Lomatogonium rotatum** (L.) Fries ex Nym.	2-2.亚洲—北美—北极分布
翼萼蔓属	**Pterygocalyx** Maxim.	g11.温带亚洲分布
23. 翼萼蔓	**Pterygocalyx volubilis** Maxim.	10.中国—日本分布
獐牙菜属	**Swertia** L.	g8-4.北温带和南温带间断分布
24. 淡花獐牙菜	**Swertia diluta** (Turcz.) Benth. et Hook.	7.温带亚洲分布
25. 东北獐牙菜	**Swertia manshurica** (Kom.) Kitag.	14.东北分布
26. 瘤毛獐牙菜	**Swertia pseudochinensis** Hara	10.中国—日本分布

27. 伞花獐牙菜	**Swertia tetrapetala** Pall.	14-3.东北—大兴安岭分布
28. 藜芦獐牙菜	**Swertia veratroides** Maxim.	14-3.东北—大兴安岭分布
29. 卵叶獐牙菜	**Swertia wifordi** Kerner	14.东北分布

一〇七、睡菜科　Menyanthaceae
f1.世界广布

睡菜属	**Menyanthes** L.	g8.北温带分布
1. 睡菜	**Menyanthes trifoliata** L.	2.北温带—北极分布
荇菜属	**Nymphoides** Seguier	g1.世界分布
2. 白花荇菜	**Nymphoides coreana** (Levl.) Hara	10.中国—日本分布
3. 印度荇菜	**Nymphoides indica** (L.) O. Kuntze	24.旧世界热带分布
4. 荇菜	**Nymphoides peltata** (S. G. Gmel.) O. Kuntze	22.北温带—热带分布

一〇八、夹竹桃科　Apocynaceae
f2.泛热带分布

| 罗布麻属 | **Apocynum** L. | g9.东亚和北美洲间断分布 |
| 1. 罗布麻 | **Apocynum venetum** L. | 7.温带亚洲分布 |

一〇九、萝藦科　Asclepiadaceae
f2.泛热带分布

鹅绒藤属	**Cynanchum** L.	g10-2.地中海区和喜马拉雅间断分布
1. 合掌消	**Cynanchum amplexicaule** (Sieb. et Zucc.) Hemsl.	10.中国—日本分布
2. 潮风草	**Cynanchum ascyrifolium** (Franch. et Sav.) Matsum.	10.中国—日本分布
3. 白薇	**Cynanchum atratum** Bunge	8.东亚分布
4. 白首乌	**Cynanchum bungei** Decne.	15.华北分布
5. 鹅绒藤	**Cynanchum chinense** R. Br.	15-2.华北—蒙古草原分布
6. 北陵白前	**Cynanchum dubium** Kitag.	15.华北分布
7. 竹灵消	**Cynanchum inamoenum** (Maxim.) Loes.	8.东亚分布
8. 徐长卿	**Cynanchum paniculatum** (Bunge) Kitag.	8.东亚分布
9. 紫花杯冠藤	**Cynanchum purpureum** K. Schum.	19.达乌里—蒙古分布
10. 地梢瓜	**Cynanchum thesioides** K. Schum.	7.温带亚洲分布
11. 变色白前	**Cynanchum versicolor** Bunge	11.中国东部分布
12. 蔓白前	**Cynanchum volubile** (Maxim.) Forb. et Hemsl.	14-1.中国东北—俄罗斯远东区分布
13. 隔山消	**Cynanchum wilfordii** (Maxim.) Forb. et Hemsl.	10.中国—日本分布
萝藦属	**Metaplexis** R.Br.	g14-2.中国—日本分布
14. 萝藦	**Metaplexis japonica** (Thunb.) Makino	10.中国—日本分布
杠柳属	**Periploca** L.	g6.热带亚洲至热带非洲分布

15. 杠柳	**Periploca sepium** Bunge	11–2.中国东部—蒙古草原分布

一一○、茜草科　Rubiaceae　f1.世界广布

车叶草属	**Asperula** L.	g12–1.地中海区至中亚和南非洲、大洋洲间断分布
1. 异叶车叶草	**Asperula maximowiczii** Kom.	12.东北—华北分布
2. 香车叶草	**Asperula odorata** L.	5.旧世界温带分布
3. 卵叶车叶草	**Asperula platygalium** Maixm.	14.东北分布
拉拉藤属	**Galium** L.	g1.世界分布
4. 拉拉藤	**Galium aparine** L. var. **tenerum** (Gren. et Godr.) Rchb.	4.北温带分布
5. 北方拉拉藤	**Galium boreale** L.	2.北温带—北极分布
6. 四叶葎拉拉藤	**Galium bungei** Steud.	10.中国—日本分布
7. 兴安拉拉藤	**Galium dahuricum** Turcz.	3–1.东部西伯利亚分布
8. 三脉拉拉藤	**Galium kamtschaticum** Stell. ex Schult.	6–1.东亚—北美分布
9. 线叶拉拉藤	**Galium linearifolium** Turcz.	12.东北—华北分布
10. 东北拉拉藤	**Galium manshuricum** Kitag.	14.东北分布
11. 林拉拉藤	**Galium paradoxum** Maxim.	22–3.亚洲温带—热带分布
12. 少花拉拉藤	**Galium pauciflorum** Bunge	15–3.华北—东北平原分布
13. 山拉拉藤	**Galium pseudoasprellum** Makino	10.中国—日本分布
14. 刺果拉拉藤	**Galium sputrium** L. var. **echinospermum** (Wallr.) Hayek	5.旧世界温带分布
15. 花拉拉藤	**Galium tokyoense** Makino	10–1.中国东北—日本中北部分布
16. 小叶拉拉藤	**Galium trifidum** L.	4.北温带分布
17. 三花拉拉藤	**Galium trifloriforme** Kom.	10.中国—日本分布
18. 蓬子菜拉拉藤	**Galium verum** L.	5.旧世界温带分布
茜草属	**Rubia** L.	g8–4.北温带和南温带间断分布
19. 中国茜草	**Rubia chinensis** Regel et Maack	10.中国—日本分布
20. 茜草	**Rubia cordifolia** L.	8.东亚分布

一一一、花荵科　Polemoniaceae　f8–4.北温带和南温带间断分布

花荵属	**Polemonium** L.	g8.北温带分布
1. 兴安花荵	**Polemonium boreale** Adams subsp. **hingganicum** P. H.Huanget S. Y. Li	16.大兴安岭分布
2. 腺毛花荵	**Polemonium laxiflorum** Kitam.	10–1.中国东北—日本中北部分布
3. 花荵	**Polemonium liniflorum** V. Vassil.	3–1.东部西伯利亚分布
4. 柔毛花荵	**Polemonium villosum** Rud. ex Georgi	2–3.亚洲温带—北极分布

一一二、旋花科　Convolvulaceae

		f1.世界广布
打碗花属	**Calystegia** R.Br.	g2.泛热带分布
1. 毛打碗花	**Calystegia dahurica** (Herb.) Choisy	7.温带亚洲分布
2. 打碗花	**Calystegia hedracea** Wall.	22–3.亚洲温带—热带分布
3. 日本打碗花	**Calystegia japonica** Choisy	10.中国—日本分布
4. 宽叶打碗花	**Calystegia sepium** (L.) R. Br. var. **communis** (Tryon) Hara	4.北温带分布
5. 肾叶打碗花	**Calystegia soldanella** (L.) R. Br.	5.旧世界温带分布
旋花属	**Convolvulus** L.	g1.世界广布
6. 银灰旋花	**Convolvulus ammannii** Desr.	7.温带亚洲分布
7. 田旋花	**Convolvulus arvensis** L.	4.北温带分布
8. 中国旋花	**Convolvulus chinensis** Ker-Gawl.	7.温带亚洲分布
菟丝子属	**Cuscuta** L.	g2.泛热带分布
9. 南方菟丝子	**Cuscuta australis** R. Br.	25.热带亚洲—热带大洋洲分布
10. 菟丝子	**Cuscuta chinensis** Lam.	22–3.亚洲温带—热带分布
11. 欧洲菟丝子	**Cuscuta europaea** L.	5.旧世界温带分布
12. 金灯藤	**Cuscuta japonica** Choisy	22–3.亚洲温带—热带分布
番薯属	**Ipomaea** L.	g2.泛热带分布
13. 西伯利亚番薯	**Ipomaea sibirica** (L.) Pers.	8.东亚分布

一一三、紫草科　Boraginaceae

		f1.世界广布
钝背草属	**Amblynotus** Johnst.	g11.温带亚洲分布
1. 钝背草	**Amblynotus rupestris** (Pall. ex Georgi) M. Pop	18.阿尔泰—蒙古—达乌里分布
糙草属	**Asperugo** L.	g12.地中海区、西亚至中亚分布
2. 糙草	**Asperugo procumbens** L.	22.北温带—热带分布
斑种草属	**Bothriospermum** Bunge	g14. 东亚分布
3. 斑种草	**Bothriospermum chinense** Bunge	15.华北分布
4. 狭苞斑种草	**Bothriospermum kusnezowii** Bunge	11–1.中国东部—西部分布
5. 多苞斑种草	**Bothriospermum secundum** Maxim.	11.中国东部分布
6. 柔弱斑种草	**Bothriospermum tenellum** (Hornem.) Fisch. et C. A. Mey.	22–3.亚洲温带—热带分布
山茄子属	**Brachybotrys** Maxim. ex Oliv.	g11.温带亚洲分布
7. 山茄子	**Brachybotrys paridiformis** Maxim.	14.东北分布
颅果草属	**Craniospermum** Lehm.	g11.温带亚洲分布
8. 颅果草	**Craniospermum echinoides** (Schrenk) Bunge	20.蒙古草原分布
琉璃草属	**Cynogiossum** L.	g8.北温带分布

9. 大果琉璃草	**Cynoglossum divaricatum** Steph.	18.阿尔泰—蒙古—达乌里分布
齿缘草属	**Eritrichium** Schrad.	g8.北温带分布
10. 北齿缘草	**Eritrichium borealisinense** Kitag.	15.华北分布
11. 灰白齿缘草	**Eritrichium incanum** (Turcz.) DC.	19.达乌里—蒙古分布
12. 亚库特齿缘草	**Eritrichium jacuticum** M. Pop.	3-1.东部西伯利亚分布
13. 兴安齿缘草	**Eritrichium maackii** Maxim.	16-1.大兴安岭—俄罗斯远东区分布
14. 东北齿缘草	**Eritrichium mandshuricum** M. Pop.	20.蒙古草原分布
15. 乌苏里齿缘草	**Eritrichium sichotense** M. Pop.	14-2.中国东北—达乌里分布
16. 软毛齿缘草	**Eritrichium villosum** (Ledeb.) Bunge	2-2.亚洲—北美—北极分布
假鹤虱属	**Hackelia** Opiz	g8.北温带分布
17. 丘假鹤虱	**Hackelia deflexa** (Wahl.) Opiz	4.北温带分布
18. 假鹤虱	**Hackelia thymifolia** (DC.) M. Pop.	18.阿尔泰—蒙古—达乌里分布
鹤虱属	**Lappula** Gilib.	g8-4.北温带和南温带间断分布
19. 东北鹤虱	**Lappula redowskii** (Lehm.) Greene	3-1.东部西伯利亚分布
20. 鹤虱	**Lappula squarrosa** (Retz.) Dumort.	5.旧世界温带分布
紫草属	**Lithospermum** L.	g8.北温带分布
21. 麦家公	**Lithospermum arvense** L.	5.旧世界温带分布
22. 紫草	**Lithospermum erythrorhizon** Sieb. et Zucc.	10.中国—日本分布
23. 白果紫草	**Lithospermum officinale** L.	6.亚洲—北美分布
滨紫草属	**Mertensia** Roth.	g8.北温带分布
24. 滨紫草	**Mertensia asiatica** (Takeda) Macbr.	8.东亚分布
25. 兴安滨紫草	**Mertensia davurica** (Sims) G. Don	18.阿尔泰—蒙古—达乌里分布
砂引草属	**Messerschmidia** L. ex Hebenst.	g3.热带亚洲和热带美洲间断分布
26. 砂引草	**Messerschmidia sibirica** L.	5.旧世界温带分布
勿忘草属	**Myosotis** L.	g8-4.北温带和南温带间断分布
27. 湿地勿忘草	**Myosotis caespitosa** Schultz	3.西伯利亚分布
28. 草原勿忘草	**Myosotis suaveolens** Wald. et Kit.	5.旧世界温带分布
29. 勿忘草	**Myosotis sylvatica** (Ehrh.) Hoffm.	5.旧世界温带分布
紫筒草属	**Stenosolenium** Turcz.	g13.中亚分布
30. 紫筒草	**Stenosolenium saxatile** (Pall.) Turcz.	19.达乌里—蒙古分布
盾果草属	**Thyrocarpus** Hance	g15.中国特有分布
31. 弯齿盾果草	**Thyrocarpus glochidiatus** Maxim.	15.华北分布
附地菜属	**Trigonotis** Stev.	g11.温带亚洲分布
32. 钝萼附地菜	**Trigonotis amblyosepala** Nakai	15.华北分布

33. 水匍附地菜　**Trigonotis myosotidea** (Maxim.) Maxim.　　14-2.中国东北—达乌里分布

34. 森林附地菜　**Trigonotis nakaii** Hara　　14-1.中国东北—俄罗斯远东区分布

35. 附地菜　**Trigonotis peduncularis** (Tev.) Benth. ex Baker et Moore　5.旧世界温带分布

36. 北附地菜　**Trigonotis radicans** (Turcz.) Stev.　　14-2.中国东北—达乌里分布

一一四、马鞭草科　**Verbenaceae**　　f3.东亚（热带、亚热带）及热带南美间断分布

　　紫珠属　**Callicarpa** L.　　g2.泛热带分布

1. 白棠子树　**Callicarpa dichotoma** (Lour.) K. Koch　　10.中国—日本分布

2. 日本紫珠　**Callicarpa japonica** Thunb.　　10.中国—日本分布

　　赪桐属　**Clerodendron** L.　　g2.泛热带分布

3. 海州常山　**Clerodendron trichotomum** Thunb.　　10.中国—日本分布

　　黄荆属　**Vitex** L.　　g2.泛热带分布

4. 荆条　**Vitex negundo** L. var. **heterophylla** (Franch.) Rehd.　10.中国—日本分布

5. 蔓荆　**Vitex rotundifolia** L.　　25.热带亚洲—热带大洋洲分布

一一五、水马齿科　**Callitrichaceae**　　f1.世界广布

　　水马齿属　**Callitriche** L.　　g1.世界分布

1. 线叶水马齿　**Callitriche hermaphroditica** L.　　4-1.北温带—南温带分布

2. 沼生水马齿　**Callitriche palustris** L.　　4.北温带分布

一一六、唇形科　**Lamiaceae**　　f1.世界广布

　　藿香属　**Agastache** Clayt. et Gronov　　g9.东亚和北美洲间断分布

1. 藿香　**Agastache rugosa** (Fisch. et C. A. Mey.) O. Kuntze　　6.亚洲—北美分布

　　筋骨草属　**Ajuga** L.　　g10.旧世界温带分布

2. 线叶筋骨草　**Ajuga linearifolia** Pamp.　　15.华北分布

3. 多花筋骨草　**Ajuga multiflora** Bunge　　12.东北—华北分布

　　水棘针属　**Amethystea** L.　　g10.旧世界温带分布

4. 水棘针　**Amethystea caerulea** L.　　7.温带亚洲分布

　　风轮菜属　**Clinopodium** Linn.　　g8.北温带分布

5. 风车草　**Clinopodium chinense** O. Kuntze

　　　var. **grandiflorum** (Maxim.) Hara　　10.中国—日本分布

　　青兰属　**Dracocephalum** L.　　g10.旧世界温带分布

6. 光萼青兰　**Dracocephalum argunense** Fisch. ex Link　　3-1.东部西伯利亚分布

7. 香青兰　**Dracocephalum moldavica** L.　　5.旧世界温带分布

8. 垂花青兰	**Dracocephalum nutans** L.	5.旧世界温带分布
9. 岩青兰	**Dracocephalum rupestre** Hance	11–1.中国东部—西部分布
10. 青兰	**Dracocephalum ruyschiana** L.	5.旧世界温带分布
水蜡烛属	**Dysophylla** Blume ex El-Gazzar et Watsan	g5.热带亚洲至热带大洋洲分布
11. 小穗水蜡烛	**Dysophylla fauriei** Levl.	14.东北分布
香薷属	**Elsholtzia** Willd.	g10.旧世界温带分布
12. 香薷	**Elsholtzia ciliata** (Thunb.) Hyland.	22–3.亚洲温带—热带分布
13. 密花香薷	**Elsholtzia densa** Benth.	7.温带亚洲分布
14. 海州香薷	**Elsholtzia pseudo-cristata** Levl. et Vant.	12.东北—华北分布
15. 木香薷	**Elsholtzia stauntoni** Benth.	15.华北分布
鼬瓣花属	**Galeopsis** L.	g10.旧世界温带分布
16. 鼬瓣花	**Galeopsis bifida** Boenn.	5.旧世界温带分布
连钱草属	**Glechoma** L.	g8.北温带分布
17. 活血丹	**Glechoma hederacea** L. var. **longituba** Nakai	11.中国东部分布
夏至草属	**Lagopsis** Bunge ex Benth.	g10.旧世界温带分布
18. 夏至草	**Lagopsis supina** (Steph.) Ik.-Gal. ex Knorr.	7.温带亚洲分布
野芝麻属	**Lamium** L.	g10.旧世界温带分布
19. 野芝麻	**Lamium album** L.	2.北温带—北极分布
益母草属	**Leonurus** L.	g10.旧世界温带分布
20. 益母草	**Leonurus japonicus** Houtt.	1.世界分布
21. 大花益母草	**Leonurus macranthus** Maxim.	10.中国—日本分布
22. 假大花益母草	**Leonurus pseudomacranthus** Kitag.	12.东北—华北分布
23. 细叶益母草	**Leonurus sibiricus** L.	18.阿尔泰—蒙古—达乌里分布
24. 兴安益母草	**Leonurus tataricus** L.	3.西伯利亚分布
地瓜苗属	**Lycopus** L.	g8.北温带分布
25. 朝鲜地瓜苗	**Lycopus coreanus** Levl.	10.中国—日本分布
26. 地瓜苗	**Lycopus lucidus** Turcz.	8.东亚分布
27. 小花地瓜苗	**Lycopus uniflorus** Michx.	6–1.东亚—北美分布
龙头草属	**Meehania** Britt. ex Small. et Vaill.	g9.东亚和北美洲间断分布
28. 荨麻叶龙头草	**Meehania urticifolia** (Miq.) Makino	10–1.中国东北—日本中北部分布
薄荷属	**Mentha** L.	g8.北温带分布
29. 兴安薄荷	**Mentha dahurica** Fisch. ex Benth.	3–1.东部西伯利亚分布
30. 薄荷	**Mentha haplocalyx** Briq.	22–2.亚洲—北美—温带至热带分布
荠苎属	**Mosla** Bueh.-Ham. ex Maxim.	g14.东亚分布

31. 荠苧	**Mosla dianthera** (Hamilton) Maxim.	22-3.亚洲温带—热带分布
32. 石荠苧	**Mosla scabra** (Thunb.) C. Y. Wu et H. W. Li	22-3.亚洲温带—热带分布
荆芥属	**Nepeta** L.	g10.旧世界温带分布
33. 荆芥	**Nepeta cataria** L.	4.北温带分布
34. 朝鲜荆芥	**Nepeta koreana** Nakai	14.东北分布
35. 黑龙江荆芥	**Nepeta manchuriensis** S. Moore	14.东北分布
36. 康藏荆芥	**Nepeta pratii** Levl.	11-1.中国东部—西部分布
糙苏属	**Phlomis** L.	g10.旧世界温带分布
37. 尖齿糙苏	**Phlomis dentosa** Franch.	11-1.中国东部—西部分布
38. 高山糙苏	**Phlomis koraiensis** Turcz.	14.东北分布
39. 大叶糙苏	**Phlomis maximowiczii** Regel	12.东北—华北分布
40. 块根糙苏	**Phlomis tuberosa** L.	5.旧世界温带分布
41. 糙苏	**Phlomis umbrosa** Turcz.	11.中国东部分布
香茶菜属	**Plectranthus** L' Her.	g4.旧世界热带分布
42. 尾叶香茶菜	**Plectranthus excisus** Maxim.	14.东北分布
43. 内折香茶菜	**Plectranthus inflexus** (Thunb.) Vahl. ex Benth.	10.中国—日本分布
44. 蓝萼香茶菜	**Plectranthus japonicus** (Burm.) Koidz. var. **glaucocalyx** (Maxim.) Koidz.	10.中国—日本分布
45. 毛果香茶菜	**Plectranthus serra** Maxim.	11.中国东部分布
46. 辽宁香茶菜	**Plectranthus websteri** Hemsl.	15.华北分布
夏枯草属	**Prunella** L.	g8.北温带分布
47. 东亚夏枯草	**Prunella asiatica** Nakai	10.中国—日本分布
鼠尾草属	**Salvia** L.	g1.世界分布
48. 丹参	**Salvia miltiorhiza** Bunge	11.中国东部分布
49. 荔枝草	**Salvia plebeia** R. Br.	25.热带亚洲—热带大洋洲分布
裂叶荆芥属	**Schizonepeta** Briq.	g11.温带亚洲分布
50. 多裂叶荆芥	**Schizonepeta multifida** (L.) Briq.	3.西伯利亚分布
51. 裂叶荆芥	**Schizonepeta tenuifolia** (Benth.) Briq.	11-1.中国东部—西部分布
黄芩属	**Scutellaria** L.	g1.世界分布
52. 黄芩	**Scutellaria baicalensis** Georgi	19.达乌里—蒙古分布
53. 纤弱黄芩	**Scutellaria dependens** Maxim.	8.东亚分布
54. 盔状黄芩	**Scutellaria galericulata** L.	5.旧世界温带分布
55. 串珠黄芩	**Scutellaria moniliorrhiza** Kom.	14.东北分布
56. 京黄芩	**Scutellaria pekinensis** Maxim.	11.中国东部分布

57. 木根黄芩	**Scutellaria planipes** Nakai	15.华北分布
58. 狭叶黄芩	**Scutellaria regeliana** Nakai	14-3.东北—大兴安岭分布
59. 并头黄芩	**Scutellaria scordifolia** Fisch. ex Schrank	3.西伯利亚分布
60. 沙滩黄芩	**Scutellaria strigillosa** Hemsl.	8.东亚分布
61. 图们黄芩	**Scutellaria tuminensis** Nakai	14.东北分布
62. 粘毛黄芩	**Scutellaria viscidula** Bunge	15-2.华北—蒙古草原分布
水苏属	**Stachys** L.	g1.世界分布
63. 毛水苏	**Stachys baicalensis** Fisch. ex Benth.	3-1.东部西伯利亚分布
64. 华水苏	**Stachys chinensis** Bunge ex Benth.	12.东北—华北分布
65. 水苏	**Stachys japonica** Miq.	10.中国—日本分布
66. 甘露子	**Stachys sieboldii** Miq.	11.中国东部分布
香科科属	**Teucrium** L.	g1.世界分布
67. 黑龙江香科科	**Teucrium ussuriense** Kom.	12.东北—华北分布
68. 裂苞香科科	**Teucrium veronicoides Maxim.**	10.中国—日本分布
百里香属	**Thymus** L.	g10.旧世界温带分布
69. 黑龙江百里香	**Thymus amurensis** Klok.	16-1.大兴安岭—俄罗斯远东区分布
70. 短毛百里香	**Thymus curtus** Klok.	14-1.中国东北—俄罗斯远东区分布
71. 兴安百里香	**Thymus dahuricus** Serg.	19.达乌里—蒙古分布
72. 长齿百里香	**Thymus disjunctus** Klok.	14.东北分布
73. 百里香	**Thymus mongolicus** Ronn.	15.华北分布
74. 显脉百里香	**Thymus nervulosus** Klok.	21-1.俄罗斯远东区—东北平原分布
75. 兴凯百里香	**Thymus przewalskii** (Kom.) Nakai	12.东北—华北分布
76. 地椒	**Thymus quinquecostatus** Celak.	10.中国—日本分布

一一七、茄科　Solanaceae　f1.世界广布

曼陀罗属	**Datura** L.	g2.泛热带分布
1. 毛曼陀罗	**Datula innoxia** Mill.	22.北温带—热带分布
2. 曼陀罗	**Datula stramonium** L.	1.世界分布
天仙子属	**Hyoscyamus** L.	g10-1.地中海区、西亚（或中亚）和东亚间断分布
3. 小天仙子	**Hyoscyamus bohemicus** F. W. Schmidt	5.旧世界温带分布
4. 天仙子	**Hyoscyamus niger** L.	4.北温带分布
枸杞属	**Lycium** L.	g8-4.北温带和南温带间断分布
5. 宁夏枸杞	**Lycium barbarum** L.	11-1.中国东部—西部分布
6. 枸杞	**Lycium chinense** Mill.	5.旧世界温带分布

散血丹属	**Physaliastrum** Makino	g14.东亚分布
7. 日本散血丹	**Physaliastrum japonicum** (Franch. et Sav.) Honda	10.中国—日本分布
酸浆属	**Physalis** L.	g1.世界分布
8. 挂金灯酸浆	**Physalis alkekengi** L. var. **francheti** (Mast.) Makino	8.东亚分布
9. 苦酸浆	**Physalis angulata** L.	22–2.亚洲—北美—温带至热带分布
泡囊草属	**Physochlaina** G.Don	g10–1.地中海区、西亚（或中亚）和东亚间断分布
10. 泡囊草	**Physochlaina physaloides** (L.) G. Don	7.温带亚洲分布
茄属	**Solanum** L.	g1.世界分布
11. 野海茄	**Solanum japonense** Nakai	7.温带亚洲分布
12. 木山茄	**Solanum kitagawae** Schonbeck Temesy ex Rech. f.	5.旧世界温带分布
13. 白英	**Solanum lyratum** Thunb.	22–3.亚洲温带—热带分布
14. 龙葵	**Solanum nigrum** L.	1.世界分布
15. 青杞	**Solanum septemlobum** Bunge	7.温带亚洲分布

一一八、玄参科 Scrophulariaceae

f1.世界广布

火焰草属	**Castilleja** Mutis ex L. f.	g8–4.北温带和南温带间断分布
1. 火焰草	**Castilleja pallida** (L.) Kunth	2–2.亚洲—北美—北极分布
芯芭属	**Cymbaria** L.	g11.温带亚洲分布
2. 达乌里芯芭	**Cymbaria dahurica** L.	3–1.东部西伯利亚分布
泽番椒属	**Deinostema** Yamaz.	g14–2.中国—日本分布
3. 泽番椒	**Deinostema violaceum** (Maxim.) Yamaz.	10.中国—日本分布
小米草属	**Euphrasia** L.	g8–4.北温带和南温带间断分布
4. 东北小米草	**Euphrasia amurensis** Freyn	16–1.大兴安岭—俄罗斯远东区分布
5. 长腺小米草	**Euphrasia hirtella** Jord. ex Reuter	5.旧世界温带分布
6. 芒小米草	**Euphrasia maximowiczii** Wettst.	10.中国—日本分布
7. 小米草	**Euphrasia tatarica** Fisch. ex Spreng.	5.旧世界温带分布
水八角属	**Gratiola** L.	g1.世界分布
8. 白花水八角	**Gratiola japonica** Miq.	10.中国—日本分布
石龙尾属	**Limnophila** R.Br.	g4.旧世界热带分布
9. 北方石龙尾	**Limnophila borealis** Y. Z. Zhao et Ma f.	21.东北平原分布
10. 石龙尾	**Limnophila sessiliflora** (Vahl) Blume	22–3.亚洲温带—热带分布
水茫草属	**Limosella** L.	g1.世界分布
11. 水茫草	**Limosella aquatica** L.	1.世界分布
柳穿鱼属	**Linaria** Mill.	g8.北温带分布

12. 新疆柳穿鱼	**Linaria acutiloba** Fisch. ex Rchb.	4.北温带分布
13. 多枝柳穿鱼	**Linaria buriatica** Turcz.	19.达乌里—蒙古分布
14. 海滨柳穿鱼	**Linaria japonica** Miq.	9.俄罗斯远东区—日本分布
15. 柳穿鱼	**Linaria vulgaris** L. var. **sinensis** Bebeaux	11.中国东部分布
母草属	**Lindernia** All.	g2.泛热带分布
16. 陌上菜	**Lindernia procumbens** (Krock) Bobas	22–1.旧世界温带—热带分布
通泉草属	**Mazus** Lour.	g5.热带亚洲至热带大洋洲分布
17. 通泉草	**Mazus japonicus** (Thunb.) O. Kuntze	2–3.亚洲温带—北极分布
18. 弹刀子菜	**Mazus stachydifolius** (Turcz.) Maxim.	11.中国东部分布
山萝花属	**Melampyrum** L.	g8.北温带分布
19. 山萝花	**Melampyrum roseum** Maxim.	10.中国—日本分布
20. 狭叶山萝花	**Melampyrum setaceum** (Maxim.) Nakai	14.东北分布
沟酸浆属	**Mimulus** L.	g1.世界分布
21. 沟酸浆	**Mimulus tenellus** Bunge	11.中国东部分布
疗齿草属	**Odontites** Ludwig	g12.地中海区、西亚至中亚分布
22. 疗齿草	**Odontites serotina** (Lam.) Dum.	5.旧世界温带分布
脐草属	**Omphalothrix** Maxim.	g11.温带亚洲分布
23. 脐草	**Omphalothrix longipes** Maxim.	12–1.东北—华北—蒙古草原分布
马先蒿属	**Pedicularis** L.	g8.北温带分布
24. 黄花马先蒿	**Pedicularis flava** Pall.	19.达乌里—蒙古分布
25. 大野苏子马先蒿	**Pedicularis grandiflora** Fisch.	14–2.中国东北—达乌里分布
26. 拉不拉多马先蒿	**Pedicularis labradorica** Wirsing	2.北温带—北极分布
27. 鸡冠马先蒿	**Pedicularis mandshuricum** Maxim.	14.东北分布
28. 小花沼生马先蒿	**Pedicularis palustris** L. subsp. **karoi** (Freyn) Tsoong	5.旧世界温带分布
29. 返顾马先蒿	**Pedicularis resupinata** L.	3.西伯利亚分布
30. 红色马先蒿	**Pedicularis rubens** Steph. ex Willd.	3–1.东部西伯利亚分布
31. 旌节马先蒿	**Pedicularis sceptrum-carolinum** L.	2–1.旧世界温带—北极分布
32. 穗花马先蒿	**Pedicularis spicata** Pall.	7.温带亚洲分布
33. 红纹马先蒿	**Pedicularis striata** Pall.	19.达乌里—蒙古分布
34. 秀丽马先蒿	**Pedicularis venusta** Schang. ex Bunge	18.阿尔泰—蒙古—达乌里分布
35. 轮叶马先蒿	**Pedicularis verticillata** L.	2–1.旧世界温带—北极分布
松蒿属	**Phtheirospermum** Bunge	g14.东亚分布
36. 松蒿	**Phtheirospermum japonicum** (Thunb.) Kanitz	8.东亚分布
地黄属	**Rehmannia** Libosch ex Fisch. et C. A. Mey.	g14. 东亚分布

37. 地黄	**Rehmannia glutinosa** (Gaert.) Libosch ex Fisch. et C. A. Mey.	11.中国东部分布
鼻花属	**Rhinanthus** L.	g8.北温带分布
38. 鼻花	**Rhinanthus vernalis** (Zing.) B. Schischk. et Serg.	5.旧世界温带分布
玄参属	**Scrophularia** L.	g8.北温带分布
39. 岩玄参	**Scrophularia amgunensis** Fr. Schmidt	14.东北分布
40. 北玄参	**Scrophularia buergeriana** Miq.	10.中国—日本分布
41. 大玄参	**Scrophularia grayana** Maxim. ex Kom.	10-1.中国东北—日本中北部分布
42. 砾玄参	**Scrophularia incisa** Weinm.	7.温带亚洲分布
43. 丹东玄参	**Scrophularia kakudensis** Franch.	10.中国—日本分布
44. 东北玄参	**Scrophularia manshurica** Maxim.	14.东北分布
45. 马氏玄参	**Scrophularia maximowiczii** Goroschk.	14.东北分布
阴行草属	**Siphonostegia** Benth.	g14-1.中国—喜马拉雅分布
46. 阴行草	**Siphonostegia chinensis** Benth.	8.东亚分布
婆婆纳属	**Veronica** L.	g8-4.北温带和南温带间断分布
47. 水苦荬婆婆纳	**Veronica anagallis-aquatica** L.	5.旧世界温带分布
48. 长果婆婆纳	**Veronica anagalloides** Guss	5.旧世界温带分布
49. 石蚕叶婆婆纳	**Veronica chamaedrys** L.	5.旧世界温带分布
50. 大婆婆纳	**Veronica dahurica** Stev.	7.温带亚洲分布
51. 白婆婆纳	**Veronica incana** L.	19.达乌里—蒙古分布
52. 长毛婆婆纳	**Veronica kiusiana** Furumi	10-1.中国东北—日本中北部分布
53. 细叶婆婆纳	**Veronica linariifolia** Pall. ex Link	3-1.东部西伯利亚分布
54. 长尾婆婆纳	**Veronica longifolia** L.	5.旧世界温带分布
55. 蚊母婆婆纳	**Veronica peregrina** L.	22.北温带—热带分布
56. 东北婆婆纳	**Veronica rotunda** Nakai var. **subintegra** (Nakai) Yamaz.	10-1.中国东北—日本中北部分布
57. 小婆婆纳	**Veronica serpyllifolia** L.	5.旧世界温带分布
58. 长白婆婆纳	**Veronica stelleri** Pall. ex Link var. **longistyla** Kitag.	6-1.东亚—北美分布
59. 卷毛婆婆纳	**Veronica teucrium** L.	5.旧世界温带分布
60. 水婆婆纳	**Veronica undulata** Wall.	7.温带亚洲分布
腹水草属	**Veronicastrum** Heist. ex Farbic.	g9.东亚和北美洲间断分布
61. 轮叶腹水草	**Veronicastrum sibiricum** (L.) Pennell	10.中国—日本分布
62. 管花腹水草	**Veronicastrum tubiflorum** (Fisch. et C. A. Mey.) Hara	19.达乌里—蒙古分布

一一九、紫葳科 Bignoniaceae

f2.泛热带分布

角蒿属	**Incarvillea** Juss.	g13–2.中亚至喜马拉雅和我国西南分布
1. 角蒿	**Incarvillea sinensis** Lam.	7.温带亚洲分布

一二〇、胡麻科 Pedaliaceae
f4.旧世界热带分布

茶菱属	**Trapella** Oliv.	g14–2.中国—日本分布
1. 茶菱	**Trapella sinensis** Oliv.	10.中国—日本分布

一二一、苦苣苔科 Gesneriaceae
f3.东亚（热带、亚热带）及热带南美间断分布

旋蒴苣苔属	**Boea** Comm. ex Lain.	g5.热带亚洲至热带大洋洲分布
1. 旋蒴苣苔	**Boea clarkeana** Hemsl.	11.中国东部分布
2. 猫耳旋蒴苣苔	**Boea hygrometrica** (Bunge) R. Br.	11.中国东部分布

一二二、列当科 Orobanchaceae
f8.北温带分布

草苁蓉属	**Boschniakia** C. A. Mey.	g9.东亚和北美洲间断分布
1. 草苁蓉	**Boschniakia rossica** (Cham. et Schlecht.) Fedtsch. et Flerov	2.北温带—北极分布
列当属	**Orobanche** L.	g8.北温带分布
2. 黑水列当	**Orobanche amurensis** (G. Beck) Kom.	14.东北分布
3. 列当	**Orobanche coerulescens** Steph.	5.旧世界温带分布
4. 欧亚列当	**Orobanche cumana** Wallr.	5.旧世界温带分布
5. 黄花列当	**Orobanche pycnostachya** Hance	14–2.中国东北—达乌里分布
黄筒花属	**Phacellanthus** Sieb. et Zucc.	g14–2.中国—日本分布
6. 黄筒花	**Phacellanthus tubiflorus** Sieb et Zucc.	10.中国—日本分布

一二三、狸藻科 Lentibulariaceae
f1.世界广布

捕虫堇属	**Pinguicula** L.	g8.北温带分布
1. 北捕虫堇	**Pinguicula villosa** L.	2.北温带—北极分布
狸藻属	**Utricularia** L.	g1.世界分布
2. 中狸藻	**Utricularia intermedia** Hayne	2.北温带—北极分布
3. 小狸藻	**Utricularia minor** L.	4.北温带分布
4. 狸藻	**Utricularia vulgaris** L.	4.北温带分布

一二四、透骨草科 Phrymaceae
f9.东亚及北美间断分布

透骨草属	**Phryma** L.	g9.东亚和北美洲间断分布
1. 透骨草	**Phryma leptostachya** L. var. **asiatica** Hara	22–2.亚洲—北美—温带至热带分布

一二五、车前科　Plantaginaceae　　　　　　　　　　　　　　f1.世界广布

车前属	**Plantago** L.	g1.世界分布
1. 车前	**Plantago asiatica** L.	22-3.亚洲温带—热带分布
2. 海滨车前	**Plantago camtschatica** Link	9.俄罗斯远东区—日本分布
3. 平车前	**Plantago depressa** Willd.	22-3.亚洲温带—热带分布
4. 桦甸车前	**Plantago huadianica** S. H. Li et Y. Yang	14.东北分布
5. 披针叶车前	**Plantago lanceolata** L.	4.北温带分布
6. 大车前	**Plantago major** L.	5.旧世界温带分布
7. 盐生车前	**Plantago maritima** L. var. **salsa** (Pall.) Pilger	2.北温带—北极分布
8. 北车前	**Plantago media** L.	4.北温带分布

一二六、忍冬科　Caprifoliaceae　　　　　　　　　　　　　　f8.北温带分布

六道木属	**Abelia** R. Br.	g9.1.东亚和墨西哥间断分布
1. 二花六道木	**Abelia biflora** Turcz.	15.华北分布
北极花属	**Linnaea** Gronov ex L.	g8-1.环北极分布
2. 北极花	**Linnaea borealis** L.	2.北温带—北极分布
忍冬属	**Lonicera** L.	g8.北温带分布
3. 黄花忍冬	**Lonicera chrysantha** Turcz.	7.温带亚洲分布
4. 蓝靛果忍冬	**Lonicera edulis** Turcz.	3-1.东部西伯利亚分布
5. 秦岭忍冬	**Lonicera ferdinandi** Franch.	11.中国东部分布
6. 金银花	**Lonicera japonica** Thunb.	8.东亚分布
7. 金银忍冬	**Lonicera maackii** (Rupr.) Maxim.	8.东亚分布
8. 紫枝忍冬	**Lonicera maximowiczii** (Rupr.) Regel	10.中国—日本分布
9. 单花忍冬	**Lonicera monantha** Nakai	14.东北分布
10. 毛脉黑忍冬	**Lonicera nigra** L. var. **barbinervis** (Kom.) Nakai	14.东北分布
11. 早花忍冬	**Lonicera praeflorens** Batalin	10-1.中国东北—日本中北部分布
12. 长白忍冬	**Lonicera ruprechtiana** Regel	14.东北分布
13. 藏花忍冬	**Lonicera tatarinovii** Maxim.	11.中国东部分布
14. 波叶忍冬	**Lonicera vescaria** Kom.	12.东北—华北分布
接骨木属	**Sambucus** L.	g8-4.北温带和南温带间断分布
15. 毛接骨木	**Sambucus buergeriana** Blume ex Nakai	10-1.中国东北—日本中北部分布
16. 黄药钩齿接骨木	**Sambucus foetidissima** Nakai f. **flava** Skv. et WangWei	15.华北分布
17. 东北接骨木	**Sambucus manshurica** Kitag.	11.中国东部分布
18. 接骨木	**Sambucus williamsii** Hance	8.东亚分布

莛子藨属	**Triosteum** L.	g9.东亚和北美洲间断分布
19. 腋花莛子藨	**Triosteum sinuatum** Maxim.	10–1.中国东北—日本中北部分布
荚蒾属	**Viburnum** Linn.	g8.北温带分布
20. 暖木条荚蒾	**Viburnum burejaeticum** Regel et Herd.	14.东北分布
21. 朝鲜荚蒾	**Viburnum koreanum** Nakai	14.东北分布
22. 蒙古荚蒾	**Viburnum mongolicum** (Pall.) Rehd.	19.达乌里—蒙古分布
23. 鸡树条荚蒾	**Viburnum sargenti** Koehne	10.中国—日本分布
锦带花属	**Weigela** Thunb.	g14–2.中国—日本分布
24. 锦带花	**Weigela florida** (Bunge) DC.	10.中国—日本分布
25. 早锦带花	**Weigela praecox** (Lemoine) Bailey	10.中国—日本分布

一二七、五福花科　Adoxaceae　　f8.北温带分布

五福花属	**Adoxa** L.	g8.北温带分布
1. 五福花	**Adoxa moschatellina** L.	2.北温带—北极分布
2. 东方五福花	**Adoxa orientalis** Nepomnj.	16–1.大兴安岭—俄罗斯远东区分布

一二八、败酱科　Valerianaceae　　f1.世界广布

败酱属	**Patrinia** Juss.	g14.东亚分布
1. 异叶败酱	**Patrinia heterophylla** Bunge	11.中国东部分布
2. 单蕊败酱	**Patrinia monandra** C. B. Clarke	11.中国东部分布
3. 岩败酱	**Patrinia rupestris** (Pall.) Dufr.	3–1.东部西伯利亚分布
4. 败酱	**Patrinia scabiosaefolia** Fisch. ex Trev.	8.东亚分布
5. 糙叶败酱	**Patrinia scabra** Bunge	11–1.中国东部—西部分布
6. 西伯利亚败酱	**Patrinia sibirica** (L.) Juss.	3.西伯利亚分布
7. 白花败酱	**Patrinia villosa** (Thunb.) Juss.	10.中国—日本分布
缬草属	**Valeriana** L.	g8–4.北温带和南温带间断分布
8. 缬草	**Valeriana alternifolia** Bunge	3–1.东部西伯利亚分布
9. 黑水缬草	**Valeriana amurensis** Smirn. ex Kom.	14–1.中国东北—俄罗斯远东区分布
10. 北缬草	**Valeriana fauriei** Briq.	10.中国—日本分布

一二九、川续断科　Dipsacaceae　f10–3.欧亚和南非（有时也在澳大利亚）分布

川续断属	**Dipsacus** L.	g10.旧世界温带分布
1. 川续断	**Dipsacus japonicus** Miq.	10.中国—日本分布
蓝盆花属	**Scabiosa** L.	g10–3.欧亚和南部非洲（有时也在大洋洲）间断分布

2. 窄叶蓝盆花	**Scabiosa comosa** Fisch. ex Roem. et Schult.	19.达乌里—蒙古分布
3. 日本蓝盆花	**Scabiosa japonica** Miq.	10–1.中国东北—日本中北部分布
4. 华北蓝盆花	**Scabiosa tschiliensis** Grun.	12–1.东北—华北—蒙古草原分布

一三〇、桔梗科 Campanulaceae
f1.世界广布

沙参属   **Adenophora** Fisch   g10.旧世界温带分布

1. 阿穆尔沙参	**Adenophora amurica** C. X. Fu et M. Y. Liu	16.大兴安岭分布
2. 北方沙参	**Adenophora borealis** Honget Zhao Yi-zhi	15–2.华北—蒙古草原分布
3. 展枝沙参	**Adenophora divaricata** Franch. et Sav.	10.中国—日本分布
4. 大花沙参	**Adenophora grandiflora** Nakai	14.东北分布
5. 狭叶沙参	**Adenophora gmelinii** (Spreng) Fisch.	19.达乌里—蒙古分布
6. 小花沙参	**Adenophora micrantha** Hong	21.东北平原分布
7. 沼沙参	**Adenophora palustris** Kom.	14.东北分布
8. 紫沙参	**Adenophora paniculata** Nannf.	15.华北分布
9. 长白沙参	**Adenophora pereskiifolia** (Fisch. ex Roem. et Schult.) G. Don	
		14–2.中国东北—达乌里分布
10. 松叶沙参	**Adenophora pilifolia** Kitag.	15.华北分布
11. 石沙参	**Adenophora polyantha** Nakai	12.东北—华北分布
12. 薄叶荠苨	**Adenophora remotiflora** (Sieb. et Zucc.) Miq.	10.中国—日本分布
13. 长柱沙参	**Adenophora stenanthina** (Ledeb.) Kitag.	19.达乌里—蒙古分布
14. 扫帚沙参	**Adenophora stenophylla** Hemsl.	20.蒙古草原分布
15. 轮叶沙参	**Adenophora tetraphylla** (Thunb.) Fisch.	22–3.亚洲温带—热带分布
16. 荠苨	**Adenophora trachelioides** Maxim.	12.东北—华北分布
17. 锯齿沙参	**Adenophora tricuspidata** (Fisch. ex Roem. et Schult.) A. DC.	
		19.达乌里—蒙古分布
18. 多歧沙参	**Adenophora wawreana** Zahlbr.	15–2.华北—蒙古草原分布
19. 雾灵沙参	**Adenophora wulingshanica** Hong	15.华北分布

牧根草属   **Asyneuma** Griseb. et Schenk.   g10–1.地中海区、西亚（或中亚）和东亚间断分布

20. 牧根草	**Asyneuma japonicum** (Miq.) Briq.	14–1.中国东北—俄罗斯远东区分布

风铃草属   **Campanula** L.   g8.北温带分布

21. 聚花风铃草	**Campanula glomerata** L.	5.旧世界温带分布
22. 单花风铃草	**Campanula langsdorffiana** Fisch. ex Trautv. et C. A. Mey.	3–1.东部西伯利亚分布
23. 紫斑风铃草	**Campanula punctata** Lam.	10.中国—日本分布
24. 圆叶风铃草	**Campanula rotundifolia** L.	5.旧世界温带分布

党参属	**Codonopsis** Wall.	g14.东亚分布
25. 羊乳	**Codonopsis lanceolata** (Sieb. et Zucc.) Trautv.	10.中国—日本分布
26. 党参	**Codonopsis pilosula** (Franch.) Nannf.	11.中国东部分布
27. 雀斑党参	**Codonopsis ussuriensis** (Rupr. et Maxim.) Hemsl.	10.中国—日本分布
半边莲属	**Lobelia** L.	g1.世界分布
28. 山梗菜	**Lobelia sessilifolia** Lamb.	8.东亚分布
桔梗属	**Platycodon** DC.	g14-2.中国—日本分布
29. 桔梗	**Platycodon grandiflorum** (Jacq.) DC.	8.东亚分布

一三一、菊科　Compositae　f1.世界广布

蓍属	**Achillea** L.	g8.北温带分布
1. 齿叶蓍	**Achillea acuminata** (Ledeb.) Sch.-Bip.	3-1.东部西伯利亚分布
2. 高山蓍	**Achillea alpina** L.	3-1.东部西伯利亚分布
3. 亚洲蓍	**Achillea asiatica** Serg.	3-1.东部西伯利亚分布
4. 蓍	**Achillea millefolium** L.	4.北温带分布
5. 短瓣蓍	**Achillea ptarmicoides** Maxim.	14-2.中国东北—达乌里分布
猫儿菊属	**Achyrophorus** Adans.	g8-5.欧亚和南美温带间断分布
6. 猫儿菊	**Achyrophorus ciliatus** (Thunb.) Sch.-Bip.	3-1.东部西伯利亚分布
腺梗菜属	**Adenocaulon** Hook.	g8-4.北温带和南温带间断分布
7. 腺梗菜	**Adenocaulon himalaicum** Edgew.	22-3.亚洲温带—热带分布
兔儿风属	**Ainsliaea** DC.	g14.东亚分布
8. 槭叶兔儿风	**Ainsliaea acerifolia** Sch.-Bip.	10-1.中国东北—日本中北部分布
亚菊属	**Ajania** Poljak.	g11.温带亚洲分布
9. 亚菊	**Ajania pallasiana** (Fisch. ex Bess.) Poljak.	14-1.中国东北—俄罗斯远东区分布
10. 异叶亚菊	**Ajania variifolia** (Chang) Tzvel.	11.中国东部分布
香青属	**Anaphalis** DC.	g8.北温带分布
11. 铃铃香青	**Anaphalis hancockii** Maxim.	11-1.中国东部—西部分布
蝶须属	**Antennaria** Gaertn.	g8.北温带分布
12. 蝶须	**Antennaria dioica** (L.) Gaertn.	2-1.旧世界温带—北极分布
莎菀属	**Arctogeron** DC.	g11.温带亚洲分布
13. 莎菀	**Arctogeron gramineum** (L.) DC.	18.阿尔泰—蒙古—达乌里分布
牛蒡属	**Arctium** L.	g10.旧世界温带分布
14. 牛蒡	**Arctium lappa** L.	5.旧世界温带分布
蒿属	**Artemisia** L.	g8.北温带分布

15. 丝叶蒿	**Artemisia adamsi**i Bess.	19.达乌里—蒙古分布
16. 碱蒿	**Artemisia anethifolia** Web.	7.温带亚洲分布
17. 莳萝蒿	**Artemisia anethoides** Mattf.	7.温带亚洲分布
18. 黄花蒿	**Artemisia annua** L.	4.北温带分布
19. 艾蒿	**Artemisia argyi** Levl. et Vant	7.温带亚洲分布
20. 黄金蒿	**Artemisia aurata** L.	10.中国—日本分布
21. 巴尔古津蒿	**Artemisia bargusinensis** Spreng.	18.阿尔泰—蒙古—达乌里分布
22. 山蒿	**Artemisia brachyloba** Franch.	15-2.华北—蒙古草原分布
23. 高岭蒿	**Artemisia brachyphylla** Kitam.	14.东北分布
24. 茵陈蒿	**Artemisia capillaris** Thunb.	22-3.亚洲温带—热带分布
25. 青蒿	**Artemisia carvifolia** Buch.-Ham.	22-3.亚洲温带—热带分布
26. 千山蒿	**Artemisia chienshanica** Linget W. Wang	15.华北分布
27. 变蒿	**Artemisia commutata** Bess.	3.西伯利亚分布
28. 黑砂蒿	**Artemisia coracina** W. Wang	21.东北平原分布
29. 沙蒿	**Artemisia desertorum** Spreng.	22-3.亚洲温带—热带分布
30. 龙蒿	**Artemisia dracunculus** L.	4.北温带分布
31. 南牡蒿	**Artemisia eriopoda** Bunge	8.东亚分布
32. 冷蒿	**Artemisia frigida** Willd.	4.北温带分布
33. 盐蒿	**Artemisia halodendron** Turcz. ex Bess.	17-1.中亚东部分布
34. 岐茎蒿	**Artemisia igniaria** Maxim.	12.东北—华北分布
35. 五月艾	**Artemisia indica** Willd.	22-3.亚洲温带—热带分布
36. 柳蒿	**Artemisia integrifolia** L.	3.西伯利亚分布
37. 牡蒿	**Artemisia japonica** Thunb.	22-3.亚洲温带—热带分布
38. 菴蔄	**Artemisia keiskeana** Miq.	10.中国—日本分布
39. 白山蒿	**Artemisia lagocephala** (Fisch. ex Bess.) DC.	2-3.亚洲温带—北极分布
40. 矮蒿	**Artemisia lancea** Van	8.东亚分布
41. 宽叶蒿	**Artemisia latifolia** Ledeb.	3.西伯利亚分布
42. 细砂蒿	**Artemisia macilentha** (Maxim.) Krasch.	12.东北—华北分布
43. 蒙古蒿	**Artemisia mongolica** Fisch. ex Bess.	7.温带亚洲分布
44. 矮滨蒿	**Artemisia nakai** Pamp.	13.华北—朝鲜分布
45. 镰叶蒿	**Artemisia orthobotrys** Kitag.	14.东北分布
46. 光砂蒿	**Artemisia oxycephala** Kitag.	20.蒙古草原分布
47. 黑蒿	**Artemisia palustris** L.	18.阿尔泰—蒙古—达乌里分布
48. 褐苞蒿	**Artemisia phaeolepis** Krasch.	18.阿尔泰—蒙古—达乌里分布

49. 魁蒿	**Artemisia princeps** Pamp.	8.东亚分布
51. 红足蒿	**Artemisia rubripes** Nakai	10-2.中国—日本—蒙古草原分布
52. 万年蒿	**Artemisia sacrorum** Ledeb.	22-3.亚洲温带—热带分布
53. 猪毛蒿	**Artemisia scoparia** Wald. et Kit.	22-1.旧世界温带—热带分布
54. 水蒿	**Artemisia selengensis** Turcz. ex Bess.	11.中国东部分布
55. 绢毛蒿	**Artemisia sericea** Weber	3.西伯利亚分布
56. 大籽蒿	**Artemisia sieversiana** Ehrh. ex Willd.	22-3.亚洲温带—热带分布
57. 宽叶山蒿	**Artemisia stolonifera** (Maxim.) Kom.	10.中国—日本分布
58. 线叶蒿	**Artemisia subulata** Nakai	14-3.东北—大兴安岭分布
59. 林地蒿	**Artemisia sylvatica** Maxim.	11.中国东部分布
60. 裂叶蒿	**Artemisia tanacetifolia** L.	4.北温带分布
61. 野艾蒿	**Artemisia umbrosa** (Bess.) Turcz.	8.东亚分布
62. 辽东蒿	**Artemisia verbenacea** (Kom.) Kitag.	11-1.中国东部—西部分布
63. 毛莲蒿	**Artemisia vestita** Wall.	7.温带亚洲分布
64. 林艾蒿	**Artemisia viridissima** Pamp.	14.东北分布
65. 乌丹蒿	**Artemisia wudanica** Liou et W. Wang	20.蒙古草原分布
66. 肇东蒿	**Artemisia zhaodungensis** G. Y. Changet M. Y. Liou	21.东北平原分布
紫菀属	**Aster** L.	g8.北温带分布
67. 三脉紫菀	**Aster ageratoides** Turcz.	8.东亚分布
68. 高山紫菀	**Aster alpinus** L.	5.旧世界温带分布
69. 圆苞紫菀	**Aster maackii** Regel	14-1.中国东北—俄罗斯远东区分布
70. 西伯利亚紫菀	**Aster sibiricus** L.	3.西伯利亚分布
71. 紫菀	**Aster tataricus** L.f.	10.中国—日本分布
苍术属	**Atractylodes** DC.	g14-2.中国—日本分布
72. 关苍术	**Atractylodes japonica** Koidz. ex Kitam.	10.中国—日本分布
73. 朝鲜苍术	**Atractylodes koreana** (Nakai) Kitam.	12.东北—华北分布
74. 苍术	**Atractylodes lancea** (Thunb.) DC.	10.中国—日本分布
鬼针草属	**Bidens** L.	g1.世界分布
75. 鬼针草	**Bidens bipinnata** L.	4.北温带分布
76. 金盏银盘	**Bidens biternata** (Lour.) Merr. et Scheff	24.旧世界热带分布
77. 柳叶鬼针草	**Bidens cernua** L.	4.北温带分布
78. 羽叶鬼针草	**Bidens maximowiczii** Oett.	14-2.中国东北—达乌里分布
79. 小花鬼针草	**Bidens parviflora** Willd.	8.东亚分布
80. 兴安鬼针草	**Bidens radiata** Thuill.	16-1.大兴安岭—俄罗斯远东区分布

81. 狼巴草	**Bidens tripartita** L.	1.世界分布
短星菊属	**Brachyactis** Ledeb.	g9.东亚和北美洲间断分布
82. 短星菊	**Brachyactis ciliat**a (Ledeb.) Ledeb**.**	3.西伯利亚分布
蟹甲草属	**Cacalia** L.	g9.东亚和北美洲间断分布
83. 耳叶蟹甲草	**Cacalia auriculat**a DC**.**	14–1.中国东北—俄罗斯远东区分布
84. 大叶蟹甲草	**Cacalia firma** Kom.	14.东北分布
85. 山尖子	**Cacalia hastata** L.	2–3.亚洲温带—北极分布
86. 星叶蟹甲草	**Cacalia komarowiana** (Poljak.) Poljak.	14.东北分布
87. 大山尖子	**Cacalia robusta** Kom.	14–1.中国东北—俄罗斯远东区分布
翠菊属	**Callistephus** Cass.	g14–2.中国—日本分布
88. 翠菊	**Callistephus chinensi**s (L.) Nee**s**	11.中国东部分布
飞廉属	**Carduus** L.	g10.旧世界温带分布
89. 丝毛飞廉	**Carduus crispu**s L.	4.北温带分布
天名精属	**Carpesium** L.	g10.旧世界温带分布
90. 烟管头草	**Carpesium cernuu**m L**.**	5.旧世界温带分布
91. 金挖耳	**Carpesium divaricatum** Sieb. et Zucc.	10.中国—日本分布
92. 大花金挖耳	**Carpesium macrocephalum** Franch. et Sav.	8.东亚分布
93. 暗花金挖耳	**Carpesium triste** Maxim.	8.东亚分布
石胡荽属	**Centipeda** Lour.	
	g2.1.热带亚洲、大洋洲（至新西兰）和中、南美（或墨西哥）间断分布	
94. 石胡荽	**Centipeda minima** (L.) A. Br. et Aschers.	25.热带亚洲—热带大洋洲分布
菊属	**Chrysanthemum** L.	g10.旧世界温带分布
95. 小红菊	**Chrysanthemum chanetii** Levl.	12.东北—华北分布
96. 野菊	**Chrysanthemum indicum** L.	8.东亚分布
97. 甘菊	**Chrysanthemum lavandulaefolium** (Fisch. ex Trautv.) Makino	11.中国东部分布
98. 小滨菊	**Chrysanthemum lineare** Matsum.	14.东北分布
99. 楔叶菊	**Chrysanthemum naktongense** Nakai	14–4.东北—蒙古草原分布
100. 甘野菊	**Chrysanthemum seticuspe** (Maxim.) Hand.-Mazz.	8.东亚分布
101. 紫花野菊	**Chrysanthemum zawadskii** Herb.	5.旧世界温带分布
菊苣属	**Cichorium** L.	g12.地中海区、西亚至中亚分布
102. 菊苣	**Cichorium intybus** L.	1.世界分布
蓟属	**Cirsium** Mill.	g8.北温带分布
103. 绿蓟	**Cirsium chinense** Gardn. et Camp.	11.中国东部分布
104. 莲座蓟	**Cirsium esculentum** (Sievers.) C. A. Mey.	5.旧世界温带分布

105. 野蓟	**Cirsium maackii** Maxim.	10.中国—日本分布
106. 烟管蓟	**Cirsium pendulum** Fisch. ex DC.	10.中国—日本分布
107. 林蓟	**Cirsium schantranse** Trautv. et C. A. Mey.	
		14–1.中国东北—俄罗斯远东区分布
108. 刺儿菜	**Cirsium segetum** Bunge	10.中国—日本分布
109. 大刺儿菜	**Cirsium setosum** (Willd.) Bieb.	5.旧世界温带分布
110. 绒背蓟	**Cirsium vlassonianum** Fisch. ex DC.	14–2.中国东北—达乌里分布
还阳参属	**Crepis** L.	g8.北温带分布
111. 还阳参	**Crepis crocea** (Lam.) Babc.	18.阿尔泰—蒙古—达乌里分布
112. 西伯利亚还阳参	**Crepis sibirica** L.	2–1.旧世界温带—北极分布
113. 屋根草	**Crepis tectorum** L.	5.旧世界温带分布
东风菜属	**Doellingeria** Nees	g14.东亚分布
114. 东风菜	**Doellingeria scaber** (Thunb.) Nees	10.中国—日本分布
蓝刺头属	**Echinops** L.	g10.旧世界温带分布
115. 褐毛蓝刺头	**Echinops dissectus** Kitag.	12–1.东北—华北—蒙古草原分布
116. 砂蓝刺头	**Echinops gmelinii** Turcz.	17–1.中亚东部分布
117. 华东蓝刺头	**Echinops grijsii** Hance	11.中国东部分布
118. 宽叶蓝刺头	**Echinops latifolius** Tausch	12–1.东北—华北—蒙古草原分布
鳢肠属	**Eclipta** L.	g2.泛热带分布
119. 鳢肠	**Eclipta prostrata** (L.) L.	23.泛热带分布
飞蓬属	**Erigeron** L.	g1.世界分布
120. 飞蓬	**Erigeron acris** L.	4.北温带分布
121. 山飞蓬	**Erigeron alpicola** Makino	2–4.北极—高山分布
122. 长茎飞蓬	**Erigeron elongatus** Ledeb.	2.北温带—北极分布
泽兰属	**Eupatorium** L.	g2.泛热带分布
123. 泽兰	**Eupatorium japonicum** Thunb.	8.东亚分布
124. 林泽兰	**Eupatorium lindleyanum** DC.	22–3.亚洲温带—热带分布
线叶菊属	**Filifolium** Kitam.	g11.温带亚洲分布
125. 线叶菊	**Filifolium sibiricum** (L.) Kitam.	7.温带亚洲分布
乳菀属	**Galatella** Cass.	g10.旧世界温带分布
126. 兴安乳菀	**Galatella dahurica** DC.	3–1.东部西伯利亚分布
鼠曲草属	**Gnaphalium** L.	g1.世界分布
127. 贝加尔鼠曲草	**Gnaphalium baicalense** Kirp.	12–1.东北—华北—蒙古草原分布
128. 东北鼠曲草	**Gnaphalium mandshuricum** Kirp.	14.东北分布

129. 湿生鼠曲草	**Gnaphalium tranzschelii** Kirp.	14–1.中国东北—俄罗斯远东区分布
泥胡菜属	**Hemistepta** Bunge	g14. 东亚分布
130. 泥胡菜	**Hemistepta lyrata** Bunge	25.热带亚洲—热带大洋洲分布
狗娃花属	**Heteropappus** Less.	g14. 东亚分布
131. 阿尔泰狗娃花	**Heteropappus altaicus** (Willd.) Novop.	7.温带亚洲分布
132. 狗娃花	**Heteropappus hispidus** (Thunb.) Less.	10.中国—日本分布
133. 砂狗娃花	**Heteropappus meyendorffii** (Regel et Maack) Kom. et Alis.	10.中国—日本分布
山柳菊属	**Hieracium** L.	g8–4.北温带和南温带间断分布
134. 宽叶山柳菊	**Hieracium coreanum** Nakai	14.东北分布
135. 全缘山柳菊	**Hieracium hololeion** Maxim.	10.中国—日本分布
136. 伞花山柳菊	**Hieracium umbellatum** L.	4.北温带分布
137. 粗毛山柳菊	**Hieracium virosum** Pall.	5.旧世界温带分布
旋覆花属	**Inula** L.	g10.旧世界温带分布
138. 欧亚旋覆花	**Inula britannica** L.	5.旧世界温带分布
139. 旋覆花	**Inula japonica** Thunb.	8.东亚分布
140. 线叶旋覆花	**Inula linariaefolia** Turcz.	10.中国—日本分布
141. 柳叶旋覆花	**Inula salicina** L.	5.旧世界温带分布
142. 蓼子朴	**Inula salsoloides** (Turcz.) Ostenf.	17.中亚分布
苦荬菜属	**Ixeris** Cass.	g7.热带亚洲（印度—马来西亚）分布
143. 碎叶苦荬菜	**Ixeris chelidonifolia** (Makino) Stebb.	10.中国—日本分布
144. 山苦菜	**Ixeris chinensis** (Thunb.) Nakai	22–3.亚洲温带—热带分布
145. 低滩苦荬菜	**Ixeris debilis** A. Gray var. **salsuginosa** (Kitag.) Kitag.	11.中国东部分布
146. 苦荬菜	**Ixeris denticulata** Stebb.	10.中国—日本分布
147. 沙苦荬菜	**Ixeris repens** A. Gray	8.东亚分布
148. 抱茎苦荬菜	**Ixeris sonchifolia** (Bunge) Hance	11.中国东部分布
马兰属	**Kalimeris** Cass.	g11.温带亚洲分布
149. 裂叶马兰	**Kalimeris incisa** (Fisch.) DC.	10.中国—日本分布
150. 全叶马兰	**Kalimeris integrifolia** Turcz. ex DC.	10.中国—日本分布
151. 山马兰	**Kalimeris lautureana** (Debex.) Kitam.	12.东北—华北分布
152. 蒙古马兰	**Kalimeris mongolica** (Franch.) Kitam.	12.东北—华北分布
莴苣属	**Lactuca** L.	g10–3.欧亚和南部非洲（有时也在大洋洲）间断分布
153. 山莴苣	**Lactuca indica** L.	22–3.亚洲温带—热带分布
154. 毛脉山莴苣	**Lactuca raddeana** Maxim.	10.中国—日本分布
155. 北山莴苣	**Lactuca sibirica** (L.) Benth. ex Maxim.	2–1.旧世界温带—北极分布

156. 蒙山莴苣	**Lactuca tatarica** (L.) C. A. Mey.	5.旧世界温带分布
157. 翼柄山莴苣	**Lactuca triangulata** Maxim.	10.中国—日本分布
大丁草属	**Leibnitzia** Cass.	g9.东亚和北美洲间断分布
158. 大丁草	**Leibnitzia anadria** (L.) Turcz.	8.东亚分布
火绒草属	**Leontopodium** R.Br.	g8–5.欧亚和南美温带间断分布
159. 团球火绒草	**Leontopodium conglobatum** (Turcz.) Hand.-Mazz.	3–1.东部西伯利亚分布
160. 火绒草	**Leontopodium leontopodioides** (Willd.) Beauv.	7.温带亚洲分布
161. 长叶火绒草	**Leontopodium longifolium** Ling	11.中国东部分布
橐吾属	**Ligularia** Cass.	g10.旧世界温带分布
162. 无缨橐吾	**Ligularia biceps** Kitag.	14.东北分布
163. 三角叶橐吾	**Ligularia deltoidea** Nakai	14.东北分布
164. 蹄叶橐吾	**Ligularia fischeri** (Ledeb.) Turcz.	8.东亚分布
165. 狭苞橐吾	**Ligularia intermedia** Nakai	8.东亚分布
166. 复序橐吾	**Ligularia jaluensis** Kom.	14–3.东北—大兴安岭分布
167. 单花橐吾	**Ligularia jamesii** (Hemsl.) Kom.	14–3.东北—大兴安岭分布
168. 全缘橐吾	**Ligularia mongolica** (Turcz.) DC.	12.东北—华北分布
169. 兴安橐吾	**Ligularia ovato-oblonga** (Kitam.) Kitam.	20.蒙古草原分布
170. 合苞橐吾	**Ligularia schmidtii** (Maxim.) Makino	14.东北分布
171. 橐吾	**Ligularia sibirica** (L.) Cass.	7.温带亚洲分布
母菊属	**Matricaria** L.	g8–4.北温带和南温带间断分布
172. 同花母菊	**Matricaria matricarioides** (Less.) Porter ex Britton	2.北温带—北极分布
蚂蚱腿子属	**Myripnois** Bunge	g15.中国特有分布
173. 蚂蚱腿子	**Myripnois dioica** Bunge	15.华北分布
栉叶蒿属	**Neopallasia** Poljak.	g13–1.中亚东部（亚洲中部）分布
174. 栉叶蒿	**Neopallasia pectinata** (Pall.) Poljak.	7.温带亚洲分布
蝟菊属	**Olgaea** Iljin	g11.温带亚洲分布
175. 鳍蓟	**Olgaea leucophylla** (Turcz.) Iljin	15–2.华北—蒙古草原分布
176. 蝟菊	**Olgaea lomonosowii** (Trautv.) Iljin	15–2.华北—蒙古草原分布
蜂斗菜属	**Petasites** Mill.	g8.北温带分布
177. 长白蜂斗菜	**Petasites saxatilis** (Turcz.) Kom.	14–2.中国东北—达乌里分布
178. 掌叶蜂斗菜	**Petasites tetewakianus** Kitam.	6–1.东亚—北美分布
毛连菜属	**Picris** L.	g10.旧世界温带分布
179. 兴安毛连菜	**Picris dahurica** Fisch. ex Hornem.	7.温带亚洲分布
福王草属	**Prenanthes** L.	g10.旧世界温带分布

180. 槭叶福王草	**Prenanthes acerifolia** (Maxim.) Matsum.	10.中国—日本分布
181. 琴叶福王草	**Prenanthes blinii** (Levl.) Kitag.	14.东北分布
182. 福王草	**Prenanthes tatarinowii** Maxim.	11.中国东部分布
祁州漏芦属	**Rhaponticum** Ludw.	g10-1.地中海区、西亚（或中亚）和东亚间断分布
183. 祁州漏芦	**Rhaponticum uniflorum** (L.) DC.	8.东亚分布
风毛菊属	**Saussurea** DC.	g8.北温带分布
184. 密花风毛菊	**Saussurea acuminata** Turcz. ex Fisch.	19.达乌里—蒙古分布
185. 草地风毛菊	**Saussurea amara** DC.	5.旧世界温带分布
186. 龙江风毛菊	**Saussurea amurensis** Turcz. ex DC.	3-1.东部西伯利亚分布
187. 京风毛菊	**Saussurea chinnampoensis** Levl. et Vant.	13.华北—朝鲜分布
188. 达乌里风毛菊	**Saussurea daurica** Adams	18.阿尔泰—蒙古—达乌里分布
189. 北风毛菊	**Saussurea discolor** (Willd.) DC.	5.旧世界温带分布
190. 卵叶风毛菊	**Saussurea grandifolia** Maxim.	14.东北分布
191. 紫苞风毛菊	**Saussurea iodostegia** Hance	15.华北分布
192. 风毛菊	**Saussurea japonica** (Thunb.) DC.	10.中国—日本分布
193. 岩风毛菊	**Saussurea komaroviana** Lipsch.	14.东北分布
194. 东北风毛菊	**Saussurea manshurica** Kom.	14.东北分布
195. 羽叶风毛菊	**Saussurea maximowoczii** Herd.	10.中国—日本分布
196. 蒙古风毛菊	**Saussurea mongolica** Maxim.	15.华北分布
197. 齿叶风毛菊	**Saussurea neo-serrata** Nakai	14-2.中国东北—达乌里分布
198. 银背风毛菊	**Saussurea nivea** Turcz.	12.东北—华北分布
199. 齿苞风毛菊	**Saussurea odontolepis** (Herd.) Sch.-Bip. ex Herd.	12.东北—华北分布
200. 小花风毛菊	**Saussurea parviflora** (Poiret) DC.	3.西伯利亚分布
201. 羽苞风毛菊	**Saussurea pectinata** Bunge ex DC.	15.华北分布
202. 球花风毛菊	**Saussurea pulchella** Fisch. ex DC.	14-2.中国东北—达乌里分布
203. 折苞风毛菊	**Saussurea recurvata** (Maxim.) Lipsch.	14.东北分布
204. 碱地风毛菊	**Saussurea runcinata** DC.	19.达乌里—蒙古分布
205. 柳叶风毛菊	**Saussurea salicifolia** (L.) DC.	3-1.东部西伯利亚分布
206. 卷苞风毛菊	**Saussurea sclerolepis** Nakai et Kitag.	15.华北分布
207. 林风毛菊	**Saussurea sinuata** Kom.	14.东北分布
208. 亚毛苞风毛菊	**Saussurea subtriangulata** Kom.	14.东北分布
209. 长白风毛菊	**Saussurea tenerifolia** Kitag.	14.东北分布
210. 高岭风毛菊	**Saussurea tomentosa** Kom.	14.东北分布
211. 毛苞风毛菊	**Saussurea triangulata** Trautv. et C. A. Mey.	14.东北分布

212. 山风毛菊	**Saussurea umbrosa** Kom.	3–1.东部西伯利亚分布
213. 乌苏里风毛菊	**Saussurea ussuriensis** Maxim.	10.中国—日本分布
鸦葱属	**Scorzonera** L.	g10–1.地中海区、西亚（或中亚）和东亚间断分布
214. 笔管草	**Scorzonera albicaulis** Bunge	8.东亚分布
215. 丝叶鸦葱	**Scorzonera curvata** (Popl.) Lipsch.	19.达乌里—蒙古分布
216. 鸦葱	**Scorzonera glabra** Rupr.	5.旧世界温带分布
217. 东北鸦葱	**Scorzonera manshurica** Nakai	15–2.华北—蒙古草原分布
218. 蒙古鸦葱	**Scorzonera mongolica** Maxim.	7.温带亚洲分布
219. 狭叶鸦葱	**Scorzonera radiata** Fisch. ex Ledeb.	2–3.亚洲温带—北极分布
220. 桃叶鸦葱	**Scorzonera sinensis** Lipsch.	15.华北分布
千里光属	**Senecio** L.	g1.世界分布
221. 大花千里光	**Senecio ambraceus** Turcz. ex DC.	3–1.东部西伯利亚分布
222. 羽叶千里光	**Senecio argunensis** Turcz.	10.中国—日本分布
223. 麻叶千里光	**Senecio cannabifolius** Less.	3–1.东部西伯利亚分布
224. 黄菀	**Senecio nemorensis** L.	2–1.旧世界温带—北极分布
225. 欧洲千里光	**Senecio vulgaris** L.	5.旧世界温带分布
绢蒿属	**Seriphidium** (Bess.) Poljak.	g8.北温带分布
226. 东北蛔蒿	**Seriphidium finitum** (Kitag.) Linget Y. R. Ling	20.蒙古草原分布
麻花头属	**Serratula** L.	g10.旧世界温带分布
227. 麻花头	**Serratula centauroides** L.	19.达乌里—蒙古分布
228. 伪泥胡菜	**Serratula coronata** L.	5.旧世界温带分布
229. 钟苞麻花头	**Serratula cupuliformis** Nakai et Kitag.	15.华北分布
230. 尖叶麻花头	**Serratula hayatae** Nakai	14.东北分布
231. 薄叶麻花头	**Serratula marginata** Tausch.	3.西伯利亚分布
232. 多花麻花头	**Serratula polycephala** Iljin	15.华北分布
233. 草地麻花头	**Serratula yamatsutana** Kitag.	20.蒙古草原分布
豨莶属	**Sigesbeckia** L.	g2.泛热带分布
234. 光豨莶	**Siegesbeckia glabrescens** Makino	10.中国—日本分布
235. 毛豨莶	**Siegesbeckia pubescens** (Makino) Makino	5.旧世界温带分布
华千里光属	**Sinosenecio** B. Nord.	g14.东亚分布
236. 朝鲜华千里光	**Sinosenecio koreanus** (Kom.) B. Nord.	14.东北分布
一枝黄花属	**Solidago** L.	g8.北温带分布
237. 兴安一枝黄花	**Solidago virgaurea** L. var. **dahurica** Kitag.	3–1.东部西伯利亚分布
苦苣菜属	**Sonchus** L.	g8.北温带分布

238. 续断菊	**Sonchus asper** (L.) Hill.	4.北温带分布
239. 苣荬菜	**Sonchus brachyotus** DC.	7.温带亚洲分布
240. 苦苣菜	**Sonchus oleraceus** L.	1.世界分布
合苞菊属	**Symphyllocarpus** Maxim.	g11.温带亚洲分布
241. 合苞菊	**Symphyllocarpus exilis** Maxim.	14.东北分布
兔儿伞属	**Syneilesis** Maxim.	g14-1.中国—喜马拉雅分布
242. 兔儿伞	**Syneilesis aconitifolia** (Bunge) Maxim.	11.中国东部分布
山牛蒡属	**Synurus** Iljin	g11.温带亚洲分布
243. 山牛蒡	**Synurus deltoides** (Ait.) Nakai	10.中国—日本分布
菊蒿属	**Tanacetum** Linn.	g8.北温带分布
244. 菊蒿	**Tanacetum vulgare** L.	2.北温带—北极分布
蒲公英属	**Taraxacum** Wigg.	g8.北温带分布
245. 丹东蒲公英	**Taraxacum antungense** Kitag.	15.华北分布
246. 戟片蒲公英	**Taraxacum asiaticum** Dahl.	12.东北—华北分布
247. 芥叶蒲公英	**Taraxacum brassicaefolium** Kitag.	12.东北—华北分布
248. 朝鲜蒲公英	**Taraxacum coreanum** Nakai	14.东北分布
249. 红梗蒲公英	**Taraxacum erythopodium** Kitag.	12-1.东北—华北—蒙古草原分布
250. 兴安蒲公英	**Taraxacum falcilobum** Kitag.	20.蒙古草原分布
251. 台湾蒲公英	**Taraxacum formosanum** Kitam.	10.中国—日本分布
252. 异苞蒲公英	**Taraxacum heterolepis** Nakai	14.东北分布
253. 长春蒲公英	**Taraxacum junpeianum** Nakai	14.东北分布
254. 光苞蒲公英	**Taraxacum lamprolepis** Kitag.	14.东北分布
255. 辽东蒲公英	**Taraxacum liaotungense** Kitag.	12.东北—华北分布
256. 蒙古蒲公英	**Taraxacum mongolicum** Hand.-Mazz.	7.温带亚洲分布
257. 东北蒲公英	**Taraxacum ohwianum** Kitam.	14-4.东北—蒙古草原分布
258. 白缘蒲公英	**Taraxacum platypecidum** Diels	10.中国—日本分布
259. 白花蒲公英	**Taraxacum pseudo-albidum** Kitag.	12.东北—华北分布
260. 华蒲公英	**Taraxacum sinicum** Kitag.	8.东亚分布
261. 凸尖蒲公英	**Taraxacum sinomongolicum** Kitag.	15-2.华北—蒙古草原分布
262. 卷苞蒲公英	**Taraxacum urbanum** Kitag.	15.华北分布
263. 斑叶蒲公英	**Taraxacum variegatum** Kitag.	21-1.俄罗斯远东区—东北平原分布
狗舌草属	**Tephroseris** (Rchb.) Rehb.	g8.北温带分布
264. 狗舌草	**Tephroseris campestris** (Rutz.) Rchb.	2-1.旧世界温带—北极分布
265. 红轮狗舌草	**Tephroseris flammea** (Turcz. ex DC.) Holub.	3-1.东部西伯利亚分布

266. 湿生狗舌草	**Tephroseris palustris** (L.) Four.	2–1.旧世界温带—北极分布
267. 长白狗舌草	**Tephroseris phoeantha** (Nakai) C. Juffrey et Y. L. Chen	14.东北分布
268. 尖齿狗舌草	**Tephroseris subdentata** (Bunge) Holub	7.温带亚洲分布
婆罗门参属	**Tragopogon** L.	g10–3.欧亚和南部非洲（有时也在大洋洲）间断分布
269. 远东婆罗门参	**Tragopogon orientalis** L.	5.旧世界温带分布
三肋果属	**Tripleurospermum** Sch. -Bip.	g8.北温带分布
270. 三肋果	**Tripleurospermum limosum** (Maxim.) Pobed.	10.中国—日本分布
271. 东北三肋果	**Tripleurospermum tetragonospermum** (Fr. Schmidt) Pobed.	
		2–3.亚洲温带—北极分布
碱菀属	**Tripolium** Nees	g8.北温带分布
272. 碱菀	**Tripolium vulgare** Nees	4.北温带分布
女菀属	**Turczaninowia** DC.	g11.温带亚洲分布
273. 女菀	**Turczaninowia fastigiata** (Fisch.) DC.	10.中国—日本分布
蟛蜞菊属	**Wedelia** Jacq.	g2.泛热带分布
274. 卤地菊	**Wedelia prostrata** (Hook. et Arn.) Hemsl.	22–3.亚洲温带—热带分布
苍耳属	**Xanthium** L.	g1.世界分布
275. 蒙古苍耳	**Xanthium mongolicum** Kitag.	20.蒙古草原分布
276. 苍耳	**Xanthium sibiricum** Patin ex Willd.	22–3.亚洲温带—热带分布
黄鹌菜属	**Youngia** Cass.	g14.东亚分布
277. 碱黄鹌菜	**Youngia stenoma** (Turcz.) Ledeb.	19.达乌里—蒙古分布
278. 细叶黄鹌菜	**Youngia tenuifolia** (Willd.) Babc. et Stebb.	3.西伯利亚分布

一三二、泽泻科　**Alismataceae**　　　　　　　　　　　　f1.世界广布

泽泻属	**Alisma** L.	g8.北温带分布
1. 草泽泻	**Alisma gramineum** Lej.	5.旧世界温带分布
2. 泽泻	**Alisma orientale** (Sam.) Juz.	22–3.亚洲温带—热带分布
泽苔草属	**Caldesia** Parl.	g4.旧世界热带分布
3. 北泽苔草	**Caldesia parnassifolia** (Bassi ex L.) Parl.	5.旧世界温带分布
4. 泽苔草	**Caldesia reniformis** (D. Don) Makino	24.旧世界热带分布
慈菇属	**Sagittaria** L.	g8–4.北温带和南温带间断分布
5. 小慈菇	**Sagittaria natans** Pall.	5.旧世界温带分布
6. 三裂慈菇	**Sagittaria trifolia** L.	22–3.亚洲温带—热带分布

一三三、花蔺科　**Butomaceae**　　　　　　　　　　　　f8.北温带分布

花蔺属	**Butomus** L.	g10.旧世界温带分布
1. 花蔺	**Butomus umbellatus** L.	5.旧世界温带分布

一三四、水鳖科 Hydrocharitaceae　　　　　f1.世界广布

簧藻属	**Blyxa** Noronha ex Thou	g4.旧世界热带分布
1. 水筛	**Blyxa japonica** (Miq.) Maxim. ex Aschers. et Gurke	22-3.亚洲温带—热带分布
黑藻属	**Hydrilla** Rich.	g5.热带亚洲至热带大洋洲分布
2. 黑藻	**Hydrilla verticillata** (L. f.) Royle	22-1.旧世界温带—热带分布
水鳖属	**Hydrocharis** L.	g4-1.热带亚洲、非洲(或东非、马达加斯加)和大洋洲间断分布
3. 水鳖	**Hydrocharis dubia** (Blume) Back.	25.热带亚洲—热带大洋洲分布
水车前属	**Ottelia** Pers.	g2.泛热带分布
4. 水车前	**Ottelia alismoides** (L.) Pers.	24.旧世界热带分布
苦草属	**Vallisneria** L.	g2.泛热带分布
5. 苦草	**Vallisneria spiralis** L.	1.世界分布

一三五、芝菜科 Scheuchzeriaceae　　　f8-1.环极(环北极，环两极)分布

芝菜属	**Scheuchzeria** L.	g8-1.环北极分布
1. 芝菜	**Scheuchzeria palustris** L.	4.北温带分布

一三六、水麦冬科　Juncaginaceae　　　　　f1.世界广布

水麦冬属	**Triglochin** L.	g1.世界分布
1. 亚海韭菜	**Triglochin asiaticum** (Kitag.) Love et Love	10-1.中国东北—日本中北部分布
2. 海韭菜	**Triglochin maritimum** L.	1.世界分布
3. 水麦冬	**Triglochin palustre** L.	4.北温带分布

一三七、眼子菜科　Potamogetonaceae　　　　f1.世界广布

眼子菜属	**Potamogeton** L.	g1.世界分布
1. 柳叶眼子菜	**Potamogeton compressus** L.	4.北温带分布
2. 菹草	**Potamogeton crispus** L.	1.世界分布
3. 突果眼子菜	**Potamogeton cristatus** Regel et Maack	10.中国—日本分布
4. 眼子菜	**Potamogeton distinctus** A. Benn.	8.东亚分布
5. 异叶眼子菜	**Potamogeton gramineus** L.	4.北温带分布
6. 光叶眼子菜	**Potamogeton lucens** L.	4.北温带分布
7. 微齿眼子菜	**Potamogeton maackianus** A. Benn.	8.东亚分布

8. 竹叶眼子菜	**Potamogeton malaianus** Miq.	22-3.亚洲温带—热带分布
9. 东北眼子菜	**Potamogeton mandshuriensis** A. Benn.	20-1.俄罗斯远东区—蒙古草原分布
10. 小浮叶眼子菜	**Potamogeton mizuhikimo** Makino	10-1.中国东北—日本中北部分布
11. 浮叶眼子菜	**Potamogeton natans** L.	4.北温带分布
12. 钝头眼子菜	**Potamogeton obtusifolius** Mert. et Koch	4.北温带分布
13. 尖叶眼子菜	**Potamogeton oxyphyllus** Miq.	8.东亚分布
14. 篦齿眼子菜	**Potamogeton pectinatus** L.	1.世界分布
15. 穿叶眼子菜	**Potamogeton perfoliatus** L.	1.世界分布
16. 小眼子菜	**Potamogeton pussillus** L.	1.世界分布
川蔓藻属	**Ruppia** L.	g1.世界分布
17. 川蔓藻	**Ruppia maritima** L.	1.世界分布
角果藻属	**Zannichellia** L.	g1.世界分布
18. 角果藻	**Zannichellia palustris** L.	1.世界分布

一三八、大叶藻科　Zosteraceae

f8-4.北温带和南温带间断分布

虾海藻属	**Phyllospadix** Hook.	g9.东亚和北美洲间断分布
1. 虾海藻	**Phyllospadix japonicus** Makino	10.中国—日本分布
大叶藻属	**Zostera** L.	g1.世界分布
2. 宽叶大叶藻	**Zostera asiatica** Miki	10.中国—日本分布
3. 丛生大叶藻	**Zostera caespitosa** Miki	10.中国—日本分布
4. 矮大叶藻	**Zostera japonica** Asch. et Graebn.	10.中国—日本分布
5. 大叶藻	**Zostera marina** L.	4.北温带分布

一三九、茨藻科　Najadaceae

f1.世界广布

茨藻属	**Najas** L.	g1.世界分布
1. 细叶茨藻	**Najas graminea** Del.	22-1.旧世界温带—热带分布
2. 丝叶茨藻	**Najas japonica** Nakai	10-1.中国东北—日本中北部分布
3. 茨藻	**Najas marina** L.	1.世界分布
4. 小茨藻	**Najas minor** All.	1.世界分布

一四〇、百合科　Liliaceae

f8.北温带分布

葱属	**Allium** L.	g8.北温带分布
1. 阿尔泰葱	**Allium altaicum** Pall.	18.阿尔泰—蒙古—达乌里分布
2. 砂韭	**Allium bidentatum** Fisch. ex Prokh.	19.达乌里—蒙古分布

3. 黄花葱	**Allium condensatum** Turcz.	12-1.东北—华北—蒙古草原分布
4. 天蓝韭	**Allium cyaneum** Regel	11-1.中国东部—西部分布
5. 硬皮葱	**Allium ledebourianum** Roem.	19.达乌里—蒙古分布
6. 白头韭	**Allium leucocephalum** Turcz.	19.达乌里—蒙古分布
7. 薤白	**Allium macrostemon** Bunge	8.东亚分布
8. 单花韭	**Allium monanthum** Maxim.	10.中国—日本分布
9. 蒙古韭	**Allium mongolicum** Regel	20.蒙古草原分布
10. 长梗韭	**Allium neriniflorum** Baker	19.达乌里—蒙古分布
11. 碱韭	**Allium polyrhizum** Turcz. ex Regel	17.中亚分布
12. 蒙古野韭	**Allium prostratum** Trevir.	3-1.东部西伯利亚分布
13. 野韭	**Allium ramosum** L.	7.温带亚洲分布
14. 北葱	**Allium schoenoprasum** L.	2.北温带—北极分布
15. 山韭	**Allium senescens** L.	5.旧世界温带分布
16. 辉韭	**Allium strictum** Schrad.	5.旧世界温带分布
17. 细叶韭	**Allium tenuissimum** L.	7.温带亚洲分布
18. 球序韭	**Allium thunbergii** G. Don	10.中国—日本分布
19. 茖葱	**Allium victorialis** L.	22.北温带—热带分布
知母属	**Anemarrhena** Bunge	g15.中国特有分布
20. 知母	**Anemarrhena asphodeloides** Bunge	12-1.东北—华北—蒙古草原分布
天门冬属	**Asparagus** L.	g4.旧世界热带分布
21. 攀援天门冬	**Asparagus brachyphyllus** Turcz.	5.旧世界温带分布
22. 兴安天门冬	**Asparagus dauricus** Fisch. ex Link	19.达乌里—蒙古分布
23. 长花天门冬	**Asparagus longiflorus** Franch.	15.华北分布
24. 南玉带	**Asparagus oligoclonos** Maxim.	10.中国—日本分布
25. 龙须菜	**Asparagus schoberioides** Kunth	10.中国—日本分布
26. 曲枝天门冬	**Asparagus trichophyllus** Bunge	15-2.华北—蒙古草原分布
七筋姑属	**Clintonia** Raf.	g9.东亚和北美洲间断分布
27. 七筋姑	**Clintonia udensis** Trautv. et C. A. Mey.	22-3.亚洲温带—热带分布
铃兰属	**Convallaria** L.	g8.北温带分布
28. 铃兰	**Convallaria keiskei** Miq.	7.温带亚洲分布
万寿竹属	**Disporum** Salisb.	g9.东亚和北美洲间断分布
29. 黄花宝铎草	**Disporum flavens** Kitag.	12.东北—华北分布
30. 金刚草	**Disporum ovale** Ohwi	14.东北分布
31. 宝珠草	**Disporum viridescens** (Maxim.) Nakai	10-1.中国东北—日本中北部分布

猪牙花属	**Erythronium** L.	g8.北温带分布
32. 猪牙花	**Erythronium japonicum** Decne.	10-1.中国东北—日本中北部分布
贝母属	**Fritillaria** L.	g8.北温带分布
33. 轮叶贝母	**Fritillaria maximowiczii** Freyn	14-2.中国东北—达乌里分布
34. 平贝母	**Fritillaria ussuriensis** Maxim.	14.东北分布
顶冰花属	**Gagea** Salisb.	g10.旧世界温带分布
35. 小顶冰花	**Gagea hiensis** Pasch.	12.东北—华北分布
36. 朝鲜顶冰花	**Gagea lutea** (L.) Ker-Gawl. var. **nakaiana** (Kitag.) Q. S. Sun	14.东北分布
37. 少花顶冰花	**Gagea pauciflora** Turcz.	7.温带亚洲分布
38. 三花顶冰花	**Gagea triflora** (Ledeb.) Roem. et Schult.	10.中国—日本分布
萱草属	**Hemerocallis** L.	g10.旧世界温带分布
39. 朝鲜萱草	**Hemerocallis coreana** Nakai	13.华北—朝鲜分布
40. 小萱草	**Hemerocallis dumortieri** Morr.	14-1.中国东北—俄罗斯远东区分布
41. 北黄花菜	**Hemerocallis lilio-asphodelus** L.	5.旧世界温带分布
42. 大苞萱草	**Hemerocallis middendorfii** Trautv. et C. A. Mey.	14-1.中国东北—俄罗斯远东区分布
43. 小黄花菜	**Hemerocallis minor** Mill.	3.西伯利亚分布
玉簪属	**Hosta** Tratt.	g14-2.中国—日本分布
44. 东北玉簪	**Hosta ensata** F. Maekawa	14.东北分布
百合属	**Lilium** L.	g8.北温带分布
45. 朝鲜百合	**Lilium amabile** Palib.	12.东北—华北分布
46. 条叶百合	**Lilium callosum** Sieb. et Zucc.	10.中国—日本分布
47. 垂花百合	**Lilium cernum** Kom.	14.东北分布
48. 渥丹	**Lilium concolor** Salisb.	12.东北—华北分布
49. 毛百合	**Lilium dauricum** Ker-Gawl.	3-1.东部西伯利亚分布
50. 东北百合	**Lilium distichum** Nakai	14.东北分布
51. 竹叶百合	**Lilium hansonii** Leichtlin ex Baker	14.东北分布
52. 卷丹	**Lilium lancifolium** Thunb.	10.中国—日本分布
53. 大花卷丹	**Lilium leichtlinii** Hook. f. var. **maximowiczii** (Regel) Baker	10.中国—日本分布
54. 大花百合	**Lilium megalanthum** (Wanget Tang) Q. S. Sun	14.东北分布
55. 山丹	**Lilium pumilum** DC.	3-1.东部西伯利亚分布
山麦冬属	**Liriope** Lour.	g14.东亚分布
56. 矮小山麦冬	**Liriope minor** (Maxim.) Makino	10.中国—日本分布
57. 山麦冬	**Liriope spicata** (Thunb.) Lour.	8.东亚分布
洼瓣花属	**Lloydia** Salisb.	g8.北温带分布

58. 洼瓣花	**Lloydia serotina** (L.) Rchb.	2-4.北极—高山分布
舞鹤草属	**Maianthemum** web.	g8.北温带分布
59. 二叶舞鹤草	**Maianthemum bifolium** (L.) F. W. Schmidt	5.旧世界温带分布
60. 舞鹤草	**Maianthemum dilatatum** Nelson.	6-1.东亚—北美分布
重楼属	**Paris** L.	g10.旧世界温带分布
61. 四叶重楼	**Paris quadrifolia** L.	5.旧世界温带分布
62. 北重楼	**Paris verticillata** M.-Bieb.	10.中国—日本分布
黄精属	**Polygonatum** Mill.	g8.北温带分布
63. 五叶黄精	**Polygonatum acuminatifolium** Kom.	12.东北—华北分布
64. 长苞黄精	**Polygonatum desoulavyi** Kom.	10-1.中国东北—日本中北部分布
65. 毛筒玉竹	**Polygonatum inflatum** Kom.	10-1.中国东北—日本中北部分布
66. 小玉竹	**Polygonatum humile** Fisch. ex Maxim.	3.西伯利亚分布
67. 二苞黄精	**Polygonatum involucratum** Maxim.	10.中国—日本分布
68. 热河黄精	**Polygonatum macropodium** Turcz.	12.东北—华北分布
69. 玉竹	**Polygonatum odoratum** (Mill.) Druce	5.旧世界温带分布
70. 黄精	**Polygonatum sibiricum** Redoute	7.温带亚洲分布
71. 狭叶黄精	**Polygonatum stenophyllum** Maxim.	12.东北—华北分布
绵枣儿属	**Scilla** L.	g10-3.欧亚和南部非洲（有时也在大洋洲）间断分布
72. 绵枣儿	**Scilla sinensis** (Lour.) Merr.	8.东亚分布
鹿药属	**Smilacina** Desf.	g9.东亚和北美洲间断分布
73. 兴安鹿药	**Smilacina davurica** Turcz.	3-1.东部西伯利亚分布
74. 鹿药	**Smilacina japonica** A. Gray	10.中国—日本分布
75. 三叶鹿药	**Smilacina trifolia** Desf.	3.西伯利亚分布
菝葜属	**Smilax** L.	g2.泛热带分布
76. 菝葜	**Smilax china** L.	22-3.亚洲温带—热带分布
77. 白背牛尾菜	**Smilax nipponica** Miq.	10.中国—日本分布
78. 牛尾菜	**Smilax riparia** A. DC.	10.中国—日本分布
79. 华东菝葜	**Smilax sieboldii** Miq.	10.中国—日本分布
扭柄花属	**Streptopus** Michx.	g8.北温带分布
80. 丝梗扭柄花	**Streptopus streptopoides** (Ledeb.) Frye et Rigg. var. **koreanus** (Kom.) Kitam.	14.东北分布
岩菖蒲属	**Tofieldia** Huds.	g8.北温带分布
81. 长白岩菖蒲	**Tofieldia coccinea** Richards.	6.亚洲—北美分布
延龄草属	**Trillium** L.	g9.东亚和北美洲间断分布

82. 吉林延龄草	**Trillium camschatcens** Ker-Gawl.	14–1.中国东北—俄罗斯远东区分布
郁金香属	**Tulipa** L.	g10.旧世界温带分布
83. 老鸦瓣	**Tulipa edulils** (Miq.) Baker	10.中国—日本分布
藜芦属	**Veratrum** L.	g8.北温带分布
84. 兴安藜芦	**Veratrum dahuricum** (Turcz.) Loes. f.	14–2.中国东北—达乌里分布
85. 毛穗藜芦	**Veratrum maackii** Regel	10.中国—日本分布
86. 藜芦	**Veratrum nigrum** L.	5.旧世界温带分布
87. 尖被藜芦	**Veratrum oxysepalum** Turcz.	3–1.东部西伯利亚分布
棋盘花属	**Zigadenus** Michx.	g9.东亚和北美洲间断分布
88. 棋盘花	**Zigadenus sibiricus** (L.) A. Gray	7.温带亚洲分布

一四一、薯蓣科　Dioscoreaceae　　　　　　　　f2.泛热带分布

薯蓣属	**Dioscorea** L.	g2.泛热带分布
1. 穿龙薯蓣	**Dioscorea nipponica** Makino	10.中国—日本分布
2. 薯蓣	**Dioscorea opposita** Thunb.	8.东亚分布

一四二、雨久花科　Pontederiaceae　　　　　　f2.泛热带分布

雨久花属	**Monochoria** Presl	g4.旧世界热带分布
1. 雨久花	**Monochoria korsakowii** Regel et Maack	10.中国—日本分布
2. 鸭舌草	**Monochoria vaginalis** (Burm. f.) Presl	26.热带亚洲—热带非洲分布

一四三、鸢尾科　Iridaceae　f2–2.热带亚洲—热带非洲—热带美洲（南美洲）分布

射干属	**Belamcanda** Adans.	g14–1.中国—喜马拉雅分布
1. 射干	**Belamcanda chinensis** (L.) DC.	22–3.亚洲温带—热带分布
鸢尾属	**Iris** L.	g8.北温带分布
2. 中亚鸢尾	**Iris bloudowii** Ledeb.	7.温带亚洲分布
3. 野鸢尾	**Iris dichotoma** Pall.	19.达乌里—蒙古分布
4. 玉蝉花	**Iris ensata** Thunb.	10.中国—日本分布
5. 黄金鸢尾	**Iris flavissima** Pall.	5.旧世界温带分布
6. 矮鸢尾	**Iris kobayashii** Kitag.	15.华北分布
7. 白花马蔺	**Iris lactea** Pall.	17–1.中亚东部分布
8. 燕子花	**Iris laevigata** Fisch. et C. A. Mey.	3–1.东部西伯利亚分布
9. 乌苏里鸢尾	**Iris maackii** Maxim.	14.东北分布
10. 长白鸢尾	**Iris mandshurica** Maxim.	12.东北—华北分布

11. 小黄花鸢尾	*Iris minutoaurea* Makino	15.华北分布
12. 长尾鸢尾	*Iris rossii* Baker	10-1.中国东北—日本中北部分布
13. 紫苞鸢尾	*Iris ruthenica* Ker-Gawl.	7.温带亚洲分布
14. 溪荪	*Iris sanguinea* Donn ex Horn.	10.中国—日本分布
15. 山鸢尾	*Iris setosa* Pall. ex Link	3-1.东部西伯利亚分布
16. 细叶鸢尾	*Iris tenuifolia* Pall.	17.中亚分布
17. 粗根鸢尾	*Iris tigridia* Bunge	3-1.东部西伯利亚分布
18. 北陵鸢尾	*Iris typhifolia* Kitag.	20.蒙古草原分布
19. 单花鸢尾	*Iris uniflora* Pall. ex Link	14-2.中国东北—达乌里分布
20. 囊花鸢尾	*Iris ventricosa* Pall.	19.达乌里—蒙古分布

一四四、灯心草科　Juncaceae

		f8-4.北温带和南温带间断分布
灯心草属	**Juncus** L.	g1.世界分布
1. 长苞灯心草	**Juncus brachyspathus** Maxim.	5.旧世界温带分布
2. 小灯心草	**Juncus bufonius** L.	4.北温带分布
3. 栗花灯心草	**Juncus castaneus** Smith	2.北温带—北极分布
4. 灯心草	**Juncus effusus** L.	1.世界分布
5. 细灯心草	**Juncus gracillimus** V. Krecz. et Gontsch.	10.中国—日本分布
6. 滨灯心草	**Juncus haenkei** E. Mey.	2-2.亚洲—北美—北极分布
7. 短喙灯心草	**Juncus krameri** Franch. et Sav.	10-1.中国东北—日本中北部分布
8. 长白灯心草	**Juncus maximowiczii** Buch.	10-1.中国东北—日本中北部分布
9. 乳头灯心草	**Juncus papillosus** Franch. et Sav.	10.中国—日本分布
10. 北亚灯心草	**Juncus schischkinii** Kryl. et Sumn.	3-1.东部西伯利亚分布
11. 洮南灯心草	**Juncus taonanensis** Satake et Kitag.	14-4.东北—蒙古草原分布
12. 贴苞灯心草	**Juncus triglumis** L.	2-1.旧世界温带—北极分布
13. 尖被灯心草	**Juncus turczaninowii** (Buch.) Freyn	19.达乌里—蒙古分布
14. 针灯心草	**Juncus wallichianus** Laharpe	10.中国—日本分布
地杨梅属	**Luzula** DC.	g1.世界分布
15. 地杨梅	**Luzula capitata** (Miq.) Nakai	14-1.中国东北—俄罗斯远东区分布
16. 多花地杨梅	**Luzula multiflora** (Retz.) Lej.	5.旧世界温带分布
17. 长白地杨梅	**Luzula oligantha** Sam.	10.中国—日本分布
18. 淡花地杨梅	**Luzula pallescens** Swartz	5.旧世界温带分布
19. 火红地杨梅	**Luzula rufescens** Fisch. ex E. Mey.	3-1.东部西伯利亚分布
20. 西伯利亚地杨梅	**Luzula sibirica** V. Krecz.	4.北温带分布

21. 云间地杨梅　　**Luzula wahlenbergii** Rupr.　　　　　2-4.北极—高山分布

一四五、鸭跖草科　Commelinaceae　　　　　　　f2.泛热带分布
鸭跖草属　　　　**Commelina** L.　　　　　　　　g2.泛热带分布
1. 鸭跖草　　　　**Commelina communis** L.　　　　22-3.亚洲温带—热带分布
水竹叶属　　　　**Murdannia** Royle　　　　　　g4.旧世界热带分布
2. 疣草　　　　　**Murdannia keisak** (Hassk.) Hand.-Mazz.　　10.中国—日本分布
竹叶子属　　　　**Streptolirion** Edgew.　　　　g14-1.中国—喜马拉雅分布
3. 竹叶子　　　　**Streptolirion volubile** Edgew.　　22-3.亚洲温带—热带分布

一四六、谷精草科　Eriocaulaceae　　　　　　　f2.泛热带分布
谷精草属　　　　**Eriocaulon** L.　　　　　　　　g2.泛热带分布
1. 黑谷精草　　　**Eriocaulon atrum** Nakai　　14-1.中国东北—俄罗斯远东区分布
2. 长苞谷精草　　**Eriocaulon decemflorum** Maxim.　　10.中国—日本分布
3. 宽叶谷精草　　**Eriocaulon robustius** (Maxim.) Makino　　10.中国—日本分布
4. 乌苏里谷精草　**Eriocaulon ussuriensis** Koern. ex Regel　　14.东北分布

一四七、禾本科　Gramineae　　　　　　　　f1.世界广布
芨芨草属　　　　**Achnatherum** Beauv.　　　　g10.旧世界温带分布
1. 燕麦芨芨草　　**Achnatherum avinoide** (Honda) Chang　　20.蒙古草原分布
2. 远东芨芨草　　**Achnatherum extremiorientale** (Hara) Keng　10-2.中国—日本—蒙古草原分布
3. 朝阳芨芨草　　**Achnatherum nakai** (Honda) Tateoka　　15-2.华北—蒙古草原分布
4. 京芒草　　　　**Achnatherum pekinense** (Hance) Ohwi　　15.华北分布
5. 毛颖芨芨草　　**Achnatherum pubicalyx** (Ohwi) Keng　　12.东北—华北分布
6. 羽茅　　　　　**Achnatherum sibiricum** (L.) Keng　　22-3.亚洲温带—热带分布
7. 芨芨草　　　　**Achnatherum splendens** (Trin.) Nevski　　7.温带亚洲分布
獐毛属　　　　　**Aeluropus** Trin.　　　g12.地中海区、西亚至中亚分布
8. 獐毛　　　　　**Aeluropus littoralis** Parl. var. **sinensis** Debeaux　　11-1.中国东部—西部分布
冰草属　　　　　**Agropyron** Gaertn.　g8-6.地中海、东亚、新西兰和墨西哥—智利间断分布
9. 冰草　　　　　**Agropyron cristatum** (L.) Gaertn.　　5.旧世界温带分布
10. 沙芦草　　　　**Agropyron mongolicum** Keng　　15-2.华北—蒙古草原分布
剪股颖属　　　　**Agrostis** L.　　　　　　　　g1.世界分布
11. 华北剪股颖　　**Agrostis clavata** Trin.　　　5.旧世界温带分布
12. 多枝剪股颖　　**Agrostis divaricatissima** Mez　　19.达乌里—蒙古分布

13. 小糠草	**Agrostis gigantea** Roth	4.北温带分布
14. 巨药剪股颖	**Agrostis macranthera** Changet Skv.	14-4.东北—蒙古草原分布
15. 西伯利亚剪股颖	**Agrostis sibirica** V. Petr.	3-1.东部西伯利亚分布
16. 匍茎剪股颖	**Agrostis stolonifera** L.	4.北温带分布
17. 芒剪股颖	**Agrostis trinii** Turcz.	3-1.东部西伯利亚分布
看麦娘属	**Alopecurus** L.	g8-5.欧亚和南美温带间断分布
18. 看麦娘	**Alopecurus aequalis** Sobol.	4.北温带分布
19. 苇状看麦娘	**Alopecurus arundinaceus** Poiret	2-1.旧世界温带—北极分布
20. 短穗看麦娘	**Alopecurus brachystachys** Bieb.	12-1.东北—华北—蒙古草原分布
21. 长芒看麦娘	**Alopecurus longiaristatus** Maxim.	14-1.中国东北—俄罗斯远东区分布
22. 大看麦娘	**Alopecurus pratensis** L.	2-1.旧世界温带—北极分布
黄花茅属	**Anthoxanthum** L.	g8.北温带分布
23. 日本黄花茅	**Anthoxanthum nipponicum** Honda	10-1.中国东北—日本中北部分布
三芒草属	**Aristida** L.	g2.泛热带分布
24. 三芒草	**Aristida adscensionis** L.	5.旧世界温带分布
荩草属	**Arthraxon** Beauv.	g6.热带亚洲至热带非洲分布
25. 荩草	**Arthraxon hispidus** (Thunb.) Makino	5.旧世界温带分布
野古草属	**Arundinella** Raddi	g8.北温带分布
26. 野古草	**Arundinella hirta** (Thunb.) Tanaka	10-2.中国—日本—蒙古草原分布
燕麦属	**Avena** L.	g8.北温带分布
27. 野燕麦	**Avena fatua** L.	4.北温带分布
菵草属	**Beckmannia** Host	g8.北温带分布
28. 菵草	**Beckmannia syzigachne** (Steud.) Fernald	1.世界分布
孔颖草属	**Bothriochloa** Kuntze	g2.泛热带分布
29. 白羊草	**Bothriochloa ischaemum** (L.) Keng	5.旧世界温带分布
短柄草属	**Brachypodium** Beauv.	g8.北温带分布
30. 东北短柄草	**Brachypodium manshuricum** Kitag.	15.华北分布
31. 兴安短柄草	**Brachypodium pinnatum** (L.) Beauv.	5.旧世界温带分布
雀麦属	**Bromus** L.	g8-4.北温带和南温带间断分布
32. 无芒雀麦	**Bromus inermis** Leyss.	5.旧世界温带分布
33. 雀麦	**Bromus japonicus** Thunb.	5.旧世界温带分布
34. 紧穗雀麦	**Bromus pumpellianus** Scribn.	2-2.亚洲—北美—北极分布
35. 旱雀麦	**Bromus tectorum** L.	5.旧世界温带分布
扁穗草属	**Brylkinia** Fr. Schmidt	g14-2.中国—日本分布

36. 扁穗草	**Brylkinia caudata** (Munro) Fr. Schmidt	8.东亚分布
拂子茅属	**Calamagrostis** Adans.	g8.北温带分布
37. 小叶章	**Calamagrostis angustifolia** Kom.	14-1.中国东北—俄罗斯远东区分布
38. 野青茅	**Calamagrostis arundinacea** (L.) Roth	5.旧世界温带分布
39. 疏穗野青茅	**Calamagrostis distantiflora** Lucc.	14.东北分布
40. 拂子茅	**Calamagrostis epigejos** (L.) Roth	5.旧世界温带分布
41. 耿氏拂子茅	**Calamagrostis kengii** T. F. Wang	14.东北分布
42. 大叶章	**Calamagrostis langsdorffii** (Link) Trin.	2.北温带—北极分布
43. 西伯利亚野青茅	**Calamagrostis lapponica** (Wahl.) Hartm.	2.北温带—北极分布
44. 大拂子茅	**Calamagrostis macrolepis** Litv.	5.旧世界温带分布
45. 忽略野青茅	**Calamagrostis neglecta** (Ehrh.) Gaertn., Mey. et Schreb.	2.北温带—北极分布
46. 假苇拂子茅	**Calamagrostis pseudophragmites** (Hall. f.) Koel.	22-1.旧世界温带—热带分布
47. 兴安野青茅	**Calamagrostis turczaninowii** Litv.	3-1.东部西伯利亚分布
细柄草属	**Capillipedium** Stapf	g4.旧世界热带分布
48. 细柄草	**Capillipedium parviflorum** (R. Br.) Stapf	24.旧世界热带分布
虎尾草属	**Chloris** Swartz	g2.泛热带分布
49. 虎尾草	**Chloris virgata** Swartz	1.世界分布
单蕊草属	**Cinna** L.	g8-5.欧亚和南美温带间断分布
50. 单蕊草	**Cinna latifolia** (Trev.) Griseb.	4.北温带分布
隐子草属	**Cleistogenes** Keng	g10.旧世界温带分布
51. 中华隐子草	**Cleistogenes chinensis** (Maxim.) Keng	11-1.中国东部—西部分布
52. 丛生隐子草	**Cleistogenes caespitosa** Keng	15-2.华北—蒙古草原分布
53. 北京隐子草	**Cleistogenes hancei** Keng	11.中国东部分布
54. 凌源隐子草	**Cleistogenes kitagawai** Honda	15.华北分布
55. 宽叶隐子草	**Cleistogenes nakai** (Keng) Honda	11.中国东部分布
56. 多叶隐子草	**Cleistogenes polyphylla** Keng	15-2.华北—蒙古草原分布
57. 糙隐子草	**Cleistogenes squarrosa** (Trin.) Keng	5.旧世界温带分布
莎禾属	**Coleanthus** Seidl.	g10.旧世界温带分布
58. 莎禾	**Coleanthus subtilis** (Tratt.) Seidel	4.北温带分布
隐花草属	**Crypsis** Ait.	g10.旧世界温带分布
59. 隐花草	**Crypsis aculeata** (L.) Aiton	5.旧世界温带分布
香茅属	**Cymbopogon** Spreng.	g6.热带亚洲至热带非洲分布
60. 橘草	**Cymbopogon goeringii** (Steud.) A. Camus	22-3.亚洲温带—热带分布
鸭茅属	**Dactylis** L.	g8.北温带分布

61. 鸭茅	**Dactylis glomerata** L.	5.旧世界温带分布
发草属	**Deschampsia** Beauv.	g8.北温带分布
62. 发草	**Deschampsia caespitosa** (L.) Beauv.	2.北温带—北极分布
龙常草属	**Diarrhena** Beauv.	g9.东亚和北美洲间断分布
63. 小果龙常草	**Diarrhena fauriei** (Hack.) Ohwi	10-1.中国东北—日本中北部分布
64. 龙常草	**Diarrhena manshurica** Maxim.	12.东北—华北分布
马唐属	**Digitaria** Hall.	g1.世界分布
65. 毛马唐	**Digitaria ciliaris** (Retz.) Koel.	1.世界分布
66. 止血马唐	**Digitaria ischaemum** (Schreb.) Schreb.	4.北温带分布
67. 马唐	**Digitaria sanguinalis** (L.) Scop.	1.世界分布
68. 紫马唐	**Digitaria violascens** Link	1.世界分布
双稃草属	**Diplachne** Beauv.	g2.泛热带分布
69. 双稃草	**Diplachne fusca** (L.) Beauv.	5.旧世界温带分布
稗属	**Echinochloa** Beauv.	g8.北温带分布
70. 野稗	**Echinochloa crusgalli** (L.) Beauv.	1.世界分布
穇属	**Eleusine** Gaertn.	g2.泛热带分布
71. 牛筋草	**Eleusine indica** (L.) Gaertn.	1.世界分布
披碱草属	**Elymus** L.	g8.北温带分布
72. 披碱草	**Elymus dahuricus** Turcz.	22-3.亚洲温带—热带分布
73. 肥披碱草	**Elymus excelsus** Turcz.	10.中国—日本分布
74. 圆柱披碱草	**Elymus franchetii** Kitag.	11-1.中国东部—西部分布
75. 老芒麦	**Elymus sibiricus** L.	4.北温带分布
偃麦草属	**Elytrigia** Desv.	g10.旧世界温带分布
76. 偃麦草	**Elytrigia repens** (L.) Desv. ex Nevski	4.北温带分布
冠芒草属	**Enneapogon** Desv.ex Beauv.	g8-4.北温带和南温带间断分布
77. 冠芒草	**Enneapogon boreale** (Griseb.) Honda	17.中亚分布
画眉草属	**Eragrostis** Wolf	g2.泛热带分布
78. 秋画眉草	**Eragrostis autumnalis** Keng	15.华北分布
79. 大画眉草	**Eragrostis cilianensis** (All.) Link	22.北温带—热带分布
80. 知风草	**Eragrostis ferruginea** (Thunb.) Beauv.	22-3.亚洲温带—热带分布
81. 无毛画眉草	**Eragrostis jeholensis** Honda	10.中国—日本分布
82. 小画眉草	**Eragrostis minor** Host.	22.北温带—热带分布
83. 画眉草	**Eragrostis pilosa** (L.) Beauv.	4.北温带分布
野黍属	**Eriochloa** Kunth	g2.泛热带分布

84. 野黍	**Eriochloa villosa** (Thunb.) Kunth	7.温带亚洲分布
	Festuca L.	g8.北温带分布
85. 矮羊茅	**Festuca airoides** Lam.	2.北温带—北极分布
86. 高山羊茅	**Festuca auriculata** Drob.	2-4.北极—高山分布
87. 达乌里羊茅	**Festuca dahurica** (St.-Yves) V. Krecz.et Bobr.	19.达乌里—蒙古分布
88. 远东羊茅	**Festuca extremiorientalis** Ohwi	7.温带亚洲分布
89. 雅库羊茅	**Festuca jacutica** Drob.	3-1.东部西伯利亚分布
90. 东亚羊茅	**Festuca litvinovii** (Tzvel.) E. Alexeev	19.达乌里—蒙古分布
91. 假沟羊茅	**Festuca mollissima** V. Krecz.	16-1.大兴安岭—俄罗斯远东区分布
92. 羊茅	**Festuca ovina** L.	2.北温带—北极分布
93. 草甸羊茅	**Festuca pratensis** Huds.	5.旧世界温带分布
94. 紫羊茅	**Festuca rubra** L.	2.北温带—北极分布
95. 珠芽羊茅	**Festuca vivipara** (L.) Smith	2-4.北极—高山分布
	Glyceria R.Br.	g1.世界分布
96. 散穗甜茅	**Glyceria effusa** Kitag.	14-3.东北—大兴安岭分布
97. 假鼠妇草	**Glyceria leptolepis** Ohwi	10.中国—日本分布
98. 小甜茅	**Glyceria leptorhiza** (Maxim.) Kom.	14-1.中国东北—俄罗斯远东区分布
99. 细弱甜茅	**Glyceria lithoanica** (Gorski) Gorski	5.旧世界温带分布
100. 狭叶甜茅	**Glyceria spiculosa** (Fr. Schmidt) Rosh.	3-1.东部西伯利亚分布
101. 东北甜茅	**Glyceria triflora** (Korsh.) Kom.	3.西伯利亚分布
	Helictotrichon Bess.	g8-4.北温带和南温带间断分布
102. 大穗异燕麦	**Helictotrichon dahuricum** (Kom.) Kitag.	2-3.亚洲温带—北极分布
103. 异燕麦	**Helictotrichon schellianum** (Hack.) Kitag.	5.旧世界温带分布
104. 北异燕麦	**Helictotrichon trisetoides** (Kitag.) Kitag.	14-3.东北—大兴安岭分布
	Hemarthria R.Br.	g2.泛热带分布
105. 牛鞭草	**Hemarthria sibirica** (Gand.) Ohwi	10.中国—日本分布
	Hierochloe R.Br.	g8.北温带分布
106. 高山茅香	**Hierochloe alpina** (Swartz) Roem. et Schult.	2.北温带—北极分布
107. 光稃茅香	**Hierochloe glabra** Trin.	3-1.东部西伯利亚分布
108. 茅香	**Hierochloe odorata** (L.) Beauv.	2.北温带—北极分布
	Hordeum L.	g8.北温带分布
109. 短芒大麦草	**Hordeum brevisubuatum** (Trin.) Link	7.温带亚洲分布
110. 芒颖大麦草	**Hordeum jubatum** L.	4.北温带分布
111. 西伯利亚大麦	**Hordeum roshevitzii** Bowd.	3.西伯利亚分布

猬草属	**Hystrix** Moench	g9.东亚和北美洲间断分布
112. 朝鲜猬草	**Hystrix coreana** (Honda) Ohwi	14.东北分布
113. 柯马猬草	**Hystrix komarovii** (Rosh.) Ohwi	12.东北—华北分布
白茅属	**Imperata** Cyr.	g2.泛热带分布
114. 印度白茅	**Imperata cylindrica** (L.) Beauv.	22-1.旧世界温带—热带分布
柳叶箬属	**Isachne** R.Br.	g2.泛热带分布
115. 柳叶箬	**Isachne globosa** (Thunb.) Kuntze	25.热带亚洲—热带大洋洲分布
鸭嘴草属	**Ischaemum** L.	g2.泛热带分布
116. 鸭嘴草	**Ischaemum aristatum** L. var. **glaucum** (Honda) Koyama	10.中国—日本分布
落草属	**Koeleria** Pers.	g8-4.北温带和南温带间断分布
117. 落草	**Koeleria cristata** (L.) Pers.	4.北温带分布
假稻属	**Leersia** Soland. et Swartz	g2.泛热带分布
118. 假稻	**Leersia oryzoides** (L.) Swartz	4.北温带分布
银穗草属	**Leucopoa** Griseb.	g13-2.中亚至喜马拉雅和我国西南分布
119. 银穗草	**Leucopoa albida** (Turcz. ex Trin.) Krecz. et Bobr.	3-1.东部西伯利亚分布
赖草属	**Leymus** Hochst.	g8-5.欧亚和南美温带间断分布
120. 羊草	**Leymus chinensis** (Trin.)Tzvel.	19.达乌里—蒙古分布
121. 滨麦	**Leymus mollis** (Trin.) Hara	2-1.旧世界温带—北极分布
122. 赖草	**Leymus secalinus** (Georgi) Tzvel.	7.温带亚洲分布
臭草属	**Melica** L.	g8-4.北温带和南温带间断分布
123. 大花臭草	**Melica nutans** L.	5.旧世界温带分布
124. 小野臭草	**Melica onoei** Franch. et Sav.	8.东亚分布
125. 臭草	**Melica scabrosa** Trin.	8.东亚分布
126. 大臭草	**Melica turczaninoviana** Ohwi	3-1.东部西伯利亚分布
127. 抱草	**Melica virgata** Turcz. ex Trin.	7.温带亚洲分布
莠竹属	**Microstegium** Ness	g6.热带亚洲至热带非洲分布
128. 柔枝莠竹	**Microstegium vimineum** (Trin.) A. Camus	22-3.亚洲温带—热带分布
粟草属	**Milium** L.	g8.北温带分布
129. 粟草	**Millium effusum** L.	4.北温带分布
芒属	**Miscanthus** Anderss.	g6.热带亚洲至热带非洲分布
130. 紫芒	**Miscanthus purpurascens** Anderss.	10.中国—日本分布
131. 荻	**Miscanthus sacchariflorus** (Maxim.) Benth.	10.中国—日本分布
132. 芒	**Miscanthus sinensis** Anderss.	22-3.亚洲温带—热带分布
乱子草属	**Muhlenbergia** Schreb.	g9.东亚和北美洲间断分布

133. 乱子草	**Muhlenbergia hugelii** Trin.	8.东亚分布
134. 日本乱子草	**Muhlenbergia japonica** Steud.	8.东亚分布
求米草属	**Oplismenus** Beauv.	g2.泛热带分布
135. 求米草	**Oplismenus undulatifolius** (Ard.) Beauv.	22–1.旧世界温带—热带分布
黍属	**Panicum** L.	g1.世界分布
136. 糠稷	**Panicum bisulcatum** Thunb.	10.中国—日本分布
狼尾草属	**Pennisetum** Rich.	g2.泛热带分布
137. 狼尾草	**Pennisetum alopecuroides** (L.) Spreng.	25.热带亚洲—热带大洋洲分布
138. 白草	**Pennisetum flaccidum** Griseb.	7.温带亚洲分布
束尾草属	**Phacelurus** Griseb.	g4.旧世界热带分布
139. 狭叶束尾草	**Phacelurus latifolius** (Steud.) Ohwi var. **angustifolius** (Debeaux) Kitag.	10.中国—日本分布
虉草属	**Phalaris** L.	g8–4.北温带和南温带间断分布
140. 虉草	**Phalaris arundinacea** L.	4.北温带分布
梯牧草属	**Phleum** L.	g8–4.北温带和南温带间断分布
141. 高山梯牧草	**Phleum alpinum** L.	2–4.北极—高山分布
142. 假梯牧草	**Phleum phleoides** (L.) Korsten	5.旧世界温带分布
芦苇属	**Phragmites** Trin.	g1.世界分布
143. 芦苇	**Phragmites australis** (Clav.) Trin.	1.世界分布
144. 毛芦苇	**Phragmites hirsuta** Kitag.	15.华北分布
145. 日本芦苇	**Phragmites japonica** Steud.	10–1.中国东北—日本中北部分布
146. 热河芦苇	**Phragmites jeholensis** Honda	12.东北—华北分布
早熟禾属	**Poa** L.	g1.世界分布
147. 尖颖早熟禾	**Poa acmocalyx** Keng	14.东北分布
148. 白顶早熟禾	**Poa acroleuca** Steud.	8.东亚分布
149. 细叶早熟禾	**Poa angustifolia** L.	5.旧世界温带分布
150. 早熟禾	**Poa annua** L.	4.北温带分布
151. 极地早熟禾	**Poa arctica** R. Br.	2–4.北极—高山分布
152. 额尔古纳早熟禾	**Poa argunensis** Rosh.	19.达乌里—蒙古分布
153. 华灰早熟禾	**Poa botryoides** (Trin. ex Griseb.) Kom.	3–1.东部西伯利亚分布
154. 孪枝早熟禾	**Poa mongolica** (Rendl.) Keng	12.东北—华北分布
155. 林地早熟禾	**Poa nemoralis** L.	4.北温带分布
156. 泽地早熟禾	**Poa palustris** L.	4.北温带分布
157. 草地早熟禾	**Poa pratensis** L.	2–1.旧世界温带—北极分布

158. 假泽早熟禾	**Poa pseudo-palustris** Keng	14.东北分布
159. 西伯利亚早熟禾	**Poa sibirica** Rosh.	5.旧世界温带分布
160. 硬质早熟禾	**Poa sphondylodes** Trin.	10-2.中国—日本—蒙古草原分布
161. 散穗早熟禾	**Poa subfastigiata** Trin.	3.西伯利亚分布
162. 普通早熟禾	**Poa trivialis** L.	4.北温带分布
163. 乌苏里早熟禾	**Poa ussuriensis** Rosh.	14.东北分布
164. 绿地早熟禾	**Poa viridula** L.	10-1.中国东北—日本中北部分布
细柄茅属	**Ptilagrostis** Griseb.	g11.温带亚洲分布
165. 毫毛细柄茅	**Ptilagrostis mongholica** (Turcz. ex Trin.) Griseb. var. **barbellata** Rosh.	7.温带亚洲分布
碱茅属	**Puccinellia** Parl.	g8-4.北温带和南温带间断分布
166. 朝鲜碱茅	**Puccinellia chinampoensis** Ohwi	15-2.华北—蒙古草原分布
167. 鹤甫碱茅	**Puccinellia hauptiana** (V. Krecz.) V. Krecz.	4.北温带分布
168. 长稃碱茅	**Puccinellia jeholensis** Kitag.	15-2.华北—蒙古草原分布
169. 微药碱茅	**Puccinellia micrandra** (Keng) Keng	15-1.华北—大兴安岭分布
170. 星星草	**Puccinellia tenuiflora** (Griseb.) Scrib. et Merr.	3-1.东部西伯利亚分布
鹅观草属	**Roegneria** C. Koch	g10.旧世界温带分布
171. 毛叶鹅观草	**Roegneria amurensis** (Ledeb.) Nevski	14-4.东北—蒙古草原分布
172. 纤毛鹅观草	**Roegneria ciliaris** (Trin.) Nevski	10.中国—日本分布
173. 直穗鹅观草	**Roegneria gmelini** (Griseb.) Nevski	7.温带亚洲分布
174. 河北鹅观草	**Roegneria hondai** Kitag.	15-2.华北—蒙古草原分布
175. 鹅观草	**Roegneria kamoji** (Ohwi) Ohwi	8.东亚分布
176. 多杆鹅观草	**Roegneria multiculmis** Kitag.	12-1.东北—华北—蒙古草原分布
177. 中井鹅观草	**Roegneria nakai** Kitag.	12.东北—华北分布
178. 缘毛鹅观草	**Roegneria pendulina** Nevski	12.东北—华北分布
囊颖草属	**Sacciolepis** Nash	g2.泛热带分布
179. 囊颖草	**Sacciolepis indica** (L.) Chase	25.热带亚洲—热带大洋洲分布
裂稃茅属	**Schizachne** Hack.	g8-2.北极—高山分布
180. 裂稃茅	**Schizachne callosa** (Turcz. ex Griseb.) Ohwi	5.旧世界温带分布
裂稃草属	**Schizachyrium** Ness	g2.泛热带分布
181. 裂稃草	**Schizachyrium brevifolium** (Swartz) Nees	23.泛热带分布
水茅属	**Scolochloa** Link.	g8.北温带分布
182. 水茅	**Scolochloa festucacea** (Willd.) Link	4.北温带分布
狗尾草属	**Setaria** Beauv.	g2.泛热带分布

183. 断穗狗尾草	**Setaria arenaria** Kitag.	20.蒙古草原分布
184. 大狗尾草	**Setaria faberii** Herm.	10.中国—日本分布
185. 金色狗尾草	**Setaria glauca** (L.) Beauv.	22–1.旧世界温带—热带分布
186. 狗尾草	**Setaria viridis** (L.) Beauv.	1.世界分布
大油芒属	**Spodiopogon** Trin.	g11.温带亚洲分布
187. 大油芒	**Spodiopogon sibiricus** Trin.	10–2.中国—日本—蒙古草原分布
针茅属	**Stipa** L.	g8.北温带分布
188. 狼针草	**Stipa baicalensis** Rosh.	7.温带亚洲分布
189. 短花针茅	**Stipa breviflora** Griseb.	17–1.中亚东部分布
190. 长芒草	**Stipa bungeana** Trin.	17–1.中亚东部分布
191. 大针茅	**Stipa grandis** P. Smirn.	19.达乌里—蒙古分布
192. 阿尔泰针茅	**Stipa krylovii** Rosh.	3.西伯利亚分布
菅属	**Themeda** Forssk.	g6.热带亚洲至热带非洲分布
193. 黄背草	**Themeda japonica** (Willd.) C. Tanaka	8.东亚分布
锋芒草属	**Tragus** Hall.	g2.泛热带分布
194. 虱子草	**Tragus berteronianus** Schult.	23.泛热带分布
195. 锋芒草	**Tragus racemosus** (L.) All.	5.旧世界温带分布
草沙蚕属	**Tripogon** Roem. et Schult.	g6.热带亚洲至热带非洲分布
196. 中华草沙蚕	**Tripogon chinensis** (Franch.) Hack.	7.温带亚洲分布
三毛草属	**Trisetum** Pers.	g8–4.北温带和南温带间断分布
197. 西伯利亚三毛草	**Trisetum sibiricum** Rupr.	2.北温带—北极分布
198. 穗三毛	**Trisetum spicatum** (L.) Richt.	2.北温带—北极分布
199. 绿穗三毛草	**Trisetum umbratile** (Kitag.) Kitag.	14.东北分布
菰属	**Zizania** L.	g9.东亚和北美洲间断分布
200. 菰	**Zizania latifolia** (Griseb.) Stapf	22–3.亚洲温带—热带分布
结缕草属	**Zoysia** Willd.	g5.热带亚洲至热带大洋洲分布
201. 结缕草	**Zoysia japonica** Steud.	10.中国—日本分布
202. 中华结缕草	**Zoysia sinica** Hance	10.中国—日本分布

一四八、天南星科　Araceae

		f2.泛热带分布
菖蒲属	**Acorus** L.	g9.东亚和北美洲间断分布
1. 菖蒲	**Acorus calamus** L.	22.北温带—热带分布
天南星属	**Arisaema** Mart.	g8.北温带分布
2. 东北天南星	**Arisaema amurense** Maxim.	12.东北—华北分布

3. 天南星	**Arisaema heterophyllum** Blume	10.中国—日本分布
4. 朝鲜天南星	**Arisaema peninsulae** Nakai	10.中国—日本分布
水芋属	**Calla** L.	g8–1.环北极分布
5. 水芋	**Calla palustris** L.	4.北温带分布
半夏属	**Pinellia** Tenore	g14–2.中国—日本分布
6. 半夏	**Pinellia ternata** (Thunb.) Breit.	10.中国—日本分布
臭菘属	**Symplocarpus** Salisb.	g9.东亚和北美洲间断分布
7. 臭菘	**Symplocarpus foetidus** (L.) Salisb.	6–1.东亚—北美分布
8. 日本臭菘	**Symplocarpus nipponicus** Makino	10–1.中国东北—日本中北部分布

一四九、浮萍科　Lemnaceae　　　　　　　　　　f1.世界广布

浮萍属	**Lemna** L.	g1.世界分布
1. 浮萍	**Lemna minor** L.	1.世界分布
2. 稀脉浮萍	**Lemna perpusilla** Torr.	23.泛热带分布
3. 品藻	**Lemna trisulca** L.	1.世界分布
紫萍属	**Spirodela** Schleid.	g1.世界分布
4. 紫萍	**Spirodela polyrrhiza** (L.) Schleid.	1.世界分布

一五○、黑三棱科　Sparganiaceae　　　f8–4.北温带和南温带间断分布

黑三棱属	**Sparganium** L.	g8–4.北温带和南温带间断分布
1. 线叶黑三棱	**Sparganium angustifolium** Michx.	4.北温带分布
2. 黑三棱	**Sparganium coreanum** Levl.	10.中国—日本分布
3. 小黑三棱	**Sparganium emersum** Rehm.	4.北温带分布
4. 密序黑三棱	**Sparganium glomeratum** Least. ex Beurl.	5.旧世界温带分布
5. 北方黑三棱	**Sparganium hyperboreum** Laest ex Beurl.	2.北温带—北极分布
6. 短黑三棱	**Sparganium minimum** Wallr.	4.北温带分布
7. 多脊黑三棱	**Sparganium multipocatum** D. Yu	14.东北分布
8. 阿穆尔黑三棱	**Sparganium rothertii** Tzvel.	7.温带亚洲分布
9. 狭叶黑三棱	**Sparganium stenophyllum** Maxim. ex Meinsh.	10.中国—日本分布
10. 细茎黑三棱	**Sparganium tenuicaule** D. Yu et Li-Hua Liu	14.东北分布

一五一、香蒲科　Typhaceae　　　　　　　　　　f1.世界广布

香蒲属	**Typha** L.	g1.世界分布
1. 狭叶香蒲	**Typha angustifolia** L.	1.世界分布

2. 宽叶香蒲	**Typha latifolia** L.	4.北温带分布
3. 短穗香蒲	**Typha laxmanni** Lepech.	5.旧世界温带分布
4. 小香蒲	**Typha minima** Funk	5.旧世界温带分布
5. 香蒲	**Typha orientalis** Presl.	22-3.亚洲温带—热带分布

一五二、莎草科 **Cyperaceae** f1.世界广布

扁穗莞属	**Blysmus** Panzer ex Schult.	g10.旧世界温带分布
1. 内蒙古扁穗莞	**Blysmus rufus** (Huds.) Link	5.旧世界温带分布
2. 华扁穗莞	**Blysmus sinocompressus** Tanget Wang	11-1.中国东部—西部分布
球柱草属	**Bulbostylis** Kunth	g2.泛热带分布
3. 球柱草	**Bulbostylis barbata** (Rottb.) C. B. Clarke	24.旧世界热带分布
4. 丝叶球柱草	**Bulbostylis densa** (Wall.) Hand.-Mazz.	24.旧世界热带分布
薹草属	**Carex** L.	g1.世界分布
5. 球穗薹草	**Carex amgunensis** Fr. Schmidt	5.旧世界温带分布
6. 小星穗薹草	**Carex angustior** Mackenzie	6-1.东亚—北美分布
7. 亚美薹草	**Carex aperta** Boott	6-1.东亚—北美分布
8. 灰脉薹草	**Carex appendiculata** (Trautv.) Kukenth.	2-3.亚洲温带—北极分布
9. 额尔古纳薹草	**Carex argunensis** Turcz. ex Trev.	19.达乌里—蒙古分布
10. 麻根薹草	**Carex arnellii** Christ ex Scheutz	3.西伯利亚分布
11. 黑穗薹草	**Carex atrata** L.	2-1.旧世界温带—北极分布
12. 短鳞薹草	**Carex augustinowiczii** Meinsh. ex Korsh.	14-1.中国东北—俄罗斯远东区分布
13. 二裂薹草	**Carex bipartida** All.	2.北温带—北极分布
14. 北兴安薹草	**Carex borealihiganica** Y. L. Chang	16.大兴安岭分布
15. 柔薹草	**Carex bostrichostigma** Maxim.	10-1.中国东北—日本中北部分布
16. 海洋薹草	**Carex brownii** Tuckerm.	8-1.东亚—大洋洲分布
17. 丛薹草	**Carex caespitosa** L.	2-1.旧世界温带—北极分布
18. 羊胡子薹草	**Carex callitrichos** V. Krecz.	14-1.中国东北—俄罗斯远东区分布
19. 单穗薹草	**Carex capillacea** Boott	22-3.亚洲温带—热带分布
20. 纤弱薹草	**Carex capillaris** L.	2.北温带—北极分布
21. 弓嘴薹草	**Carex capricornis** Meinsh. ex Maxim.	10.中国—日本分布
22. 兴安薹草	**Carex chinganensis** Litv.	16-1.大兴安岭—俄罗斯远东区分布
23. 毛缘宽叶薹草	**Carex ciliato-marginata** Nakai	10.中国—日本分布
24. 匐枝薹草	**Carex cinerascens** Kukenth.	10.中国—日本分布
25. 白山薹草	**Carex cinerea** Poll.	4-1.北温带—南温带分布

26. 扁囊薹草	**Carex coriophora** Fisch. et C. A. Mey. ex Kunth	3–1.东部西伯利亚分布
27. 隐果薹草	**Carex cryptocarpa** C. A. Mey.	2–3.亚洲温带—北极分布
28. 莎薹草	**Carex cyperoides** Murr.	5.旧世界温带分布
29. 针薹草	**Carex dahurica** Kukenth.	3–1.东部西伯利亚分布
30. 圆锥薹草	**Carex diandra** Schrank	2.北温带—北极分布
31. 二形薹草	**Carex dimorpholepis** Steud.	22–3.亚洲温带—热带分布
32. 狭囊薹草	**Carex diplasiocarpa** V. Krecz.	14–1.中国东北—俄罗斯远东区分布
33. 薹草	**Carex dispalata** Boott ex A. Gray	8.东亚分布
34. 二籽薹草	**Carex disperma** Dew.	4.北温带分布
35. 野笠薹草	**Carex drymophila** Turcz. ex Steud.	3–1.东部西伯利亚分布
36. 寸草	**Carex duriuscula** C. A. Mey.	3.西伯利亚分布
37. 少囊薹草	**Carex egena** Levl. et Vant.	14.东北分布
38. 蟋蟀薹草	**Carex eleusinoides** Turcz. ex Kunth	2–3.亚洲温带—北极分布
39. 无脉薹草	**Carex enervis** C. A. Mey.	7.温带亚洲分布
40. 离穗薹草	**Carex eremopyroides** V. Krecz.	3–1.东部西伯利亚分布
41. 红鞘薹草	**Carex erythrobasis** Levl. et Vant.	14.东北分布
42. 镰薹草	**Carex falcata** Turcz.	3–1.东部西伯利亚分布
43. 溪水薹草	**Carex forficula** Franch. et Sav.	10.中国—日本分布
44. 穹窿薹草	**Carex gibba** Wahlenb.	10.中国—日本分布
45. 辽东薹草	**Carex glabrescens** (Kukenth.) Ohwi	13.华北—朝鲜分布
46. 米柱薹草	**Carex glaucaeformis** Meinsh.	14–2.中国东北—达乌里分布
47. 玉簪薹草	**Carex globularis** L.	5.旧世界温带分布
48. 长芒薹草	**Carex gmelinii** Hook. et Arn.	2–2.亚洲—北美—北极分布
49. 红穗薹草	**Carex gotoi** Ohwi	7.温带亚洲分布
50. 异株薹草	**Carex gynocrates** Wormskj	2.北温带—北极分布
51. 华北薹草	**Carex hancockiana** Maxim.	7.温带亚洲分布
52. 异鳞薹草	**Carex heterolepis** Bunge	10.中国—日本分布
53. 异穗薹草	**Carex heterostachya** Bunge	13.华北—朝鲜分布
54. 湿薹草	**Carex humida** Y. L. Changet Y. L. Yang	16–2.大兴安岭—蒙古草原分布
55. 低薹草	**Carex humilis** Leyss.	5.旧世界温带分布
56. 绿囊薹草	**Carex hypochlora** Freyn.	14.东北分布
57. 鸭绿薹草	**Carex jaluensis** Kom.	12.东北—华北分布
58. 软薹草	**Carex japonica** Thunb.	10.中国—日本分布
59. 小粒薹草	**Carex karoi** (Freyn) Freyn	3.西伯利亚分布

60. 长秆薹草	**Carex kirganica** Kom.	16–1.大兴安岭—俄罗斯远东区分布
61. 吉林薹草	**Carex kirinensis** Wanget Y. L. Chang	14.东北分布
62. 砂砧薹草	**Carex kobomugi** Ohwi	10.中国—日本分布
63. 黄囊薹草	**Carex korshinckyi** Kom.	3–1.东部西伯利亚分布
64. 假尖嘴薹草	**Carex laevissima** Nakai	10–1.中国东北—日本中北部分布
65. 凸脉薹草	**Carex lanceolata** Boott	7.温带亚洲分布
66. 毛薹草	**Carex lasiocarpa** Ehrh.	5.旧世界温带分布
67. 宽鳞薹草	**Carex latisquamea** Kom.	10–1.中国东北—日本中北部分布
68. 疏薹草	**Carex laxa** Wahlenb.	5.旧世界温带分布
69. 尖嘴薹草	**Carex leiorhyncha** C. A. Mey.	12.东北—华北分布
70. 等穗薹草	**Carex leucochlora** Bunge	8.东亚分布
71. 沼薹草	**Carex limosa** L.	4.北温带分布
72. 二柱薹草	**Carex lithophila** Turcz.	3–1.东部西伯利亚分布
73. 间穗薹草	**Carex loliacea** L.	5.旧世界温带分布
74. 长嘴薹草	**Carex longerostrata** C. A. Mey.	8.东亚分布
75. 小苞叶薹草	**Carex lucidula** Franch.	16–1.大兴安岭—俄罗斯远东区分布
76. 卵果薹草	**Carex maackii** Maxim.	10.中国—日本分布
77. 麦薹草	**Carex maximowiczii** Miq.	10.中国—日本分布
78. 紫鳞薹草	**Carex media** R. Br.	2–1.旧世界温带—北极分布
79. 乌拉草	**Carex meyeriana** Kunth	3.西伯利亚分布
80. 滑茎薹草	**Carex micrantha** Kukenth.	14–4.东北—蒙古草原分布
81. 高鞘薹草	**Carex middendorffii** Fr. Schmidt	10–1.中国东北—日本中北部分布
82. 柄薹草	**Carex mollissima** Christ. ex Scheutz	5.旧世界温带分布
83. 截嘴薹草	**Carex nervata** Franch. et Sav.	10–1.中国东北—日本中北部分布
84. 翼果薹草	**Carex neurocarpa** Maxim.	10.中国—日本分布
85. 北薹草	**Carex obtusata** Zijebl.	4.北温带分布
86. 星穗薹草	**Carex omiana** Franch. et Sav.	10–1.中国东北—日本中北部分布
87. 阴地针薹草	**Carex onoei** Franch. et Sav.	8.东亚分布
88. 直穗薹草	**Carex orthostachys** C. A. Mey.	3–1.东部西伯利亚分布
89. 肋脉薹草	**Carex pachyneura** Kitag.	20.蒙古草原分布
90. 疣囊薹草	**Carex pallida** C. A. Mey.	2–3.亚洲温带—北极分布
91. 脚薹草	**Carex pediformis** C. A. Mey.	2–1.旧世界温带—北极分布
92. 长白薹草	**Carex peiktusani** Kom.	10.中国—日本分布
93. 毛缘薹草	**Carex pilosa** Scop.	5.旧世界温带分布

94. 阴地薹草	**Carex planiculmis** Kom.	10-1.中国东北—日本中北部分布
95. 双辽薹草	**Carex platysperma** Y. L. Changet Y. L. Yang	21.东北平原分布
96. 白雄穗薹草	**Carex polyschoena** Levl. et Vant.	13.华北—朝鲜分布
97. 假松叶薹草	**Carex pseudo-biwensis** Kitag.	14.东北分布
98. 漂筏薹草	**Carex pseudo-curaica** Fr. Schmidt	3-1.东部西伯利亚分布
99. 喙果薹草	**Carex pseudo-hypochlora** Y. L. Changet Y. L. Yang	15.华北分布
100. 假长嘴薹草	**Carex pseudo-longerostrata** Y. L. Changet Y. L. Yang	14.东北分布
101. 栓皮薹草	**Carex pumila** Thunb.	8-2.东亚—大洋洲—南美洲分布
102. 四花薹草	**Carex quadriflora** (Kukenth.) Ohwi	10.中国—日本分布
103. 河沙薹草	**Carex raddei** Kukenth.	12.东北—华北分布
104. 丝引薹草	**Carex remotiuscula** Wahlenb.	8.东亚分布
105. 走茎薹草	**Carex reptabunda** (Trautv.) V. Krecz.	3-1.东部西伯利亚分布
106. 大穗薹草	**Carex rhynchophysa** C. A. Mey.	5.旧世界温带分布
107. 白颖薹草	**Carex rigescens** (Franch.) V. Krecz.	11-1.中国东部—西部分布
108. 轴薹草	**Carex rostellifera** Y. L. Changet Y. L. Yang	16.大兴安岭分布
109. 灰株薹草	**Carex rostrata** Stokes ex With.	4.北温带分布
110. 粗脉薹草	**Carex rugurosa** Kukenth.	7.温带亚洲分布
111. 石薹草	**Carex rupestris** Bell. ex All.	2.北温带—北极分布
112. 褐穗薹草	**Carex sabynensis** Less. ex Kunth	2-3.亚洲温带—北极分布
113. 钢草	**Carex scabrifolia** Steud.	10.中国—日本分布
114. 膨囊薹草	**Carex schmidtii** Meinsh.	3-1.东部西伯利亚分布
115. 细毛薹草	**Carex sedakowii** C. A. Mey.	3.西伯利亚分布
116. 宽叶薹草	**Carex siderosticta** Hance	10.中国—日本分布
117. 砾薹草	**Carex stenophylloides** V. Krecz.	17.中亚分布
118. 海绵基薹草	**Carex stipata** Muhlenb. ex Willd.	6-1.东亚—北美分布
119. 冻原薹草	**Carex sitroumensis** Koidz.	10-1.中国东北—日本中北部分布
120. 早春薹草	**Carex subpediformis** (Kukenth.) Suto et Suzuki	11.中国东部分布
121. 长鳞薹草	**Carex tarumensis** Franch.	10-1.中国东北—日本中北部分布
122. 细花薹草	**Carex tenuiflora** Wahlenb.	2.北温带—北极分布
123. 细形薹草	**Carex tenuiformis** Levl. et Vant.	9-1.俄罗斯远东区—日本—达乌里分布
124. 细穗薹草	**Carex tenuistachya** Nakai	10-1.中国东北—日本中北部分布
125. 陌上菅	**Carex thunbergii** Steud.	10.中国—日本分布
126. 图们薹草	**Carex tuminensis** Kom.	14-1.中国东北—俄罗斯远东区分布
127. 大针薹草	**Carex uda** Maxim.	10-1.中国东北—日本中北部分布

128. 卷叶薹草	**Carex ulobasis** V. Krecz.	14-1.中国东北—俄罗斯远东区分布
129. 乌苏里薹草	**Carex ussuriensis** Kom.	12.东北—华北分布
130. 鳞苞薹草	**Carex vanheurckii** Muell.	2-3.亚洲温带—北极分布
131. 膜囊薹草	**Carex vesicaria** L.	4.北温带分布
132. 稗薹草	**Carex xyphium** Kom.	14.东北分布
133. 山林薹草	**Carex yamatscudana** Ohwi	16.大兴安岭分布
莎草属	**Cyperus** L.	g1.世界分布
134. 黑水莎草	**Cyperus amuricus** Maxim.	8.东亚分布
135. 扁穗莎草	**Cyperus compressus** L.	22-2.亚洲—北美—温带至热带分布
136. 球穗莎草	**Cyperus difformis** L.	1.世界分布
137. 高秆莎草	**Cyperus exaltatus** Retz.	24.旧世界热带分布
138. 绿穗莎草	**Cyperus flaccidus** R. Br.	8-1.东亚—大洋洲分布
139. 密穗莎草	**Cyperus fuscus** L.	5.旧世界温带分布
140. 头穗莎草	**Cyperus glomeratus** L.	5.旧世界温带分布
141. 碎米莎草	**Cyperus iria** L.	1.世界分布
142. 黄颖莎草	**Cyperus microiria** Steud.	10.中国—日本分布
143. 白鳞莎草	**Cyperus nipponicus** Franch. et Sav.	10.中国—日本分布
144. 毛笠莎草	**Cyperus orthostachys** Franch. et Sav.	10.中国—日本分布
145. 莎草	**Cyperus rotundus** L.	1.世界分布
荸荠属	**Eleocharis** R.Br.	g1.世界分布
146. 牛毛毡	**Eleocharis acicularis** (L.) Roem. et Schult.	2.北温带—北极分布
147. 槽秆荸荠	**Eleocharis equisetiformis** (Meinsh.) B. Fedsch.	7.温带亚洲分布
148. 扁基荸荠	**Eleocharis fennica** Palla ex Kneuck.	5.旧世界温带分布
149. 中间型荸荠	**Eleocharis intersita** Zinserl.	2.北温带—北极分布
150. 大基荸荠	**Eleocharis kamtschatica** (C. A. Mey.) Kom.	6-1.东亚—北美分布
151. 乳头基荸荠	**Eleocharis mamillata** Lindb.	5.旧世界温带分布
152. 细秆荸荠	**Eleocharis maximowiczii** Zinserl.	14-1.中国东北—俄罗斯远东区分布
153. 卵穗荸荠	**Eleocharis ovata** (Roth) Roem.	4.北温带分布
154. 穗生苗荸荠	**Eleocharis pellucida** Presl.	22-3.亚洲温带—热带分布
155. 羽毛荸荠	**Eleocharis wichurai** Bockler	8.东亚分布
156. 长刺牛毛毡	**Eleocharis yokoscensis** (Franch. et Sav.) Tanget Wang	22-3.亚洲温带—热带分布
羊胡子草属	**Eriophorum** L.	g8-4.北温带和南温带间断分布
157. 细秆羊胡子草	**Eriophorum gracile** Koch	2.北温带—北极分布
158. 东方羊胡子草	**Eriophorum polystachion** L.	2.北温带—北极分布

159. 红毛羊胡子草	**Eriophorum russeolum** Fries	2.北温带—北极分布
160. 羊胡子草	**Eriophorum vaginatum** L.	2-1.旧世界温带—北极分布
飘拂草属	**Fimbristylis** Vahl	g2.泛热带分布
161. 夏飘拂草	**Fimbristylis aestivalis** (Retz.) Vahl	25.热带亚洲—热带大洋洲分布
162. 飘拂草	**Fimbristylis dichotoma** (L.) Vahl	24.旧世界热带分布
163. 长穗飘拂草	**Fimbristylis longispica** Steud.	22-3.亚洲温带—热带分布
164. 日照飘拂草	**Fimbristylis miliacea** (L.) Vahl	22-2.亚洲—北美—温带至热带分布
165. 曲芒飘拂草	**Fimbristylis squarrosa** Vahl	23.泛热带分布
166. 光果飘拂草	**Fimbristylis stauntonii** Debeaux et Franch. ex Debeaux	10.中国—日本分布
167. 单穗飘拂草	**Fimbristylis subbispicata** Nees et Mey.	10.中国—日本分布
168. 疣果飘拂草	**Fimbristylis verrucifera** (Maxim.) Makino	10.中国—日本分布
水莎草属	**Juncellus** (Kunth) C. B. Clarke	g1.世界分布
169. 沼生水莎草	**Juncellus limosus** (Maxim.) C. B. Clarke	21-1.俄罗斯远东区—东北平原分布
170. 花穗水莎草	**Juncellus pannonicus** (Jacq.) C. B. Clarke	5.旧世界温带分布
171. 水莎草	**Juncellus serotinus** (Rottb.) C. B. Clarke	5.旧世界温带分布
嵩草属	**Kobresia** Willd.	g8.北温带分布
172. 嵩草	**Kobresia bellardii** (All.) Degl.	2.北温带—北极分布
水蜈蚣属	**Kyllinga** Rottb.	g2.泛热带分布
173. 水蜈蚣	**Kyllinga brevifolia** Rottb.	23.泛热带分布
湖瓜草属	**Lipocarpha** R.Br.	g2.2.热带亚洲、非洲和中、南美洲间断分布
174. 湖瓜草	**Lipocarpha microcephala** (R Br.) Kunth	25.热带亚洲—热带大洋洲分布
扁莎属	**Pycreus** P. Beauv.	g2.泛热带分布
175. 球穗扁莎	**Pycreus globosus** (All.) Rchb.	22-1.旧世界温带—热带分布
176. 槽鳞扁莎	**Pycreus korshinskyi** (Meinsh.) V. Krecz.	22-3.亚洲温带—热带分布
177. 扁莎	**Pycreus polystachyus** (Rottb.) P. Beauv.	22-3.亚洲温带—热带分布
178. 东北扁莎	**Pycreus setiformis** (Korsh.) Nakai	10.中国—日本分布
刺子莞属	**Rhynchospora** Vahl	g1.世界分布
179. 白鳞刺子莞	**Rhynchospora alba** (L.) Vahl	4.北温带分布
藨草属	**Scirpus** L.	g1.世界分布
180. 茸球藨草	**Scirpus asiaticus** Beetle	10.中国—日本分布
181. 荆三棱	**Scirpus fluviatilis** (Torr.) A. Gray	22-2.亚洲—北美—温带至热带分布
182. 鳞苞藨草	**Scirpus hudsonianus** (Michx.) Fernald	2.北温带—北极分布
183. 萤蔺	**Scirpus juncoides** Roxb.	22-2.亚洲—北美—温带至热带分布
184. 华东藨草	**Scirpus karuizawensis** Makino	10.中国—日本分布

185. 吉林藨草	**Scirpus komarovii** Rosh.	10–1.中国东北—日本中北部分布
186. 佛焰苞藨草	**Scirpus maximowiczii** C. B. Clarke	14–1.中国东北—俄罗斯远东区分布
187. 头穗藨草	**Scirpus michelianus** L.	5.旧世界温带分布
188. 三江藨草	**Scirpus nipponicus** Makino	10–1.中国东北—日本中北部分布
189. 东方藨草	**Scirpus orientalis** Ohwi	10.中国—日本分布
190. 扁秆藨草	**Scirpus planiculmis** Fr. Schmidt	8.东亚分布
191. 矮藨草	**Scirpus pumilus** Vahl	5.旧世界温带分布
192. 单穗藨草	**Scirpus radicans** Schkuhr	5.旧世界温带分布
193. 仰卧秆藨草	**Scirpus supinus** L.	22.北温带—热带分布
194. 水葱	**Scirpus tabernaemontani** Gmel.	4.北温带分布
195. 五棱藨草	**Scirpus trapezoideus** Koidz.	10.中国—日本分布
196. 水毛花	**Scirpus triangulatus** Roxb.	22–3.亚洲温带—热带分布
197. 藨草	**Scirpus triqueter** L.	4.北温带分布

一五三、兰科　**Orchidaceae**　　　　　　　　　　f1.世界广布

无柱兰属	**Amitostigma** Schltr.	g14. 东亚分布
1. 细葶无柱兰	**Amitostigma gracile** (Blume) Schltr.	10.中国—日本分布
无喙兰属	**Archineottia** S.C.Chen	g15.中国特有分布
2. 无喙兰	**Archineottia gaudissartii** (Hand.-Mazz.) S. C. Chen	12.东北—华北分布
布袋兰属	**Calypso** Salisb	g8–4.北温带和南温带间断分布
3. 布袋兰	**Calypso bulbosa** (L.) Oakes	5.旧世界温带分布
头蕊兰属	**Cephalanthera** Rich	g8.北温带分布
4. 长苞头蕊兰	**Cephalanthera longibracteata** Blume	10–1.中国东北—日本中北部分布
凹舌兰属	**Coeloglossum** Hartm	g8.北温带分布
5. 凹舌兰	**Coeloglossum viride** (L.) Hartm	4.北温带分布
珊瑚兰属	**Corallorhiza** Gagnebin	g8.北温带分布
6. 珊瑚兰	**Corallorhiza trifida** Chatel	2.北温带—北极分布
杓兰属	**Cypripedium** L.	g8.北温带分布
7. 杓兰	**Cypripedium calceolus** L.	4.北温带分布
8. 斑花杓兰	**Cypripedium guttatum** Swartz	4.北温带分布
9. 大花杓兰	**Cypripedium macranthum** Swartz	5.旧世界温带分布
10. 黄铃杓兰	**Cypripedium yatabeanum** Makino	14–1.中国东北—俄罗斯远东区分布
双蕊兰属	**Diplandrorchis** S.C.Chen	g15.中国特有分布
11. 双蕊兰	**Diplandrorchis sinica** S. C. Chen	14.东北分布

火烧兰属	**Epipactis** Zinn	g8.北温带分布
12. 细毛火烧兰	**Epipactis papilosa** Franch. et Sav.	8.东亚分布
13. 火烧兰	**Epipactis thunbergii** A. Gray	7.温带亚洲分布
虎舌兰属	**Epipogium** Gruel.	g4.旧世界热带分布
14. 裂唇虎舌兰	**Epipogium aphyllum** (F. W. Schmidt) Swartz	5.旧世界温带分布
天麻属	**Gastrodia** R.Br.	g5.热带亚洲至热带大洋洲分布
15. 天麻	**Gastrodia elata** Blume	8.东亚分布
斑叶兰属	**Goodyera** R.Br.	g1.世界分布
16. 小斑叶兰	**Goodyera repens** (L.) R. Br.	22.北温带—热带分布
手参属	**Gymnadenia** R.Br.	g8.北温带分布
17. 手掌参	**Gymnadenia conopsea** (L.) R. Br.	5.旧世界温带分布
玉凤花属	**Habenaria** Willd.	g8.北温带分布
18. 十字兰	**Habenaria sagittifera** Rchb. f.	10.中国—日本分布
角盘兰属	**Herminium** L.	g10.旧世界温带分布
19. 裂瓣角盘兰	**Herminium alaschanicum** Maxim.	11-1.中国东部—西部分布
20. 叉唇角盘兰	**Herminium angustifolium** (Lindl.) Benth.	
	var. **longicrure** (C. H. Wright) Makino	8.东亚分布
21. 角盘兰	**Herminium monorchis** (L.) R. Br.	22-1.旧世界温带—热带分布
羊耳蒜属	**Liparis** L. C. Rich.	g1.世界分布
22. 羊耳蒜	**Liparis japonica** (Miq.) Maxim.	8.东亚分布
23. 尾唇羊耳蒜	**Liparis krameri** Franch. et Sav. f. **viridis** Makino	10-1.中国东北—日本中北部分布
24. 曲唇羊耳蒜	**Liparis kumokiri** F. Maek.	10-1.中国东北—日本中北部分布
25. 北方羊耳蒜	**Liparis makinoana** Schltr.	10-1.中国东北—日本中北部分布
对叶兰属	**Listera** R.Br.	g8.北温带分布
26. 对叶兰	**Listera puberula** Maxim.	7.温带亚洲分布
沼兰属	**Malaxis** Soland ex Swartz	g1.世界分布
27. 沼兰	**Malaxis monophyllos** (L.) Swartz	4.北温带分布
鸟巢兰属	**Neottia** Guett.	g10.旧世界温带分布
28. 尖唇鸟巢兰	**Neottia acuminata** Schltr.	8.东亚分布
29. 凹唇鸟巢兰	**Neottia nidus-avis** (L.) Rich.	
	var. **manshurica** Kom.	10-1.中国东北—日本中北部分布
兜被兰属	**Neottianthe** Schltr.	g8.北温带分布
30. 二叶兜被兰	**Neottianthe cucullata** (L.) Schltr.	5.旧世界温带分布
红门兰属	**Orchis** L.	g8.北温带分布

31. 广布红门兰	**Orchis chusua** D. Don	8.东亚分布
32. 卵唇红门兰	**Orchis cyclochila** (Franch. et Sav.) Maxim.	10–1.中国东北—日本中北部分布
33. 宽叶红门兰	**Orchis latifolia** L.	7.温带亚洲分布
山兰属	**Oreorchis** Lindl.	g14.东亚分布
34. 山兰	**Oreorchis patens** (Lindl.) Lindl.	8.东亚分布
舌唇兰属	**Platanthera** L.C.Rich.	g8.北温带分布
35. 二叶舌唇兰	**Platanthera chlorantha** Cust. ex Rchb.	5.旧世界温带分布
36. 密花舌唇兰	**Platanthera hologlottis** Maxim.	8.东亚分布
37. 长白舌唇兰	**Platanthera mandarinorum** Rchb. f. var. **cornu-bovis**(Nevski) Kitag.	14.东北分布
朱兰属	**Pogonia** Juss.	g9.东亚和北美洲间断分布
38. 朱兰	**Pogonia japonica** Rchb. f.	10.中国—日本分布
绶草属	**Spiranthes** L.C.Rich.	g8.北温带分布
39. 绶草	**Spiranthes sinensis** (Pers.) Ames	22–3.亚洲温带—热带分布
蜻蜓兰属	**Tulotis** Raf.	g9.东亚和北美洲间断分布
40. 蜻蜓兰	**Tulotis fuscescens** (L.) Czer.	7.温带亚洲分布
41. 小花蜻蜓兰	**Tulotis ussuriensis** (Regel et Maack) Hara	10.中国—日本分布

拉丁文属名索引

A

Abelia / 204

Abies / 137

Abutilon / 178

Acalypha / 174

Acanthopanax / 183

Acer / 175

Achillea / 207

Achnatherum / 225

Achyrophorus / 207

Aconitum / 150

Acorus / 233

Actaea / 151

Actinidia / 156

Actinostemma / 180

Adenocaulon / 207

Adenophora / 206

Adiantum / 133

Adlumia / 157

Adonis / 151

Adoxa / 205

Aegopodium / 183

Aeluropus / 225

Aeschynomene / 168

Agastache / 196

Agrimonia / 163

Agriophyllum / 147

Agropyron / 225

Agrostemma / 145

Agrostis / 225

Ailanthus / 175

Ainsliaea / 207

Ajania / 207

Ajuga / 196

Alangium / 182

Albizzia / 168

Aldrovanda / 157

Alisma / 217

Allantodia / 133

Allium / 219

Alnus / 139

Alopecurus / 226

Alyssum / 157

Amaranthus / 149

Amblynotus / 194

Amelanchier / 163

Amethystea / 196

Amitostigma / 211

Ammannia / 181

Ampelopsis / 177

Amphicarpaea / 168

Anagailidium / 190

Anaphalis / 207

Androsace / 188

Anemarrhena / 220

Anemone / 151

Angelica / 183

Antennaria / 207

Anthoxanthum / 226

Anthriscus / 184

Apocynum / 192

Aquilegia / 151

Arabis / 158

Aralia / 183

Archineottia / 211

Arctium / 207

Arctogeron / 207

Arctous / 187

Arenaria / 145

Arisaema / 233

Aristida / 226

Aristolochia / 156

Artemisia / 207

Arthraxon / 226

Aruncus / 163

Arundinella / 226

Asarum / 156

Asparagus / 220

Asperugo / 194

Asperula / 193

Asplenium / 134

Aster / 209

Astilbe / 161

Astilboides / 161

Astragalus / 168

Asyneuma / 206

Athyrium / 133

Atractylodes / 209

Atraphaxis / 142

Atriplex / 148

Avena / 226

Axyris / 148

Azolla / 137

B

Barbarea / 158

Bassia / 148

Beckmannia / 226

Begonia / 180

Belamcanda / 223

Berberis / 151

Berteroa / 158

Berteroella / 158

Betula / 140

Bidens / 209

Blysmus / 235

Blyxa / 218

Boea / 203

Boehmeria / 142

Bolbostemma / 180

Boschniakia / 203

Bothriochloa / 226

Bothriospermum / 191

Botrychium / 131

Brachyactis / 210

Brachybotrys / 194

Brachypodium / 226

Bromus / 226

Broussonetia / 141

Brylkinia / 226

Bulbostylis / 235

Bunias / 158

Bupleurum / 184

Butomus / 218

C

Cacalia / 210

Calamagrostis / 227

Caldesia / 217

Calla / 231

Callicarpa / 196

Callistephus / 210

Callitriche / 196

Caltha / 152

Calypso / 241

Calystegia / 194

Camelina / 158

Campanula / 206

Camptosorus / 134

Capillipedium / 227

Capsella / 158

Caragana / 169

Cardamine / 158

Carduus / 210

Carex / 235

Carlesia / 184

Carpesium / 210

Carpinus / 140

Carum / 184

Cassia / 169

Castilleja / 200

Caulophyllum / 155

Celastrus / 176

Celtis / 142

Centaurium / 191

Centipeda / 210

Cephalanthera / 241

Cerastium / 145

Ceratoides / 148

Ceratophyllum / 155

Chamaedaphne / 187

Chamaenerion / 181

Chamaepericlymenum / 182

Chamaerhodos / 164

Cheilotheca / 187

Chelidonium / 157

Chenopodium / 148

Chimaphila / 187

Chionanthus / 190

Chloranthus / 156

Chloris / 227

Chosenia / 138

Chrysanthemum / 210

Chrysosplenium / 161

Cichorium / 210

Cicuta / 184

Cimicifuga / 152

Cinna / 227

Circaea / 181

Cirsium / 211

Clausia / 159

Cleistogenes / 227

Clematis / 152

245

Clerodendron / 196

Clinopodium / 196

Clintonia / 220

Cnidium / 184

Cocculus / 155

Codonopsis / 207

Coeloglossum / 211

Coelopleurum / 184

Coleanthus / 227

Comarum / 164

Commelina / 225

Coniogramme / 133

Convallaria / 220

Convolvulus / 194

Corallorhiza / 211

Corchoropsis / 177

Corispermum / 148

Cornus / 183

Cortusa / 189

Corydalis / 157

Corylus / 140

Cotinus / 175

Cotoneaster / 164

Craniospermum / 194

Crataegus / 164

Crepis / 211

Crotalaria / 169

Crypsis / 227

Cryptotaenia / 184

Cucubalus / 145

Cuscuta / 194

Cymbaria / 200

Cymbopogon / 227

Cynanchum / 192

Cynogiossum / 194

Cyperus / 239

Cypripedium / 211

Cyrtomium / 135

Cystopteris / 133

Czernaevia / 184

D

Dactylis / 227

Daphne / 178

Datura / 199

Davallia / 136

Deinostem / 200

Delphinium / 152

Dennstaedtia / 132

Deschampsia / 228

Descurainia / 159

Desmodium / 169

Deutzia / 162

Dianthus / 146

Diarrhena / 228

Diarthron / 178

Dictamnus / 175

Digitaria / 228

Dimorphostemon / 159

Dioscorea / 223

Diphasiastrum / 130

Diplachne / 228

Diplandrorchis / 211

Dipsacus / 205

Disporum / 220

Doellingeria / 211

Dontostemon / 159

Draba / 159

Dracocephalum / 196

Drosera / 157

Dryas / 164

Dryoathyrium / 133

Dryopteris / 135

Duchesnea / 164

Dysophylla / 197

E

Echinochloa / 228

Echinops / 211

Eclipta / 211

Elaeagnus / 178

Elatine / 180

Eleocharis / 239

Eleusine / 228

Elsholtzia / 197

Elymus / 228

Elytrigia / 228

Empetrum / 188

Enemion / 152

Enneapogon / 228

Ephedra / 138

Epilobium / 182

Epimedium / 155

Epipactis / 212

Epipogium / 212

Equisetum / 131

Eragrostis / 228

Eranthis / 152

Erigeron / 211

Eriocaulon / 225

Eriochloa / 228

Eriocycla / 184

Eriophorum / 239

Eritrichium / 194

Erodium / 173

Erysimum / 159

Erythronium / 221

Euonymus / 176

Eupatorium / 211

Euphorbia / 174

Euphrasia / 200

Euryale / 155

Exochorda / 164

F

Fallopia / 143

Ferula / 185

Festuca / 229

Filifolium / 211

Filipendula / 164

Fimbristylis / 210

Fontanesia / 190

Forsythia / 190

Fragaria / 164

Fraxinus / 190

Fritillaria / 221

G

Gagea / 221

Galatella / 211

Galeopsis / 197

Galium / 193

Gastrodia / 242

Gentiana / 191

Gentianella / 191

Gentianopsis / 191

Geranium / 173

Geum / 164

Girardinia / 142

Glaux / 189

Glechoma / 197

Gleditsia / 170

Glehnia / 185

Glyceria / 229

Glycine / 170

Glycyrrhiza / 170

Gnaphalium / 211

Goniolimon / 189

Goodyera / 242

Gratiola / 200

Grewia / 178

Gueldenstaedtia / 170

Gymnadenia / 242

Gymnocarpium / 133

Gypsophila / 146

H

Habenaria / 242

Hackelia / 195

Halenia / 191

Haplophyllum / 175

Hedysarum / 170

Helictotrichon / 229

Hemarthria / 229

Hemerocallis / 221

Hemiptelea / 141

Hemistepta / 212

Hepatica / 153

Heracleum / 185

Herminium / 242

Hesperis / 159

Heteropappus / 212

Hibiscus / 178

Hieracium / 212

Hierochloe / 229

Hippochaete / 131

Hippophae / 178

Hippuris / 182

Hordeum / 229

Hosta / 221

Humulus / 141

Huperzia / 130

Hydrangea / 162

Hydrilla / 218

Hydrocharis / 218

Hylomecon / 157

Hylotelephium / 160

Hyoscyamus / 199

Hypecoum / 157

Hypericum / 156

Hystrix / 230

I

Impatiens / 176

Imperata / 230

Incarvillea / 203

Indigofera / 170

Inula / 212

Ipomaea / 194

Iris / 223

Isachne / 230

Isatis / 159

Ischaemum / 230

Isopyrum / 153

Ixeris / 212

J

Jeffersonia / 155

Juglans / 138

Juncellus / 240

Juncus / 224

Juniperus / 137

K

Kalidium / 149

Kalimeris / 212

Kalopanax / 183

Kobresia / 240

Kochia / 149

Koeleria / 230

Koelreuteria / 176

Kummerowia / 170

Kyllinga / 240

L

Lactuca / 212

Lagopsis / 197

Lamium / 197

Laportea / 142

Lappula / 195

Larix / 137

Lathyrus / 170

Ledum / 187

Leersia / 230

Leibnitzia / 213

Lemna / 234

Leontice / 155

Leontopodium / 213

Leonurus / 197

Lepidium / 159

Lepisorus / 136

Leptolepidium / 132

Leptopus / 174

Leptopyrum / 153

Lespedeza / 171

Leucopoa / 230

Leymus / 230

Libanotis / 185

Ligularia / 213

Ligusticum / 185

Ligustrum / 190

Lilium / 221

Limnophila / 200

Limonium / 189

Limosella / 200

Linaria / 200

Lindera / 150

Lindernia / 201

Linnaea / 204

Linum / 174

Liparis / 242

Lipocarpha / 240

Liriope / 221

Listera / 242

Lithospermum / 195

Lloydia / 221

Lobelia / 207

Lomatogonium / 191

Loranthus / 142

Ludwigia / 182

Lunathyrium / 133

Luzula / 224

Lychnis / 146

Lycium / 199

Lycopodium / 130

Lycopus / 197

Lysimachia / 189

Lythrum / 181

M

Maackia / 171

Magnolia / 149

Maianthemum / 222

Malachium / 146

Malaxis / 242

Malus / 164

Malva / 178

Marsilea / 136

Matricaria / 213

Matteuccia / 135

Mazus / 201

Medicago / 171

Meehania / 197

Melampyrum / 201

Melandrium / 146

Melica / 230

Melilotus / 171

Melissitus / 171

Menispermum / 155

Mentha / 197

Menyanthes / 192

Mertensia / 195

Messerschmidia / 195

Metaplexis / 192

Microstegium / 230

Milium / 230

Mimulus / 201

Minuartia / 146

Miscanthus / 230

Mitella / 162

Moehringia / 146

Moneses / 187

Monochoria / 223

Monotropa / 187

Morus / 141

Mosla / 197

Muhlenbergia / 230

Mukdenia / 162

Murdannia / 225

Myosotis / 195

Myriophyllum / 182

Myripnois / 213

N

Najas / 219

Neillia / 165

Nelumbo / 155

Neoathyrium / 134

Neopallasia / 213

Neottia / 242

Neottianthe / 242

Nepeta / 198

Neslia / 159

Nitraria / 173

Nuphar / 155

Nymphaea / 155

Nymphoides / 192

O

Odontites / 201

Oenanthe / 185

Olgaea / 213

Omphalothrix / 201

Onoclea / 135

Ophioglossum / 132

Opiopanax / 183

Oplismenus / 231

Orchis / 242

Oreopteris / 134

Oreorchis / 243

Oresitrophe / 162

Orobanche / 203

Orostachys / 161

Orthilia / 187

Orychophragmus / 160

Osmorhiza / 185

Osmunda / 132

Ostericum / 185

Ostryopsis / 140

Ottelia / 218

Oxalis / 173

Oxycoccus / 188

Oxyria / 143

Oxytropis / 171

P

Paeonia / 156

Panax / 183

Panicum / 231

Papaver / 157

Paraceterach / 133

Parathelypteris / 134

Parietaria / 142

Paris / 222

Parnassia / 162

Parthenocissus / 177

Patrinia / 205

Pedicularis / 201

Peganum / 173

Pennisetum / 231

Penthorum / 162

Periploca / 192

Petasites / 213

Peucedanum / 185

Peucedanum / 186

Phacellanthus / 203

Phacelurus / 231

Phalaris / 231

Phaseolus / 172

Phegopteris / 134

Phellodendron / 175

Philadelphus / 162

Phleum / 231

Phlojodicarpus / 185

Phlomis / 198

Phragmites / 231

Phryma / 203

Phtheirospermum / 201

Phyllanthus / 174

Phyllitis / 134

Phyllodoce / 188

Phyllospadix / 219

Phymatopsis / 136

Physaliastrum / 200

Physalis / 200

Physocarpus / 165

Physochlaina / 200

Picea / 137

Picrasma / 175

Picris / 213

Pilea / 142

Pimpinella / 186

Pinellia / 231

Pinguicula / 203

Pinus / 137

Plantago / 204

Platanthera / 243

Platycodon / 207

Plectranthus / 198

Pleurosoriopsis / 134

Pleurospermum / 186

Poa / 231

Pogonia / 243

Polemonium / 193

Polygala / 175

Polygonatum / 222

Polygonum / 143

Polypodium / 136

Polystichum / 136

Populus / 138

Portulaca / 145

Potamogeton / 218

Potentilla / 165

Prenanthes / 214

Primula / 189

Prinsepia / 166

Protowoodsia / 135

Prunella / 198

Prunus / 166

Pseudocystopteris / 134

Pseudostellaria / 146

Pteridium / 132

Pterocarya / 138

Pteroceltis / 141

Pterygocalyx / 191

Ptilagrostis / 232

Ptilotrichum / 160

Puccinellia / 232

Pueraria / 172

Pugionium / 160

Pulsatilla / 153

Pycreus / 240

Pyrola / 187

Pyrrosia / 136

Pyrus / 166

Q

Quercus / 140

R

Ranunculus / 153

Rehmannia / 201

Rhamnus / 177

Rhaponticum / 214

Rhinanthus / 202

Rhodiola / 161

Rhododendron / 188

Rhodotypos / 166

Rhus / 175

Rhynchospora / 240

Ribes / 162

Rodgersia / 163

Roegneria / 232

Rorippa / 160

Rosa / 166

Rotala / 181

Rubia / 193

Rubus / 167

Rumex / 144

Ruppia / 219

S

Sabina / 137

Sacciolepis / 232

Sagina / 147

Sagittaria / 217

Salicornia / 149

Salix / 138

Salsola / 149

Salvia / 198

Salvinia / 136

Sambucus / 204

Sanguisorba / 167

Sanicula / 186

Saposhnikovia / 186

Saussurea / 214

Saxifraga / 163

Scabiosa / 205

Scheuchzeria / 218

Schisandra / 150

Schizachne / 232

Schizachyrium / 232

Schizonepeta / 198

Schizopepon / 180

Scilla / 222

Scirpus / 210

Scolochloa / 232

Scorzonera / 215

Scrophularia / 202

Scutellaria / 198

Securinega / 174

Sedum / 161

Selaginella / 131

Senecio / 215

Seriphidium / 215

Serratula / 215

Seseli / 186

Setaria / 232

Sibbaldia / 167

Sigesbeckia / 215

Silene / 147

Sinosenecio / 215

Siphonostegia / 202

Sisymbrium / 160

Sium / 186

Smelowskia / 160

Smilacina / 222

Smilax / 222

Solanum / 200

Solidago / 215

Sonchus / 215

Sophora / 172

Sorbaria / 167

Sorbus / 167

Sparganium / 234

Speranskia / 174

Spergula / 147

Spergularia / 147

Sphallerocarpus / 186

Spiraea / 167

Spiranthes / 243

Spirodela / 234

Spodiopogon / 233

Spuriopimpinella / 186

Stachys / 199

Staphylea / 177

Stellaria / 147

Stellera / 178

Stenosolenium / 195

Stephanandra / 168

Stevenia / 160

Stipa / 233

Streptolirion / 225

Streptopus / 222

Styrax / 190

Suaeda / 149

Swainsonia / 172

Swertia / 191

Symphyllocarpus / 216

Symplocarpus / 234

Symplocos / 190

Syneilesis / 216

Synurus / 216

Syringa / 190

T

Tamarix / 180

Tanacetum / 216

Taraxacum / 216

Taxus / 137

Tephroseris / 216

Teucrium / 199

Thalictrum / 154

Thelypteris / 134

Themeda / 233

Thermopsis / 172

Thesium / 142

Thladiantha / 181

Thlaspi / 160

Thuja / 137

Thymus / 199

Thyrocarpus / 195

Tilia / 178

Tilingia / 186

Tillaea / 161

Tofieldia / 222

Torilis / 186

Toxicodendron / 175

Tragopogon / 217

Tragus / 233

Trapa / 181

Trapella / 203

Triadenum / 156

Tribulus / 173

Trientalis / 189

Trifolium / 172

Triglochin / 218

Trigonotis / 195

Trillium / 222

Triosteum / 205

Tripleurospermum / 217

Tripogon / 233

Tripolium / 217

Tripterygium / 177

Trisetum / 233

Trollius / 154

Tulipa / 223

Tulotis / 243

Turczaninowia / 217

Typha / 234

U

Ulmus / 141

Urtica / 142

Utricularia / 203

V

Vaccinium / 188

Valeriana / 205

Vallisneria / 218

Veratrum / 223

Veronica / 202

Veronicastrum / 202

Viburnum / 205

Vicia / 172

Viola / 179

Vitex / 196

Vitis / 177

W

Waldsteinia / 168

Wedelia / 217

Weigela / 205

Wikstroemia / 178

Woodsia / 135

X

Xanthium / 217

Y

Youngia / 217

Z

Zannichellia / 219

Zanthoxylum / 175

Zigadenus / 223

Zizania / 233

Zostera / 219

Zoysia / 233

参考文献

［1］曹伟.东北植物分布图集（上册，下册）［M］.北京：科学出版社，2019.

［2］曹伟，李冀云.长白山植物自然分布［M］.沈阳：东北大学出版社，2003.

［3］曹伟，李冀云，傅沛云，等.大兴安岭植物区系与分布［M］.沈阳：东北大学出版社，2004.

［4］曹伟，李冀云.小兴安岭植物区系与分布［M］.北京：科学出版社，2006.

［5］傅沛云.东北植物检索表（第2版）［M］.北京：科学出版社，1995.

［6］傅沛云，曹伟，李冀云.中国东北部种子植物种的地理成分分析.应用生态学报［J］.1995，6（3）：243–250.

［7］傅沛云.中国东北部种子植物种的分布区类型［M］.沈阳：东北大学出版社，2003.

［8］吴征镒.中国种子植物属的分布区类型［J］.云南植物研究，1991（增刊Ⅳ）：1–139.

［9］吴征镒.《中国种子植物属的分布区类型》的增订和勘误［J］.云南植物研究，1993（增刊Ⅳ）：141–178.

［10］吴征镒，周浙昆，李德铢，等.世界种子植物科的分布区类型系统［J］.云南植物研究，2003，25（3）：247–257.

［11］中国科学院中国植物志编辑委员会.中国植物志（第1卷~第80卷）［M］.北京：科学出版社，1958—2004.

［12］FOC Editoroal Committee. Flora of China (Vol. 1 ~ Vol. 25)［M］. Beijing: Science Press, St. Louis: Mi, 1989—2013.